Prüfungsbuch Kraftfahrtechnik

– Der Kfz-Handwerker –

Fr. Schelkle
Neu bearbeitet von
H. Strobel

16. Auflage

Best.-Nr. 353
Holland + Josenhans Verlag Stuttgart

16. Auflage 1987
des Werkes mit dem seitherigen Titel „Der Kfz-Handwerker"

Druck: Oertel + Spörer, 7410 Reutlingen
Bindearbeit: Industrie- + Verlagsbuchbinderei Dollinger GmbH, 7430 Metzingen
ISBN 3-7782-3530-3

Vorwort

Das „Prüfungsbuch Kraftfahrtechnik“ wendet sich an alle Automobil- bzw. Kraftfahrzeugmechaniker, die vor Prüfungen stehen. Es eignet sich in gleicher Weise als Nachschlagewerk in der Praxis. Bis zur 15. Auflage erschien es unter dem Titel „Der Kfz-Handwerker“. Die vorliegende völlige Neubearbeitung berücksichtigt den neuesten technischen Stand auf dem Kfz-Gebiet.

Die Wiederholungsfragen sollen berufliches Wissen und Können festigen und erweitern. Die Antworten auf die Fragen enthalten, sofern erforderlich, auch die jeweilige Begründung. Das Buch ersetzt jedoch nicht grundlegende Kenntnisse und Fertigkeiten, die in Berufsschule, Fachschule und Betrieb erarbeitet werden müssen. In diesem Zusammenhang verweisen wir auf unsere „Fachkunde Kraftfahrtechnik“. Auf Rechenaufgaben wird bewußt verzichtet. Diese finden Sie in großer Auswahl im „Fachrechnen für Kfz-Handwerker“ (siehe Seite 312).

Allen Benutzern dieses Buches wünschen wir viel Erfolg. Für Anregungen und Vorschläge sind wir stets dankbar.

Verfasser und Verlag

Inhaltsverzeichnis

Aus der Geschichte des Kraftfahrzeugs

1860 Der Franzose **Lenoir** baut die erste mit Leuchtgas betriebene Gasmaschine ohne Verdichtung, Wirkungsgrad ca. 3 %.

1867 Die Deutschen **Otto** und **Langen** zeigen auf der Weltausstellung in Paris eine wesentlich verbesserte, mit Leuchtgas betriebene atmosphärische Gasmaschine. Auch sie arbeitet noch ohne Verdichtung.

1876 **Otto** führt auf der Weltausstellung in Paris den ersten Gasmotor mit Verdichtung in Viertakt-Arbeitsweise vor, Wirkungsgrad ca. 15 %.

1883 **Gottlieb Daimler** erhält das Patent für einen schnellaufenden Viertaktmotor mit flüssigem Kraftstoff, Oberflächenvergaser und Glührohrzündung.

1885 **Daimler** und **Maybach** bauen das erste mit Benzin betriebene Motorrad.

1885 **Carl Benz** baut die erste Zündkerze als Flanschkerze.

1886 **Carl Benz** baut den ersten Motorwagen als Dreirad der durch einen Viertaktmotor mit elektrischer Zündung bewegt wird.

1886 **Daimler** baut die erste Vierradkutsche mit Viertaktmotor.

1887 **Robert Bosch** erfindet den Niederspannungs-Magnetzünder für Verbrennungsmotoren.

1888 **Siegfried Marcus** baut Vierradwagen mit Viertaktmotor.

1888 Der englische Tierarzt **Dunlop** führt den Luftreifen ein.

1893 **Wilhelm Maybach** erfindet den Spritzdüsenvergaser.

1893 **Rudolf Diesel** erhält das Patent über Arbeitsverfahren für Schwerölmotoren.

1897 **Diesel** baut in Zusammenarbeit mit MAN den ersten betriebsfähigen Dieselmotor, Wirkungsgrad ca. 27 %.

1897 **Maybach** entwickelt den Röhrenkühler.

1898 **Opel** beginnt mit dem Bau von Kraftfahrzeugen in Rüsselsheim.

1899 **Fiat-Werke** werden in Turin gegründet.

1899 **Jenatzy** erreicht mit einem **Elektrofahrzeug** eine Geschwindigkeit von 105,9 km/h.

1902 Firma **Daimler** stellt Kraftfahrzeuge unter der Modellbezeichnung **Mercedes** her.

1903 **Henry Ford** gründet die **Ford-Werke** in Detroit (USA).

1906 **Mariott** erreicht mit einem **Dampfwagen** eine Geschwindigkeit von 205 km/h.

1908 **Ford** führt mit dem T-Modell die **Fließbandfertigung** ein. In 19 Jahren werden über 15 Millionen Fahrzeuge gebaut.

1916 Gründung der Firma **BMW (Bayerische Motorenwerke).**

1921 Einführung der **hydraulischen Bremse** beim Personenwagen.

1924 Erste **Lkw mit Dieselmotoren** von MAN und Benz.

1926 Die Firmen **Daimler** und **Benz** schließen sich zur **Daimler-Benz AG** zusammen.

1928 Der **Opel-Raketenwagen** erreicht auf der Berliner Avus-Rennbahn mit 24 Feststoffraketen eine Geschwindigkeit von 230 km/h.

1932 Gründung der **Auto-Union AG** durch Zusammenschluß der Firmen Audi, Horch, DKW und Wanderer.

1935 Einführung der **selbsttragenden Karosserie** im Pkw-Bau.

1936 Erster serienmäßiger **Pkw mit Dieselmotor.**

1938 Gründung des **Volkswagenwerkes** in Wolfsburg.

1950 Firma **Rover** in England baut erstes Kraftfahrzeug mit **Gasturbine.**

1958 **Felix Wankel** und **NSU** entwickeln den Kreiskolbenmotor.

1964 Erster **Personenwagen mit Wankelmotor.**

Verdiente Männer des Kraftfahrzeugwesens

Benz, Carl, geb. am 25. 11. 1844 in Karlsruhe, gest. am 4. 4. 1929 in Ladenburg (erster Kraftwagen mit Verbrennungsmotor.).

Bosch, Robert, geb. am 23. 9. 1861 in Albeck bei Ulm, gest. am 12. 3. 1942 in Stuttgart (Gründer der Weltfirma Bosch GmbH).

Citroen, Andrè, geb. 1878, gest. 1935 (Gründer der Firma Citroen).

Daimler, Gottlieb, geb. am 17. 3. 1834 in Schorndorf, gest. am 6. 3. 1900 in Bad Cannstatt (erstes Motorrad mit Verbrennungsmotor).

Diesel, Rudolf, geb. am 18 .3. 1858 in Paris, ertrunken am 29. 9. 1913 im Ärmelkanal bei der Überfahrt nach England (Erfinder des Dieselmotors).

Ford, Henry, geb. am 30. 7. 1863 in Michigan/USA, gest. am 7. 4. 1947 in Detroit (Gründer der Ford Motor Company 1903 und der Fordwerke in Köln 1930).

Horch, August, geb. am 12. 10. 1868 in Winningen/Mosel, gest. am 3. 2. 1951 in Münchberg/Oberfranken (Automobilkonstrukteur und Gründer der Firmen Horch und Audi).

Maybach, Wilhelm, geb. am 9. 2. 1846 in Heilbronn, gest. am 29. 12. 1929 in Bad Cannstatt (Mitarbeiter von Gottlieb Daimler, Gründer der Maybach Motorenbau GmbH).

Opel, Adam, geb. am 9. 5. 1837 in Rüsselsheim, gest. am 8. 9. 1895 in Rüsselsheim (Gründer der Opel-Werke).

Otto, Nikolaus August, geb. am 14. 6. 1832 in Holzhausen/Taunus, gest. am 26. 1. 1891 in Köln (Erfinder des Viertaktmotors).

Porsche, Ferdinand, geb. am 3. 9. 1875 in Maffersdorf/Böhmen, gest. am 30. 1. 1951 in Stuttgart (Konstrukteur des Volkswagens, Gründer der Firma Porsche KG).

Renault, Louis, geb. 1877, gest. 1944 (Gründer der Firma Renault).

Wankel, Felix, geb. am 13. 8. 1902 in Lahr (Erfinder des ersten Kreiskolbenmotors, auch Wankelmotor genannt).

1 Kraftfahrzeugkunde

1.1 Arten von Kraftfahrzeugen

Was versteht man unter einem Kraftfahrzeug?
Kraftfahrzeuge sind selbstfahrende, maschinell angetriebene Landfahrzeuge, die nicht an Gleise gebunden sind.

Welche Arten von Kraftfahrzeugen unterscheidet man?
Kraftwagen und Krafträder.

Welche Arten von Kraftwagen unterscheidet man?
Personenkraftwagen (Pkw) und Nutzkraftwagen (Nkw).

Welche Merkmale haben Personenkraftwagen?
Pkw sind Kraftwagen, die nach ihrer Bauart und Einrichtung zum Transport von max. 9 Personen (einschließlich Fahrzeugführer) und ihrem Gepäck und/oder Gütern bestimmt sind. Sie können auch zum Ziehen von Anhängern verwendet werden.

Wie werden die Personenkraftwagen unterteilt?
Pkw werden unterteilt in Limousine, Kabrio-Limousine, Pullman-Limousine, Kombi, Coupé, Sportwagen (Roadster), Kabriolett, Mehrzweck-Personenkraftwagen, Spezial-Personenkraftwagen und Lkw-Kombi.

Wie werden die Nutzkraftwagen unterteilt?
Bei den Nutzkraftwagen unterscheidet man Kraftomnibusse, Lastkraftwagen, Speziallastkraftwagen und Zugmaschinen.

Welche Merkmale haben Kraftomnibusse?
Kraftomnibusse (KOM) sind Nutzkraftwagen, die nach ihrer Bauart und Einrichtung zum Transport von mehr als 9 Personen (einschließlich Fahrzeugführer) und ihres Reisegepäcks bestimmt sind.

Welche Arten von Kraftomnibussen unterscheidet man?
Kleinbus, Linienbus, Überlandlinienbus, Reisebus, Oberleitungsbus, Gelenkbus, Spezialbus

Welche Merkmale haben Lastkraftwagen?
Lastkraftwagen (Lkw) sind Nutzkraftwagen, die nach ihrer Bauart und Einrichtung zum Transport von Gütern bestimmt sind.

Was sind Speziallastkraftwagen?
Speziallastkraftwagen sind Nutzkraftwagen, die nach ihrer Bauart und Einrichtung zum Transport bestimmter Personen und/oder Gütern oder zur Leistung von Arbeit bestimmt sind wie z. B. Feuerwehrfahrzeuge, Tankkraftwagen, Krankenkraftwagen, Abschleppwagen, Müllfahrzeuge.

Was sind Zugmaschinen?
Zugmaschinen sind ausschließlich oder überwiegend zum Ziehen von Anhängefahrzeugen gebaute Nutzkraftwagen, die eine Hilfsladefläche aufweisen können.

Welche Arten von Zugmaschinen gibt es?
Straßenzugmaschinen, Sattelzugmaschinen, Ackerschlepper

Welche Arten von Anhängefahrzeugen für Kraftfahrzeuge unterscheidet man?
Deichselanhänger: Busanhänger, Lastanhänger, Caravan (Wohnanhänger), Spezialanhänger,
Sattelanhänger: Bus-Sattelanhänger, Last-Sattelanhänger, Spezial-Sattelanhänger.

Was sind Züge?
Züge sind Zusammenstellungen aus einem Kraftfahrzeug und einem oder mehreren Anhängefahrzeugen.

Welche Arten von Zügen unterscheidet man?
Personenkraftwagenzug, Omnibuszug, Lastkraftwagenzug, Zugmaschinenzug, Sattelkraftfahrzeug, Sattelzug, Brückenzug.

Was sind Sattelkraftfahrzeuge?
Sattelkraftfahrzeuge sind Zusammenstellungen aus einer Sattelzugmaschine und einem Sattelanhänger.

Was sind Krafträder?
Krafträder sind einspurige Kraftfahrzeuge mit zwei Rädern. Krafträder mit Beiwagen gelten ebenfalls als einspurige Kraftfahrzeuge. Krafträder können auch Anhänger ziehen.

Welche Arten von Krafträdern unterscheidet man?
Motorrad, Motorroller, Fahrrad mit Hilfsmotor

Welche Merkmale haben Motorräder?
Motorräder sind Krafträder, die mit Knieschluß gefahren werden und keine Tretkurbel haben.

Welche Arten von Motorrädern unterscheidet man?
1. Kraftrad
2. Leichtkraftrad
3. Kleinkraftrad

Welche Motorräder bezeichnet man als Krafträder?
Krafträder mit einem Hubraum von mehr als 50 cm^3 und mit einer durch die Bauart bestimmten Höchstgeschwindigkeit von mehr als 50 km/h (Fahrerlaubnis Klasse 1 und 1a).

Welche Merkmale haben Leichtkrafträder?
Leichtkrafträder haben einen Hubraum von 50 ... 80 cm^3, eine Höchstgeschwindigkeit von nicht mehr als 80 km/h und eine Nennleistungsdrehzahl von nicht mehr als 6 000 min^{-1} (Fahrerlaubnis Klasse 1b). Hierzu gehören auch Krafträder mit einem Hubraum von nicht mehr als 50 cm^3 und einer Höchstgeschwindigkeit von mehr als 50 km/h.

Welche Motorräder bezeichnet man als Kleinkrafträder?
Kleinkrafträder mit einem Hubraum von nicht mehr als 50 cm^3 und einer durch die Bauart bestimmten Höchstgeschwindigkeit von nicht mehr als 50 km/h (Fahrerlaubnis Klasse 4).

Welche Merkmale haben Motorroller?
Motorroller sind Krafträder, die ohne Knieschluß gefahren werden und keine Tretkurbel haben.

Was sind Fahrräder mit Hilfsmotor?
Fahrräder mit Hilfsmotor sind fahrradähnliche Krafträder, die die üblichen Merkmale von Fahrrädern aufweisen (z. B. Tretkurbeln), jedoch zusätzlich als Antriebsmaschine einen Verbrennungsmotor mit einem begrenzten Hubraum (maximal 50 cm^3) haben.

Welche Fahrräder mit Hilfsmotor sind fahrerlaubnisfrei?
Fahrräder mit Hilfsmotor und einer durch die Bauart bestimmten Höchstgeschwindigkeit von nicht mehr als 25 km/h, sog. FmH 25 oder Mofa 25, sind fahrerlaubnisfrei (führerscheinfrei).

Welche Fahrräder mit Hilfsmotor benötigen eine Fahrerlaubnis?
Fahrräder mit Hilfsmotor und einer durch die Bauart bestimmten Höchstgeschwindigkeit von nicht mehr als 50 km/h benötigen eine Fahrerlaubnis der Klasse 4.

1.2 Baugruppen des Kraftfahrzeugs

In welche Baugruppen werden Kraftfahrzeuge eingeteilt?

1. Motor	4. Aufbau
2. Kraftübertragung	5. Inneneinrichtung
3. Fahrwerk	6. Elektrische Ausrüstung

Aus welchen Teilen setzt sich der Motor zusammen?

1. Kurbelgehäuse mit Zylinder und Zylinderkopf
2. Kurbeltrieb
3. Motorsteuerung
4. Motorschmierung
5. Zündanlage
6. Vergaser bzw. Einspritzanlage
7. Motorkühlung

Welche Bauteile gehören zur Kraftübertragung?

1. Kupplung	4. Gelenkwelle
2. Wechselgetriebe	5. Ausgleichsgetriebe
3. Verteilergetriebe (bei Allradantrieb)	6. Achsantrieb

Welche Bauteile gehören zum Fahrwerk?

Rahmen (sofern vorhanden), Fahrschemel bei selbsttragenden Karosserien (sofern vorhanden), Federung, Schwingungsdämpfer, Stabilisator, Radaufhängung, Vorderachse, Hinterachse, Räder, Bereifung, Lenkung, Bremsanlage

Welche Teile gehören zum Aufbau?

Der Aufbau, auch Karosserie genannt, wird heute im Pkw-Bau fast ausschließlich als selbsttragende Karosserie ausgeführt. Es können aber auch bestimmte Aufbauten wie z. B. ein Kastenaufbau beim Lkw auf den Rahmen aufgesetzt werden. Zum Aufbau gehören ferner Türen, Motorhaube, Kofferdeckel, Stoßfänger, Kühlergrill, Spritzwand zwischen Motor und Fahrgastzelle, Querwand zwischen Fahrgastzelle und Kofferraum, Verglasung.

Welche Teile gehören zur Inneneinrichtung?

Sitze, Bedienungseinrichtungen, Armaturen, Lüftung, Heizung, Innenverkleidung, Sicherheitsgurte, Airbag

Welche Teile gehören zur elektrischen Ausrüstung?

Generator, Batterie, Starter, Zündanlage, Scheibenwischer, Beleuchtung, Signalanlage, Radio, Elektronik u. a.

2 Motor

2.1 Einteilung der Motoren

Welche Aufgaben hat der Motor?
Die im Kraftstoff gebundene chemische Energie wird bei der Verbrennung in Wärmeenergie umgewandelt. Ein Teil der Wärmeenergie wird anschließend in Druck und durch den Kurbeltrieb in mechanische Arbeit umgewandelt.

Welche Motoren verwendet man zum Antrieb von Kraftfahrzeugen?
1. Verbrennungsmotoren
2. Elektromotoren
3. Hybridantrieb

Wie teilt man die Verbrennungsmotoren nach der Art des Kraftstoffs ein?
1. Benzinmotor (Ottomotor)
   a) Vergasermotor
   b) Einspritzmotor
2. Dieselmotor
3. Vielstoffmotor
4. Gasmotor

Wie unterscheidet man die Verbrennungsmotoren nach ihrem Arbeitsspiel?
1. Viertaktmotor
2. Zweitaktmotor

Wie teilt man die Verbrennungsmotoren nach ihrem Bewegungsablauf ein?
1. Hubkolbenmotor
2. Kreiskolbenmotor
3. Turbinenmotor

Wie teilt man die Motoren nach der Zylinderanordnung ein?
1. Einzylindermotor
2. Mehrzylindermotor
   a) Reihenmotor
   b) V-Motor
   c) Boxermotor
   d) Sternmotor

Wie teilt man die Motoren nach der Art der Zündung ein?
1. Fremdzündung: Ottomotor
2. Selbstzündung: Dieselmotor

Wie teilt man die Motoren nach der Art der Gemischbildung ein?
1. Äußere Gemischbildung: Vergasermotor
2. Innere oder äußere Gemischbildung: Einspritzmoter

Wie unterscheidet man die Motoren nach der Lage ihrer Steuerungseinrichtung?
1. Obengesteuerter Motor
2. Untengesteuerter Motor

Wie teilt man die Motoren nach der Art der Kühlung ein?
1. Luftgekühlter Motor
2. Flüssigkeitsgekühlter Motor

Wie teilt man die Motoren nach der Art der Füllung ein?
1. Selbstaufladung: Saugmotor und Ladermotor
2. Fremdaufladung
3. Kombinierte Aufladung

Wie teilt man die Motoren nach ihrer Einbaulage im Fahrgestell ein?
1. Frontmotor
2. Heckmotor
3. Mittelmotor
4. Unterflurmotor

Wie werden Motoren nach ihrem Hub-Bohrungs-Verhältnis eingeteilt?
1. Kurzhuber, $d > s$
2. Quadrathuber, $d = s$
3. Langhuber, $d < s$

Wie erfolgt die Zylindernumerierung bei Mehrzylindermotoren?
Die Zählung der Zylinder beginnt bei der der Kraftabgabe gegenüberliegenden Seite. Bei V- und Boxermotoren beginnt man mit der linken Zylinderreihe und zählt jede Reihe durch.

Nennen Sie Zündfolgen von Vier- und Sechszylindermotoren!
Vierzylinder-Reihenmotor: 1 – 3 – 4 – 2 und 1 – 2 – 4 – 3
Vierzylinder-Boxermoter: 1 – 4 – 3 – 2
Sechszylinder-Reihenmotor: 1 – 5 – 3 – 6 – 2 – 4

Wie groß ist der Zündabstand bei Viertaktmotoren in Grad Kurbelwinkel (°KW)?

Einzylindermotor	720 °KW	Fünfzylindermotor	144 °KW
Zweizylindermotor	360 °KW	Sechszylindermotor	120 °KW
Dreizylindermotor	240 °KW	Achtzylindermotor	90 °KW
Vierzylindermotor	180 °KW		

2.2 Viertakt-Ottomotor

Nach welchem Arbeitsspiel (Arbeitsverfahren) kann ein Verbrennungsmotor arbeiten?
1. Nach dem Viertaktspiel (-verfahren)
2. Nach dem Zweitaktspiel (-verfahren)

Was versteht man unter einem Arbeitsspiel des Viertaktmotors?
Den aufeinanderfolgenden Ablauf der vier Takte.

Was versteht man unter oberem und unterem Totpunkt des Kolbens?
Die Umkehrpunkte (Endlagen) des Kolbens im Zylinder.

Was versteht man unter dem Kolbenhub des Motors?
Der Kolbenhub ist der Abstand zwischen den beiden Totpunkten OT und UT des Kolbens.

Was ist der Hubraum eines Zylinders?
Der Hubraum ist der Raum zwischen oberem und unterem Totpunkt.

Wieviel Grad Kurbelwinkel (°KW) entsprechen einem Kolbenhub?
180 °KW.

Was versteht man unter einem Takt?
Ein Takt ist die Zeitdauer vom Öffnen bis zum Schließen des Einlaßventils für den Ansaugtakt bzw. des Auslaßventils für den Auspufftakt.

Wie heißen die 4 Takte eines Viertaktspiels?
1. Ansaugtakt (ansaugen)
2. Verdichtungstakt (verdichten)
3. Arbeitstakt (arbeiten)
4. Auspufftakt (ausstoßen)

Wie arbeitet der Ottomotor im 1. Takt (Ansaugtakt)?
Der Kolben bewegt sich vom oberen Totpunkt zum unteren Totpunkt. Durch die Raumvergrößerung entsteht ein Unterdruck von 0,1 ... 0,2 bar, dadurch strömt frisches Luft-Kraftstoff-Gemisch durch das geöffnete Einlaßventil in den Verbrennungsraum. Das Auslaßventil ist geschlossen. Das Einlaßventil öffnet 2 ... 20° vor OT und schließt 40 ... 60° nach UT. Die Frischgase werden bei betriebswarmem Motor bis auf 100 °C erwärmt, wobei der Kraftstoff teilweise vergast. Die Ansauggeschwindigkeit der Gase beträgt 50 ... 100 m/s.

Warum öffnet das Einlaßventil bereits vor OT?
Durch die ausströmenden verbrannten Altgase des vorhergehenden Auspufftaktes wird ein Unterdruck erzeugt, der die Frischgase ansaugt, ehe der Kolben abwärts geht. Dies erfolgt während der Ventilüberschneidung in der Zeit, in der Einlaß- und Auslaßventil gleichzeitig geöffnet sind.

Warum schließt das Einlaßventil erst nach UT?
Um die Bewegungsenergie der strömenden Frischgase auszunützen und eine Selbstaufladung zu erreichen. Dadurch erhält man eine bessere Füllung des Zylinders.

Was versteht man unter dem Liefergrad des Motors?
Der Liefergrad, auch Füllungsgrad genannt, ist das Verhältnis der tatsächlich angesaugten zur theoretischen Menge der Frischluft oder des Luft-Kraftstoff-Gemischs. Er beträgt beim Saugmotor 0,6 ... 0,9.

Wie kann der Liefergrad des Motors erhöht werden?
1. Durch Verringerung des Strömungswiderstandes in der Ansaugleitung
2. Durch größere Ansaugquerschnitte
3. Durch größere oder mehrere Einlaßventile
4. Durch niedere Temperatur der Frischladung
5. Durch Aufladung, d. h. Zufuhr einer größeren Ladungsmenge durch Vorverdichtung

Wie arbeitet der Motor im 2. Takt (Verdichtungstakt)?
Der Kolben bewegt sich vom unteren Totpunkt zum oberen Totpunkt, Einlaß- und Auslaßventile sind geschlossen. Das Luft-Kraftstoff-Gemisch wird auf den 6. bis 10. Teil seines ursprünglichen Volumens verdichtet. Durch die hierbei entstehende Verdichtungswärme steigt die Verdichtungstemperatur auf 400 ... 600 °C und der Verdichtungsenddruck auf 12 ... 18 bar.

Welche Vorteile bewirkt die Verdichtung?
1. Schnelle und restlose Vergasung des Kraftstoffs infolge Temperatursteigerung
2. Innige Vermischung der Kraftstoff- und Luftteilchen
3. Raschere Verbrennung durch kürzere Brennwege
4. Leistungssteigerung des Motors
5. Erhöhung des indizierten Innenwirkungsgrads

Was versteht man unter dem Verdichtungsverhältnis?
Das Verhältnis vom größten Verbrennungsraum zum kleinsten Verbrennungsraum während eines Arbeitsspiels.

Wie groß ist das Verdichtungsverhältnis bei Viertakt-Ottomotoren?
6:1 bis 10:1.

Warum kann das Verdichtungsverhältnis nicht beliebig erhöht werden?
Weil dadurch auch die Verdichtungsendtemperatur erhöht wird und somit die Möglichkeit besteht, daß die Selbstzündungstemperatur des Luft-Kraftstoff-Gemischs überschritten wird. Die Folge wäre eine Selbstzündung des Frischgases und ein unkontrollierter Verbrennungsablauf.

Wie arbeitet der Motor im 3. Takt (Arbeitstakt)?
Beide Ventile sind geschlossen. Kurz vor dem oberen Totpunkt wird das Luft-Kraftstoff-Gemisch durch einen an der Zündkerze überspringenden elektrischen Funken entzündet und die Flammenfront breitet sich kugelförmig aus mit einer Geschwindigkeit von 10 ... 25 m/s. Temperatur und Druck steigen rasch an. Die nur kurzzeitig auftretende Höchsttemperatur beträgt 2000 ... 2500 °C, der Höchstdruck 40 ... 60 bar. Durch den Druck der sich ausdehnenden Gase wird der Kolben zum unteren Totpunkt gedrückt. Hierbei wird Arbeit verrichtet (Arbeitstakt). Die im Kraftstoff gespeicherte chemische Energie wird bei der Verbrennung in Wärmeenergie und diese über den dabei entstehenden Gasdruck auf den Kolben über den Kurbeltrieb in mechanische Energie (Arbeit) umgewandelt.

Warum erfolgt die Zündung bereits vor dem oberen Totpunkt?
Vom Augenblick der Gemischentflammung bis zur vollständigen Gemischverbrennung vergehen etwa 2/1 000 Sekunden. Der Zündfunke muß deshalb so frühzeitig überspringen, daß der Verbrennungshöchstdruck kurz nach OT auf den Kolben wirkt.

Wie arbeitet der Motor im 4. Takt (Auspufftakt)?
Das Auslaßventil öffnet 35 ... 60° vor UT, sodaß die bei Ende des Arbeitstaktes noch unter einem Druck von 4 ... 7 bar stehenden verbrannten Altgase auspuffen. Das Einlaßventil ist geschlossen. Der aufwärtsgehende Kolben schiebt die restlichen Altgase durch das geöffnete Auslaßventil hinaus. Die Abgastemperatur beträgt bei Volllast 700 ... 1 000 °C und bei Leerlauf 300 ... 500 °C, die noch brennenden Altgase strömen mit Überschallgeschwindigkeit (> 330 m/s)in die Auspuffanlage. Das Auslaßventil schließt 5 ... 30° nach OT. Die Ventilüberschneidung von 10 ... 50° KW fördert zusätzlich die Entleerung und Kühlung des Verbrennungsraumes, ohne daß Frisch- und Altgase wesentlich vermischt werden.

Warum öffnet das Auslaßventil bereits vor UT?
Um einen raschen Druck- und Temperaturabfall zu erreichen.

2.3 Aufbau des Motors

2.3.1 Zylinder

Welche Aufgaben haben Zylinder und Zylinderkopf?

1. Bildung des Verbrennungsraums, zusammen mit dem Kolben
2. Führung des Kolbens
3. Aufnahme von Ventilen und Zündkerzen
4. Abführung der bei der Verbrennung entstandenen Wärme
5. Aufnahme des Verbrennungsdrucks

Wie werden Zylinder beansprucht?

Sie werden beansprucht durch

1. Druck
2. Wärme
3. Reibung
4. Korrosion

Welche Eigenschaften sollen Zylinderwerkstoffe haben?

1. Geringe Wärmeausdehnung
2. Rasche Wärmeabfuhr
3. Hohe Warmfestigkeit
4. Hohe Verschleißfestigkeit
5. Gute Gleiteigenschaft

Welche Werkstoffe verwendet man für Zylinder und Zylinderkopf?

1. Gußeisen mit Lamellengraphit
2. Leichtmetall-Legierungen

Warum eignet sich Gußeisen besonders gut für Zylinder?

Gußeisen hat durch die in ihm enthaltenen Graphitlamellen besonders gute Lauf- und Gleiteigenschaften.

Welche Arten von Zylindern unterscheidet man hinsichtlich der Kühlung?

1. Wassergekühlte Zylinder
2. Luftgekühlte Zylinder

Welche Arten von Zylindern unterscheidet man hinsichtlich der Ausführung?

1. Einzelzylinder
2. Zylinderblock
3. Zylinder mit nassen Laufbuchsen
4. Zylinder mit trockenen Laufbuchsen

Wann verwendet man Einzelzylinder?

Vorwiegend bei luftgekühlten Motoren. Einzelzylinder haben Kühlrippen zur Vergrößerung der wärmeabgebenden Oberfläche und werden häufig aus Leichtmetall-Legierungen hergestellt. Die Zylinderlauffläche kann zur Erhöhung der Verschleißfestigkeit verchromt sein.

Welche Vorteile haben Einzelzylinder?

1. Günstige Reparaturmöglichkeit
2. Austausch von einzelnen Zylindern möglich
3. Geringeres Gewicht

Bei welchen Motoren verwendet man einen Zylinderblock?

Bei wassergekühlten Reihen- und V- Motoren.

Wie ist das Zylinderkurbelgehäuse aufgebaut?

Das Zylinderkurbelgehäuse, häufig auch Motorblock genannt, besteht aus dem Kurbelgehäuse mit angegossenem Zylinder oder Zylindermantel.

Weshalb werden häufig Zylinderlaufbuchsen verwendet?

1. Beschädigte Laufbuchsen können ausgewechselt werden
2. Laufbuchsen können aus hochwertigem Gußeisen (Schleuderguß) hergestellt werden
3. Lebensdauer des Motors kann dadurch erhöht werden

Erklären Sie die Bezeichnungen „nasse" und „trockene" Laufbuchsen!

Die **nasse Laufbuchse** wird unmittelbar von Kühlflüssigkeit umspült. Die **trockene Laufbuchse** ist außen vollkommen vom Werkstoff des Zylinders umgeben, kommt also mit der Kühlflüssigkeit nicht in Berührung.

Welche Eigenschaften haben nasse Zylinderlaufbuchsen?

1. Leichte Reparaturmöglichkeit
2. Nur eine Kolbengröße erforderlich
3. Keine Nacharbeit notwendig
4. Der Zylinderblock ist weniger steif und kann sich verziehen
5. Zylinderblock kann aus günstigerem Werkstoff hergestellt werden
6. Korrosionsanfällig
7. Gute Kühlung, da direkt von Kühlflüssigkeit umspült
8. Sorgfältige Abdichtung erforderlich

Welche Eigenschaften haben trockene Zylinderlaufbuchsen?

1. Keine Abdichtprobleme
2. Zylinder, die bereits auf das letzte Übermaß aufgebohrt wurden können wieder verwendet werden, Nacharbeit auf Fertigmaß
3. Zylinderblock kann aus günstigerem Werkstoff hergestellt werden
4. Wärmeübergang auf Kühlflüssigkeit schlechter

Wie macht sich Zylinderverschleiß bemerkbar?

1. Steigender Ölverbrauch
2. Kompressionsverlust
3. Leistungsverlust
4. Erhöhter Kraftstoffverbrauch
5. Ölverdünnung
6. Lauter Motorlauf infolge Kolbenkippen

2.3.2 Zylinderkopf

Welche Aufgaben hat der Zylinderkopf?

1. Bildung des Verdichtungsraumes
2. Aufnahme der Zündkerzen
3. Aufnahme der Ventilführungen
4. Lagerung der Kipphebelwelle oder der Nockenwelle
5. Führung der Frischgase und Abgase

Welche Eigenschaften hat der Querstrom-Zylinderkopf?

Einlaßventile und Auslaßventile sind gegenüberliegend angeordnet. Somit liegt der Ansaugkrümmer auf der einen Seite und der Auspuffkrümmer auf der anderen Seite des Motors und sind damit gut zugänglich.

Worauf ist beim Ausbau des Zylinderkopfes zu achten?

Die Zylinderkopfschrauben dürfen nur bei kaltem Motor gelöst werden, um ein Verziehen des Zylinderkopfs infolge Wärmespannungen zu verhindern.

Worauf ist beim Anziehen der Zylinderkopfschrauben zu achten?

Zylinderkopfschrauben werden als Stiftschrauben, Sechskantschrauben oder als Zylinderschrauben mit Innensechskant ausgeführt. Sie müssen nach einem vom Motorhersteller vorgeschriebenen Anziehschema mit einem Drehmomentschlüssel angezogen werden. Manche Hersteller schreiben das Nachziehen mit einem Drehwinkelschlüssel vor. Die Schrauben werden meist von der Mitte aus nach außen kreuzweise angezogen. Bei manchen Motoren müssen die Zylinderkopfschrauben nach 500 ... 1 000 km Fahrtstrecke nachgezogen werden.

Womit erfolgt die Abdichtung zwischen Zylinder und Zylinderkopf?

Mit einer Zylinderkopfdichtung.

Welche Aufgaben hat die Zylinderkopfdichtung?

Die Zylinderkopfdichtung soll

1. einen gas- und wasserdichten Abschluß bilden
2. hitzebeständig und wärmeleitend sein
3. korrosionsbeständig sein
4. bearbeitungsunebenheiten ausgleichen
5. druckfest und doch elastisch sein

Welche Arten von Zylinderkopfdichtungen gibt es?

1. Asbestformplatte
2. Metall-Asbest-Dichtung
3. Metallgitter mit Asbestauflage oder Weichstoff
4. Metalldichtung

2.3.3 Kolben

Aus welchen Teilen besteht der Kurbeltrieb?
Der Kurbeltrieb, nach DIN 6260 Blatt 2, auch Triebwerk genannt, besteht aus:
1. Kolben 2. Pleuelstange 3. Kurbelwelle

Welche Aufgabe hat der Kurbeltrieb?
Die hin- und hergehende, geradlinige Bewegung des Kolbens in eine drehende Bewegung der Kurbelwelle umwandeln.

Welche Aufgaben hat der Kolben?
1. Das Kurbelgehäuse beweglich gegen den Verbrennungsraum abdichten
2. Im Verbrennungsraum durch Raumvergrößerung beim Ansaugtakt den notwendigen Unterdruck erzeugen
3. Die angesaugte Frischladung (Luft-Kraftstoff-Gemisch oder Frischluft) verdichten
4. Die bei der Verbrennung entstehende Kolbenkraft aufnehmen und über die Pleuelstange weiterleiten
5. Die Abgase aus dem Verbrennungsraum ausstoßen
6. Bei Zweitaktmotoren den Gaswechsel steuern
7. Bei Dieselmotoren mit Direkteinspritzung den Verdichtungsraum bilden
8. Wärme ableiten

Aus welchen Teilen besteht der Kolben?
1. Kolbenboden
2. Ringpartie mit Feuersteg
3. Kolbenschaft mit Kolbenbolzenlagerung

Wie kann der Kolbenboden der Form nach ausgeführt sein?
1. Eben oder leicht nach außen oder innen gewölbt
2. Mit Aussparungen für die Ventile bei hochverdichteten Ottomotoren und bei Dieselmotoren
3. Mit Kammern zur Regelung der Verbrennungsvorgänge
4. Mit Muldenrandschutz zur Armierung des Muldenrandes bei Dieselmotoren

Weshalb haben Kolben von Dieselmotoren häufig einen Muldenrandschutz?
Der Dieselkraftstoff wird in die Kolbenmulde eingespritzt. Durch die Verbrennung des Kraftstoffs wird der Kolbenrand thermisch hoch belastet und kann ohne Muldenrandschutz schmelzen oder durchbrennen.

Wie bezeichnet man den Teil vom Kolbenboden bis zur 1. Kolbenringnut?
Feuersteg.

Wie kann die Oberfläche des Feuerstegs ausgeführt sein?
Sie ist häufig profiliert, um eine bessere Vorabdichtung und Anpassung an die Zylinderlaufbahn durch Abtragung der Profilspitzen zu erreichen.

Welche Form hat die Ringzone des Kolbens?
Der Kolben wird in der Ringzone nach dem Kolbenboden hin leicht kegelig geschliffen.

Welche Aufgaben hat der Kolbenschaft?
1. Führung des Kolbens im Zylinder
2. Übertragung der Seitenkraft auf die Zylinderwand
3. Weiterleitung der Wärme an Zylinder und Motoröl
4. Regulierung des Ölfilms auf der Zylinderlaufbahn
5. Aufnahme der Kolbenbolzenlagerung

Welche Aufgaben hat der Längsschlitz im Schaft bei Schlitzmantelkolben?
1. Ausgleich der Wärmedehnung in radialer Richtung
2. Ermöglicht kleineres Einbauspiel, jedoch Gefahr durch Materialermüdung

Auf welcher Seite des Motors soll der Längsschlitz liegen?
Auf der druckentlasteten Seite.

Welche Aufgabe haben die Querschlitze bei Schlitzmantelkolben?
Durch die Querschlitze wird der Wärmeübergang von der Ringzone zum Kolbenschaft verringert. Dadurch bleibt der Kolbenschaft kühler, der Kolben kann mit geringerem Spiel eingebaut werden.

Welches sind die wichtigsten Kolbenabmessungen?
Kolbendurchmesser, Kompressionshöhe, Gesamtlänge, Augenabstand, Durchmesser der Bolzenaugen.

Was versteht man unter der Kompressionshöhe?
Die Kompressionshöhe ist der Abstand von Mitte Kolbenbolzenauge bis Oberkante Feuersteg.

Was ist der Augenabstand eines Kolbens?
Der innere Abstand zwischen den beiden Bolzenaugen (Naben). Im eingebauten Zustand befindet sich hier das obere Pleuelauge.

Was bedeuten die Zahlen und Buchstaben auf dem Kolbenboden?

Außer der Firmenbezeichnung werden angegeben:

1. Das Einbauspiel in mm
2. Das Kolbenschaftmaß in mm (größter Kolbendurchmesser)
3. Hinweise, wie der Kolben einzubauen ist, z. B. „vorn" in Pfeilrichtung
4. Hinweise, ob es sich um den vorderen (v) oder den hinteren (h) Kolben handelt; re bedeutet rechts, li bedeutet links

Wo wird der auf dem Kolbenboden angegebene Kolbendurchmesser gemessen?

Am unteren Schaftende senkrecht zur Kolbenbolzenachse.

Warum muß der Kolben im Zylinder immer Spiel haben?

Zylinder und Kolben dehnen sich ungleich aus, da sie aus verschiedenen Werkstoffen bestehen und im Betrieb unterschiedliche Temperaturen aufweisen.

Welche Folge hat ein zu kleines Kolbenspiel?

Der Kolben klemmt oder frißt.

Was sind die Folgen eines zu großen Kolbenspiels?

1. Hoher Ölverbrauch
2. Hoher Kraftstoffverbrauch
3. Ölverdünnung
4. Niedere Kompression
5. Geringere Leistung
6. Lauter Motorlauf infolge Kolbenkippen

Wie werden Kolben beansprucht?

1. Mechanisch (auf Druck und Verschleiß)
2. Thermisch (auf Wärmespannungen und Ausdehnung)
3. Chemisch (auf Korrosion)

Aus welchen Werkstoffen können Kolben bestehen?

1. Aus Leichtmetall-Legierungen
2. Aus Gußeisen
3. Aus Stahlguß

Welche Leichtmetall-Legierungen verwendet man zur Herstellung von Leichtmetallkolben?

1. Aluminium-Silizium-Legierungen (hohe Verschleißfestigkeit)
2. Aluminium-Kupfer-Legierungen (hohe Warmfestigkeit)
3. Aluminium-Kupfer-Silizium-Legierungen

Zusätzlich befinden sich noch geringe Mengen von Ni und Mg in diesen Legierungen.

Welche Eigenschaften muß ein guter Kolbenwerkstoff haben?

1. Geringes Gewicht	5. Hohe Warmfestigkeit
2. Geringe Wärmeausdehnung	6. Hohe Verschleißfestigkeit
3. Gute Wärmeleitfähigkeit	7. Leichte Herstellung
4. Gute Gleiteigenschaft	8. Gute Bearbeitbarkeit

Welche Vorteile haben Leichtmetallkolben?

1. Durch ihr geringes Gewicht entstehen kleinere Massenkräfte, daher sind höhere Drehzahlen möglich
2. Leichtmetalle leiten die Wärme rasch ab, dadurch ist eine höhere Verdichtung des Motors möglich.

Nennen Sie die wichtigsten Kolbenbauarten!

1. Einmetallkolben
   a) Vollschaftkolben
   b) Schlitzmantelkolben
2. Regelkolben mit Stahleinlagen
   a) Ringstreifenkolben
   b) Lochstreifenkolben
   c) Stahlstreifenkolben
3. Sonderkolben
   a) Ringträgerkolben
   b) Fensterkolben für Zweitaktmotoren
   c) Gebaute Kolben

Wodurch kann das Kolbenspiel verringert werden?

1. Durch besondere Kolbenlegierungen
2. Durch besondere Formgebung des Kolbens (kegelig, ballig und oval schleifen)
3. Durch eingegossene Stahlstreifen (Bimetall-Wirkung)

Warum werden Kolben in Richtung der Kolbenbolzenachse häufig oval geschliffen?

Der Kolben dehnt sich infolge größerer Materialanhäufung an den Kolbenbolzenaugen in Richtung der Kolbenbolzenachse stärker aus. Deshalb ist bei diesen Kolben der Kolbendurchmesser in Richtung der Bolzenachse kleiner als quer zur Bolzenachse.

Erläutern Sie die Bimetall-Wirkung bei Regelkolben!

Bei Stahlstreifenkolben werden im Bereich der Bolzennaben Stahlstreifen in das Leichtmetall eingegossen. Da Stahlstreifen sich weniger ausdehnen als Leichtmetall, entsteht durch die Bimetall-Wirkung eine Krümmung nach außen. Diese wirkt in Richtung der Kolbenbolzenachse. Dadurch wird eine unerwünschte Ausdehnung des Kolbens senkrecht zur Kolbenbolzenachse verhindert

Wie erfolgt die Schmierung des Kolbenbolzens?

1. Mit Spritzöl (Ölbohrung am Pleuelauge)
2. Mit Drucköl (durch hohlgebohrten Pleuelschaft oder ein angebautes Röhrchen zum Pleuelauge gefördert)

Wie ist der Pleuelkopf ausgeführt?

Er ist meist geteilt, um die beiden Pleuellagerschalen aufzunehmen. Zur bessern Montage ist er schräggeteilt, wenn der Aus- und Einbau der Pleuelstange durch die Zylinderbohrung bei eingebauter Kurbelwelle nicht möglich ist. Bei Ein- und Zweizylindermotoren können auch ungeteilte Pleuel mit Wälzlager verwendet werden (geteilte Kurbelwelle).

Aus welchen Werkstoffen werden Pleuelstangen hergestellt?

1. Vergütungsstahl
2. Titanlegierungen
3. Aluminiumlegierungen
4. Temperguß
5. Kugelgraphitguß

Wie werden Pleuelstangen hergestellt?

1. Vorwiegend im Gesenk geschmiedet
2. Gegossen
3. Auf Sinterbasis

2.3.5 Kurbelwelle

Welche Aufgaben hat die Kurbelwelle?

1. Die hin- und hergehende geradlinige Bewegung des Kolbens in eine Drehbewegung umwandeln
2. Die Kolbenkraft in eine Drehkraft umwandeln
3. Das Drehmoment an die Kupplung weiterleiten
4. Die Nebenaggregate antreiben
5. Das Schwungrad und den Drehschwingungsdämpfer aufnehmen

Wie wird die Kurbelwelle beansprucht?

1. Verdrehung
2. Biegung
3. Drehschwingungen
4. Verschleiß

Aus welchen Werkstoffen werden Kurbelwellen hergestellt?

1. Vergütungsstahl
2. Nitrierstahl
3. Kugelgraphitguß

Wovon ist die Form der Kurbelwelle abhängig?
Von der

1. Zylinderzahl
2. Anzahl der Wellenlager
3. Größe des Kolbenhubs
4. Anordnung der Zylinder
5. Zündfolge

Wie können Kurbelwellen hergestellt werden?

1. Im Gesenk geschmiedet (günstiger Faserverlauf, dichtes, feinkörniges Gefüge)
2. Gegossen (Werkstoff GGG)
3. Aus Einzelteilen zusammengebaut (für Zweitaktmotoren und große Kurbelwellen)

Wie können Ölbohrungen in der Kurbelwelle verlaufen?

1. Schräg durch Kurbelwellenzapfen und Kurbelwellenwange
2. Längs in der Mitte des Kurbelwellenzapfens und längs in der Mitte der Kurbelwellenwange

Welche Vor- und Nachteile haben diese beiden Bohrungen?

1. Schräge Bohrungen schwächen den Querschnitt der Kurbelwelle und können die Ursache von Drehschwingungsbrüchen sein. Ihre Herstellung ist einfach und billig.
2. Längsbohrungen verlaufen in dem Gebiet der neutralen Faser; die Festigkeit der Welle bleibt somit erhalten. Ihre Herstellung ist teuer.

Wozu dient der Schwingungsdämpfer?
Er soll die gefährlichen Drehschwingungen dämpfen (Verbrennungsstöße erzeugen Drehschwingungen).

Welche Aufgaben hat die Schwungscheibe?

1. Energie speichern, um die Leertakte und Totpunkte zwischen den Arbeitstakten zu überwinden
2. Drehzahlschwankungen ausgleichen
3. Zahnkranz zum Starten des Motors aufnehmen

Welche Arten von Gleitlagern werden für Kurbelwellenlager und Pleuellager verwendet?

1. Massivlager, auch Einschichtlager genannt
2. Zweischichtlager
3. Dreischichtlager
4. Für besondere Anforderungen Vierschicht- und Fünfschichtlager

Welche Werkstoffe verwendet man für Massivlager?
Massivlager bestehen aus Bleibronze oder Leichtmetall. Sie sind nur verhältnismäßig niedrig belastbar und werden daher selten verwendet.

Wie ist ein Zweischichtlager aufgebaut?
Zweischichtlager bestehen aus einer Stützschale aus Stahl und einer Aluminium-Zinn-Legierung als Lagerwerkstoff. Diese Lager haben gute Laufeigenschaften, können jedoch nicht zu hoch belastet werden.

Wie ist ein Dreischichtlager aufgebaut?
Anordnung der einzelnen Schichten von außen nach innen:
1. Stahlstützschale, 1 ... 10 mm dick
2. Lagermetallschicht aus Bleibronze (Blei-Kupfer-Zinn-Legierung) 0,3 ... 1,5 mm dick
3. Nickelschicht als Nickeldamm 0,001 ... 0,0015 mm dick
4. Laufschicht aus Weißmetall (Blei-Zinn-Kupfer-Legierung) 0,02 ... 0,025 mm dick

Welche Eigenschaften haben Dreischichtlager?
1. Hohe Belastbarkeit
2. Ausgezeichnete Gleiteigenschaften
3. Gute Notlaufeigenschaften

Welche Aufgabe haben die Haltenasen an der Lagerschale?
Sie sollen das Verschieben und Verdrehen der Lagerschale beim Einbau und im Betrieb verhindern.

Welche Aufgabe hat das Kurbelwellenpaßlager?
Das Kurbelwellenpaßlager, auch Führungslager genannt, soll Axialkräfte aufnehmen und ein axiales Verschieben der Kurbelwelle beim Betätigen der Kupplung verhindern.

Wie kann das Radiallagerspiel eines Kurbelwellenlagers geprüft werden?
Ein kalibrierter Kunststoffaden wird auf den Wellenzapfen gelegt, dann der Lagerdeckel aufgesetzt und mit dem vorgeschriebenen Drehmoment angezogen. Dabei wird der Faden plattgequetscht. Die Breite des gequetschten Fadens ergibt Aufschluß über das Lagerspiel anhand einer Skala.

Warum dürfen Mehrstofflager nicht nachgearbeitet werden?
Weil sonst die sehr dünne Laufschicht von nur 0,02 ... 0,025 mm sofort abgetragen und zerstört würde.

2.4 Motorsteuerung

Welche Aufgaben hat die Motorsteuerung?

1. Das Einströmen der Frischgase in den Zylinder im richtigen Zeitpunkt steuern
2. Das Ausströmen der Abgase regeln

Aus welchen Teilen besteht die Motorsteuerung?

1. Nockenwelle
2. Steuerungsantrieb
3. Ventilstößel
4. Stoßstange, meist Stößelstange genannt
5. Kipphebel bzw. Schwinghebel
6. Einlaß- und Auslaßventil
7. Ventilführung
8. Ventilfeder
9. Ventilschaftabdichtung

Vieviel Ventile kann ein Zylinder haben?

zwei, drei oder vier.

Wie werden die Ventilsteuerzeiten angegeben?

In Grad Kurbelwinkel (° KW). Im Steuerdiagramm wird angegeben, wann die Ventile öffnen und schließen, damit erhält man die Öffnungs- und Schließzeiten jeweils als Teil eines Kreisbogens.

Wovon sind die Ventilöffnungszeiten abhängig?

1. Vom Öffnungswinkel des Ventils in Grad Kurbelwinkel
2. Von der Motordrehzahl

Wann öffnet und schließt das Einlaßventil?

Die Öffnungs- und Schließzeiten richten sich nach der jeweiligen Auslegung des Motors. Das Einlaßventil öffnet 2 ... 20° vor dem oberen Totpunkt und schließt 40 ... 60° nach dem unteren Totpunkt. Das EV öffnet deshalb vor OT, damit die ausströmenden Altgase durch Unterdruck die Frischgase ansaugen; es schließt erst nach UT, um die Bewegungsenergie der strömenden Frischgase auszunützen und einen Aufladeeffekt zu erreichen.

Wann öffnet und schließt das Auslaßventil?

Das Auslaßventil öffnet 35 ... 60° vor dem unteren Totpunkt und schließt 5 ... 30° nach dem oberen Totpunkt. Es öffnet deshalb bereits vor UT, um einen raschen Druck- und Temperaturabfall zu erreichen.

Was versteht man unter der Ventilüberschneidung?

Das Einlaßventil hat schon geöffnet, bevor das Auslaßventil geschlossen ist, d. h. beide Ventile sind während der Ventilüberschneidung offen.

Welche Vorteile ergibt die Ventilüberschneidung?

1. Es gelangen mehr Frischgase in den Zylinder, der Liefergrad des Motors wird verbessert.
2. Der Verbrennungsraum wird stärker gekühlt
3. Die Entleerung des Verbrennungsraumes von Altgasen wird verbessert ohne daß sich Frisch- und Altgase wesentlich vermischen.

Welche Ventilanordnungen gibt es?

1. Stehende Ventile
2. Hängende Ventile

Was versteht man unter einem untengesteuerten Motor?

Die Ventile eines untengesteuerten Motors befinden sich unterhalb des oberen Totpunkts im Motorzylinder. Der untengesteuerte Motor hat stehende Ventile. Mit der Lage der Nockenwelle hat diese Bezeichnung nichts zu tun.

Welche Eigenschaften haben untengesteuerte Motoren?

1. Einfacher Motoraufbau
2. Betriebssichere Konstruktion
3. Geräuscharm
4. Wenig bewegte Teile
5. Ungünstiger, langgestreckter Verbrennungsraum
6. Begrenztes Verdichtungsverhältnis
7. Ventilspiel schwer einstellbar

Untengesteuerte Motoren können infolge ihres langgestreckten Verbrennungsraumes nicht so hoch verdichtet werden, wie dies für Dieselmotoren erforderlich ist. Sie können deshalb grundsätzlich nicht für Dieselmotoren verwendet werden, werden jedoch als Einbau- und Stationärmotoren wegen ihres einfachen Aufbaus und ihrer betriebssicheren Konstruktion weiterhin gebaut.

Wie erfolgt die Betätigung der Ventile beim untengesteuerten Motor?

Der Nockenhub wird durch den Stößel auf den Ventilschaft übertragen. Die Stößel haben am oberen Ende eine Stellschraube zur Einstellung des Ventilspiels. Die Ventile werden durch eine oder zwei Ventilfedern geschlossen.

Was versteht man unter einem obengesteuerten Motor?

Die Ventile eines obengesteuerten Motors befinden sich oberhalb des oberen Totpunkts im Zylinderkopf. Der obengesteuerte Motor hat hängende Ventile. Die Ventile können von einer untenliegenden oder von einer obenliegenden Nockenwelle betätigt werden. Die Lage der Nockenwelle hat mit der Lage der Ventile, der Brennraumgestaltung und der Bezeichnung „obengesteuert“ nichts zu tun.

Welche Eigenschaften haben obengesteuerte Motoren?

1. Günstige, kompakte Brennraumgestaltung möglich
2. Halbkugelförmiger Brennraum möglich
3. Mehr bewegte Teile
4. Bei obenliegender Nockenwelle höhere Motordrehzahlen möglich
5. Dreiventil- und Vierventil-Brennräume für Hochleistungsmotoren möglich
6. Meist einfache Ventilspieleinstellung
7. Bei Ventilbruch fällt Ventil in den Brennraum mit meist großen Folgeschäden am Motor

Wie erfolgt die Betätigung der Ventile beim obengesteuerten Motor?

1. Bei untenliegender Nockenwelle über Stößel, Stößelstangen (Stoßstangen) und Kipphebel
2. Bei obenliegender Nockenwelle über
   a) Tassenstößel, b) Kipphebel, c) Schwinghebel

Welche Aufgabe haben Ventilstößel?

Den Nockenhub auf die Stößelstange (Stoßstange) oder direkt auf die Ventile zu übertragen.

Welche Arten von Ventilstößeln werden verwendet?

1. Tellerstößel
2. Tassenstößel
3. Pilzstößel
4. Rollenstößel
5. Hydraulische Stößel

Erklären Sie die Unterschiede zwischen Kipphebel und Schwinghebel!

Kipphebel sind zweiarmige Hebel zur Umlenkung der Hubbewegung.

Schwinghebel sind einarmige Hebel. Sie werden nur bei obenliegender Nockenwelle verwendet. Der Schwinghebel liegt am einen Ende am Drehpunkt und am anderen Ende am Ventil auf. Zwischen diesen beiden Auflagepunkten wirkt der Nocken der Nockenwelle mit einem bestimmten Übersetzungsverhältnis auf den Schwinghebel und öffnet das Ventil.

Wie kann die Nockenwelle angeordnet sein?

1. Im Kurbelgehäuse:
   a) Obengesteuerter Motor mit untenliegender Nockenwelle
   b) Untengesteuerter Motor
2. Im Zylinderkopf: obengesteuerter Motor mit obenliegender Nockenwelle

Welche Bezeichnungen werden für die Lage der Nockenwelle und der Ventile verwendet?

1. sv = **s**ide **v**alves: seitlich stehende Ventile. Es handelt sich um einen untengesteuerten Motor (manchmal auch seitengesteuerten Motor genannt) mit untenliegender Nockenwelle. Diese Motorbauart wird nur noch für kleine Einbau- und Stationärmotoren verwendet. Diese Motoren werden als sv-Motoren bezeichnet.
2. ohv = **o**ver**h**ead **v**alves: „Über-Kopf-Ventile". Es handelt sich um einen obengesteuerten Motor mit hängenden Ventilen und untenliegender Nockenwelle. Anwendung vorwiegend für Lkw-Dieselmotoren. Diese Motoren werden als ohv-Motoren bezeichnet.
3. ohc = **o**ver**h**ad **c**amshaft: „Über-Kopf-Nockenwelle". Es handelt sich um einen obengesteuerten Motor mit hängenden Ventilen und obenliegender Nockenwelle. Anwendung vorwiegend für Pkw-Motoren. Diese Motoren werden als ohc-Motoren bezeichnet.
4. dohc = **d**ouble **o**ver**h**ead **c**amshaft: Zwei obenliegende Nockenwellen. Anwendung für Hochleistungsmotoren. Diese Motoren werden als Doppelnockenwellenmotoren oder als dohc-Motoren bezeichnet.

Ferner gibt es noch

5. cih = **c**amshaft **i**n **h**ead: Nockenwelle liegt im Zylinderkopf
6. ioe: **i**nlet **o**ver **e**xhaust: Einlaßventil befindet sich oberhalb des Auslaßventils. Es handelt sich um sogenannte wechselgesteuerte Motoren, bei denen das Einlaßventil stehend im Motorzylinder und das Auslaßventil hängend im Zylinderkopf angeordnet sind. Diese Konstruktion wird nicht mehr verwendet.

Welche Werkstoffe werden für Nockenwellen verwendet?

1. Legierter Stahl
2. Sondergußeisen
3. Gußeisen mit Kugelgraphit
4. Temperguß

Wie können Nockenwellen hergestellt werden?

1. Im Gesenk geschmiedet
2. Gegossen

Welche Nockenformen gibt es?

1. Flache Nocken für übliche Gebrauchsmotoren
2. Steile Nocken für Hochleistungsmotoren. Diese öffnen rascher und halten die Ventile länger offen, die Kräfte an den Nockenflanken sind jedoch wesentlich größer als bei flachen Nocken.

Wie groß ist das Übersetzungsverhältnis der Kurbelwelle zur Nockenwelle?

2:1. Die Nockenwelle läuft mit halber Kurbelwellendrehzahl.

Auf welche Arten kann die Nockenwelle angetrieben werden?
1. Zahnradtrieb: Zahnrad für Kurbel- und Nockenwelle, evt. Zwischenrad
2. Kettentrieb: Kettenräder, Steuerkette
3. Zahnriementrieb: Zahnriemenräder, Steuerzahnriemen
4. Zwischenwelle (Königswelle)
5. Schubstangen mit Exzenter

Welche Aufgaben haben Ventile?
1. Den Verbrennungsraum für den Ladungswechsel öffnen
2. Den Verbrennungsraum während des Verdichtungs- und Arbeitstaktes abdichten
3. Die aufgenommene Wärme an Ventilsitz und Ventilführung weiterleiten

Aus welchen Teilen besteht ein Ventil?
1. Ventilteller mit Ventilsitz. Der Ventilsitzwinkel am Ventilteller hat meist einen Winkel von 45°, seltener 30°.
2. Ventilschaft

Wie werden die Ventile beansprucht?
1. Hohe Wärmebeanspruchung
2. Hohe Zug- und Druckbeanspruchung durch wechselnde Beschleunigungs- und Verzögerungskräfte
3. Verschleiß am Ventilsitz und Ventilschaft

Aus welchen Werkstoffen bestehen Ventile?
Aus hochlegierten, warmfesten Stählen, für Einlaßventile z. B. X 45CrSi4, für Auslaßventile X 45CrNiW189. Bei Bimetall-Ventilen bestehen Ventilteller und Ventilschaft aus verschiedenen Stahlsorten, die stumpf zusammengeschweißt werden. Damit können diese Ventile die unterschiedlichen Anforderungen an Ventilteller und Ventilschaft besser erfüllen.

Welche Sonderausführungen von Ventilen unterscheidet man?
1. Gekühlte Ventile mit hohlem Schaft und Teller
2. Ventilkegel mit gepanzertem Sitz
3. Ventilkegel mit Schirmansatz

Wie sind gekühlte Ventile aufgebaut?
Bei diesen Ventilen sind Schaft und Teller hohl ausgeführt und zum Teil mit Natrium gefüllt. Natrium hat einen Schmelzpunkt von rund 100 °C und wird bei Betriebstemperatur flüssig. Durch die Ventilbewegung wird es im Schaft hin- und hergeschleudort und transportiert die Wärme vom Ventilteller zum Ventilschaft.

Warum werden Ventile gepanzert?
Eine Panzerung mit einer hochfesten CrNi-Legierung oder mit Hartmetall macht den Ventilsitz und auch das Schaftende besonders verschleißfest.

Warum muß bei den üblichen Ventilstößeln ein Ventilspiel vorhanden sein?
Bei geschlossenem Ventil muß der Ventilteller immer auf dem Ventilsitz aufliegen und den Verbrennungsraum gasdicht abschließen. Das Ventilspiel gleicht die beim Betrieb auftretende unterschiedliche Wärmeausdehnung von Ventilschaft, Zylinderkopf und Übertragungsteilen aus.

Wie groß soll das Ventilspiel sein?
Je nach Bauart und Kühlung des Motors:
1. Einlaßventil 0,05 ... 0,2 mm
2. Auslaßventil 0,2 ... 0,4 mm

Hydraulische Ventilstößel benötigen kein Ventilspiel.

Welche Folgen hat ein zu kleines Ventilspiel?
1. Die Ventile schließen nicht mehr richtig
2. Die Verdichtung wird geringer
3. Die Leistung sinkt ab
4. Beim Auslaßventil kann die Wärme nicht mehr über den Ventilsitz abgeführt werden, da sich Ventilteller und Ventilsitz nicht mehr genügend berühren. Das Auslaßventil wird überhitzt und verbrennt.
5. Beim Einlaßventil kann die Verbrennungsflamme während des Arbeitstaktes in den Einlaßkanal zurückschlagen und zu einem Vergaserbrand führen.

Welche Folgen hat ein zu großes Ventilspiel?
1. Die Ventile öffnen zu spät und schließen zu früh
2. Geringere Ventilöffnungszeit und kleinerer Öffnungsquerschnitt
3. Verschlechterung des Liefergrades, dadurch Leistungsabfall
4. Stärkere Ventilgeräusche
5. Höhere mechanische Beanspruchung der Druckfläche des Ventilschafts

Wie kann man eine spielfreie und selbstnachstellende Ventileinstellung erreichen?
Durch Einbau von hydraulischen Stößeln oder hydraulischen Ventilspielausgleichselementen. Diese sind an die Druckölleitung der Motorschmierung angeschlossen.

Welche Vorteile haben Ventildrehvorrichtungen?
Die Ventildrehvorrichtung dreht bei jedem Ventilhub das Ventil um einen kleinen Betrag um seine Achse. Dadurch erreicht man:
1. Gleichmäßige Wärmeverteilung am Ventilteller
2. Beseitigung von Verbrennungsrückständen und Ablagerungen an Ventilsitz und Ventilteller

Aus welchen Werkstoffen bestehen Ventilsitze im Zylinderkopf?
In Zylinderköpfen aus Gußeisen wird der Ventilsitz meist direkt eingefräst. In Zylinderköpfen aus Leichtmetall werden Ventilsitzringe aus Sondergußeisen, hochlegiertem Stahl oder Hartmetall eingepreßt oder eingeschrumpft.

Wie wird der Ventilsitz im Zylinderkopf bearbeitet?
1. Fräsen der unteren Ventilsitzkante mit dem 75° -Korrekturfräser
2. Fräsen der oberen Ventilsitzkante mit dem 15° -Korrekturfräser
3. Herstellen des eigentlichen Ventilsitzes mit dem 45° -Ventilsitzfräser

Ventilsitzringe können auch feingedreht oder geschliffen werden.

Wie groß soll die Ventilsitzbreite sein?
Die Ventilsitzbreite beträgt beim Einlaßventil 1,0 ... 1,5 mm und beim Auslaßventil 1,5 ... 2,5 mm. Je schmäler die Ventilsitzbreite ist, desto besser dichtet das Ventil ab. Je breiter die Ventilsitzbreite ist, desto mehr Wärme kann am Sitz abgeführt werden.

Warum ist die Ventilsitzbreite beim Auslaßventil größer als beim Einlaßventil?
Durch die größere Sitzbreite kann die Wärme rascher abgeführt werden (Auslaßventil wird heißer als das Einlaßventil).

Warum ist der Ventilteller des Einlaßventils meist größer als der des Auslaßventils?
Um einen größeren Strömungsquerschnitt und damit eine bessere Zylinderfüllung und höhere Leistung zu erreichen. Die verbrannten Altgase entweichen unter Überdruck, während die Frischgase durch geringen Unterdruck angesaugt werden müssen. Deshalb kann der Strömungsquerschnitt des Auslaßventils kleiner sein. Außerdem heizt sich ein kleinerer Ventilteller weniger stark auf.

Welche Werkstoffe verwendet man für Ventilführung?
Sondergußeisen oder Kupfer-Zinn-Legierungen. Bei Zylinderköpfen aus Grauguß werden die Ventile häufig direkt im Zylinderkopf geführt.

2.5 Zweitakt-Ottomotor

Worin unterscheidet sich der Zweitaktmotor vom Viertaktmotor?

1. An der Bezeichnung „Zweitaktmotor“ ist zu erkennen, daß dies eine Motorenart ist, bei der ein Arbeitsspiel – Ansaugen, Verdichten, Arbeiten, Ausstoßen – während zweier Takte, also einer Kurbelwellenumdrehung, abläuft.
   Die Arbeitsvorgänge können auf zwei Takte vereinigt werden, weil sie z. T. vom Kurbelgehäuse übernommen werden, d. h. ein Teil der Vorgänge findet unterhalb des Kolbens und ein Teil oberhalb des Kolbens statt.
2. Zweitaktmotoren haben meist keine Ventile, somit auch keine Steuerorgane (Nockenwelle, Steuerräder, Stößel, Stoßstangen, Kipphebel usw.). Allerdings gibt es auch Zweitaktmotoren mit einem oder mehreren Auslaßventilen.
3. Bei den meisten Zweitaktmotoren wird der erforderliche Spüldruck im Kurbelgehäuse erzeugt (Vorverdichtung). Das Kurbelgehäuse muß daher absolut gasdicht sein. Undichte Trennfugen und Wellendichtungen saugen Falschluft in das Kurbelgehäuse und verringern die Vorverdichtung.
4. Zweitaktmotoren haben Mischungsschmierung (1:25; 1:40; 1:50 bis 1:100), Viertaktmotoren Druckölschmierung.
5. Zweitaktmotoren haben einen offenen Gaswechsel, während Viertaktmotoren einen geschlossenen Gaswechsel haben.

Welche Bauteile hat der Zweitaktmotor anstelle der Ventile?

Er hat Kanäle, deren Mündungen (Steuerschlitze) durch den Kolben gesteuert, d. h. geöffnet und geschlossen werden. Da ein Arbeitsspiel während einer Kurbelwellenumdrehung abläuft, ist es beim Zweitaktmotor schwieriger als beim Viertaktmotor, genügend Frischgase zuzuführen und die verbrannten Altgase aus dem Zylinder zu spülen.

Weshalb benötigt der Zweitaktmotor gegenüber dem Viertaktmotor nur eine Kurbelwellenumdrehung für ein Arbeitsspiel?

Der Ablauf eines Arbeitsspiels ist bei beiden Motoren grundsätzlich gleich. Beim Viertaktmotor läuft das Arbeitsspiel im Motorzylinder über den Kolben ab. Hierzu werden 4 Kolbenhübe benötigt, dies entspricht 2 Kurbelwellenumdrehungen. Der Zweitaktmotor benötigt für ein Arbeitsspiel 2 Kolbenhübe oder eine Kurbelwellenumdrehung, weil die 4 Takte im Motorzylinder, d. h. über dem Kolben und im Kurbelgehäuse, d. h. unterhalb des Kolbens, ablaufen.

Was versteht man unter einem offenem Gaswechsel?
Man spricht von einem offenem Gaswechsel, wenn sich Frischgase und Altgase berühren und mischen können. Beim Zweitaktmotor sind Überströmschlitz und Auslaßschlitz fast während des gesamten Gaswechselvorgangs gleichzeitig offen. Dadurch können sich Frischgase und Altgase mischen, sowie Frischgase in den Auslaßkanal gelangen. Dies ergibt eine Verschlechterung des Liefergrades und eine Erhöhung des Kraftstoffverbrauchs.

Was versteht man unter einem geschlossenen Gaswechsel?
Bei einem geschlossenen Gaswechsel können sich Frischgase und Altgase nicht berühren und mischen. Beim Viertaktmotor findet Ansaugen und Ausstoßen bei verschiedenen Takten statt, man spricht von einem geschlossenen Gaswechsel. Allerdings können sich Frischgase und Altgase während der Ventilüberschneidung kurzzeitig berühren. Ein Vermischen der Gase beim Gaswechsel ist jedoch im Gegensatz zum Zweitaktmotor mit offenem Gaswechsel kaum möglich.

Wie stehen Motorzylinder und Kurbelgehäuse miteinander in Verbindung?
Ein oder mehrere Überströmkanäle verbinden das Kurbelgehäuse mit dem Verbrennungsraum im Zylinder. Das Kurbelgehäuse ist druckfest abgedichtet, der hin- und hergehende Kolben wirkt als Ladepumpe.

Wie arbeitet der Zweitaktmotor im ersten Takt?
Der Kolben bewegt sich von UT nach OT.
Vorgänge unter dem Kolben: Die Kolbenoberkante verschließt den Überströmkanal. Im geschlossenen Kurbelgehäuse entsteht durch die Volumenvergrößerung ein Unterdruck von 0,2 ... 0,4 bar (Voransaugen). Beim Öffnen des Einlaßschlitzes durch die Kolbenunterkante wird frisches Luft-Kraftstoff-Gemisch in das Kurbelgehäuse angesaugt.
Vorgänge über dem Kolben: Der Überströmkanal ist geöffnet und die im Kurbelgehäuse vorverdichteten Frischgase schieben die verbrannten Altgase in den geöffneten Auslaßkanal. Der Kolben verschließt zunächst den Überströmkanal und dann den Auslaßkanal. Das Frischgas über dem Kolben wird verdichtet.

Wie arbeitet der Zweitaktmotor im zweiten Takt?
Der Kolben bewegt sich von OT nach UT.
Vorgänge unter dem Kolben: Die Kolbenunterkante schließt den Einlaßkanal und das angesaugte Luft-Kraftstoff-Gemisch wird auf 0,3 ... 0,6 bar vorverdichtet.

Vorgänge über dem Kolben:
Kurz vor OT erfolgt die Zündung des Frischgases. Durch den Druck der expandierenden Gase wird der Kolben nach UT bewegt. Die Kolbenoberkante gibt zuerst den Auslaßkanal frei und die verbrannten Altgase strömen in den Auspuff. Dann gibt der Kolben den Überströmkanal frei und die vorverdichteten Frischgase strömen in den Zylinder und schieben die restlichen Altgase in den Auspuff (Spülvorgang).

Nennen Sie die verschiedenen Spülverfahren!
1. Gegenstromspülverfahren
   a) Querstromspülung (Dreikanal-Zweitaktmotor)
   b) Umkehrspülung (Schnürle)
2. Gleichstromspülverfahren
   a) Doppelkolbenmotor
   b) Gegenkolbenmotor
   c) Zweitaktmotor mit Auslaßventil

Welches sind die Unterschiede von Gegenstrom- und Gleichstromspülverfahren?
Bei der Gegenstromspülung haben Frischgase und Altgase entgegengesetzte Strömungsrichtung. Bei der Gleichstromspülung haben Frischgase und Altgase gleiche Strömungsrichtung.

Erklären Sie die Wirkungsweise der Querstromspülung!
Frischgase und Altgase strömen quer durch den Zylinder, Überströmschlitz (Spülschlitz) und Auslaßschlitz liegen gegenüber, am Kolben befindet sich eine Ablenknase (Nasenkolben). Im Zylinder sind 3 Kanäle: Einlaß-, Überström- und Auslaßkanal. Deshalb nennt man diesen Motor auch Dreikanal-Zweitaktmotor.

Erklären Sie die Wirkungsweise der Umkehrspülung!
Bei der Umkehrspülung nach Schnürle befindet sich je ein Überströmschlitz (Spülkanal) rechts und links vom Auslaßschlitz. Die Frischgase werden von den schrägliegenden Überströmkanälen an die gegenüberliegende Zylinderwand geführt. Dort richtet sich der Spülstrom auf und schiebt die Restgase zum Auslaßschlitz hinaus.

Wie arbeiten Doppelkolbenmotoren?
Frischgase und Altgase strömen in gleicher Richtung. Zwei Zylinder haben einen gemeinsamen Verdichtungsraum. Die beiden Kolben sind durch ein Anlenkpleuel miteinander verbunden. Bei der Drehbewegung eilt ein Kolben vor, dadurch wird der Auslaßkanal vor dem Überströmkanal geöffnet und auch wieder geschlossen. Dies ergibt ein nützliches Nachladen der Frischgase. Dadurch wird der Liefergrad verbessert.

Was versteht man unter einem symmetrischen Steuerdiagramm?
Die Einlaß-, Auslaß- und Überströmschlitze werden genau so viele Grad vor OT bzw. UT geöffnet, wie sie nach OT bzw. UT wieder geschlossen werden.

Was versteht man unter einem unsymmetrischen Steuerdiagramm?
Die Einlaß-, Auslaß- und Überströmschlitze werden nicht mehr symmetrisch zu OT bzw. UT geöffnet und geschlossen. Der Einlaßschlitz bleibt länger vor OT geöffnet als nach OT, der Auslaßschlitz ebenfalls länger vor UT geöffnet als nach UT, der Überströmschlitz dagegen bleibt kürzer vor UT geöffnet als nach UT. Dadurch erhält man ein nützliches Nachladen.

Was versteht man unter dem günstigen Vorauslaß?
Der von OT nach UT gehende Kolben öffnet zuerst den Auslaßschlitz und danach den Überströmschlitz. Durch das Öffnen des Auslaßschlitzes entsteht ein hoher Druckabfall, dadurch können die verbrannten Altgase beim anschließenden Öffnen des Überströmschlitzes nicht so stark in das Kurbelgehäuse zurückdrücken und sich weniger mit den Frischgasen vermischen.

Was versteht man unter dem schädlichen Nachauslaß?
Der von UT nach OT gehende Kolben schließt zuerst den Überströmschlitz und dann den Auslaßschlitz. Dadurch kann ein Teil der Frischgase durch den noch geöffneten Auslaßschlitz ungenützt ins Freie strömen.

Was versteht man unter dem nützlichen Nachladen?
Bei Doppelkolbenmotoren wird der Auslaßschlitz vor dem Überströmschlitz geschlossen, dadurch bleibt der Überströmkanal etwas länger geöffnet. Die Massenträgheit der strömenden Frischgase bewirkt eine Erhöhung des Liefergrads, man erzielt einen Nachladeeffekt.

Welche Einflüsse auf die Spülvorgänge hat die Auspuffanlage beim Zweitaktmotor?
Nachträgliche Änderungen an der Auspuffanlage ergeben höheren Lärm, geringere Leistung und einen höheren Kraftstoffverbrauch.
Ein **niedrigerer Staudruck** läßt die verbrannten Gase rasch entweichen, dadurch können unverbrannte Frischgase nachströmen. Folge: erhöhter Kraftstoffverbrauch, hoher Anteil unverbrannter Kohlenwasserstoffe im Abgas. Ein **höherer Staudruck** verhindert das rasche Ausströmen der verbrannten Gase. Dies ergibt eine schlechtere Füllung und einen Leistungsabfall.

Wie erfolgt die Schmierung der Zweitaktmotoren?
Das Kurbelgehäuse der Zweitaktmotoren dient zum Vorverdichten des angesaugten Luft-Kraftstoff-Gemischs. Deshalb kann das Motoröl nicht wie bei den meisten Viertaktmotoren in das Kurbelgehäuse eingefüllt werden. Zweitaktmotoren haben fast ausschließlich **Mischungsschmierung** d. h. das Öl wird dem Kraftstoff in einem bestimmten Mischungsverhältnis (1:25 bis 1:100) zugemischt. Bei der **Frischölschmierung** wird das Schmieröl über eine Öldosierpumpe dem Kraftstoff vor Eintritt in den Vergaser beigemischt.

Wodurch entsteht das „Viertaktern“ beim Zweitaktmotor?
Erfolgt bei Zweitaktmotoren erst bei jeder zweiten Kurbelwellenumdrehung eine Zündung wie bei den Viertaktmotoren, nennt man dies „Viertaktern“. Dies tritt hauptsächlich im Leerlauf und bei höheren Drehzahlen des unbelasteten Motors auf.
Es kann folgende Ursachen haben:

1. Zu fettes Luft-Kraftstoff-Gemisch
2. Zu viel Öl im Kraftstoff
3. Ungenügende Spülung (z. B. Ölkohleansatz)
4. Falsche Zündeinstellung

Weshalb sind Kolbenbolzen für Zweitaktmotoren häufig einseitig geschlossen?
Um gegenüberliegende Gaswechselkanäle nicht über den hohlen Kolbenbolzen zu verbinden.

Wozu dient der Sicherungstift in der Kolbenringnut?
Der Sicherungsstift verhindert eine Drehbewegung der Kolbenringe. Somit können die Stoßenden der Kolbenringe nicht in die Steuerschlitze im Zylinder ausfedern und bei Bewegung des Kolbens dann abbrechen.

Welche Vor- und Nachteile hat der Zweitaktmotor gegenüber dem Viertaktmotor?

Vorteile:

1. Einfacher Aufbau
2. Weniger bewegliche Teile
3. Geringeres Gewicht
4. Geringere Herstellkosten
5. Größere Laufruhe
6. Gleichförmigeres Drehmoment
7. Höhere Leistung
8. Geringere Wartungskosten
9. Geringere Instandsetzungskosten

Nachteile:

1. Höherer Kraftstoffverbrauch
2. Höherer Ölverbrauch
3. Geringere Füllung
4. Höhere Wärmebelastung
5. Höhere mechanische Beanspruchung
6. Geringere Bremswirkung d. Motors
7. Ungünstigere Abgasbestandteile

Weshalb hat der Zweitaktmotor nicht die doppelte Leistung des Viertaktmotors?
Eigentlich müßte der Zweitaktmotor wegen der doppelten Anzahl von Arbeitshüben eine doppelt so große Leistung abgeben wie der Viertaktmotor. Dies ist aus folgenden Gründen jedoch nicht der Fall:

1. Für die Zylinderfüllung und -entleerung benötigt der Viertaktmotor 2 Kurbelwellenumdrehungen, der Zweitaktmotor lediglich 1 Kurbelwellenumdrehung. Dies bedeutet, daß dem Viertaktmotor für jeden dieser Vorgänge entsprechend dem Steuerdiagramm 220° ... 300° Kurbelwinkel zur Verfügung stehen, während dies beim Zweitaktmotor lediglich 110° ... 140° Kurbelwinkel sind.
2. Beim Spülvorgang kann wegen des offenen Gaswechsels ein Teil der Frischgase ins Freie strömen.

2.6 Kreiskolbenmotor

Worin unterscheidet sich der Kreiskolbenmotor vom Hubkolbenmotor?
Beim Kreiskolbenmotor, nach dem Erfinder auch Wankelmotor genannt, wird die Drehbewegung unmittelbar durch den umlaufenden Kolben erzeugt. Beim Hubkolbenmotor führt der Kolben eine hin- und hergehende Bewegung aus, die durch Pleuelstange und Kurbelwelle in eine Drehbewegung umgewandelt wird.

Aus welchen Teilen besteht der Kreiskolbenmotor?

1. Aus dem wassergekühlten oder luftgekühlten **Gehäuse,** dessen Innenform einer liegenden Acht ähnlich ist (Epitrochoide). Im Gehäuse befinden sich Einlaß- und Auslaßkanal sowie die Zündkerze. Mit dem Gehäuse ist ein Zahnrad (Ritzel) fest verbunden.
2. Aus dem **Kolben,** auch **Läufer** genannt, der die Form eines gleichseitigen Bogendreiecks hat. Die Innenverzahnung des Läufers wälzt sich am feststehenden Ritzel des Gehäuses ab.
3. Aus der **Exzenterwelle**

Beschreiben Sie die Arbeitsweise des Kreiskolbenmotors!
Die drei Ecken des Läufers berühren mit ihren Dichtleisten die Gehäusewand und dichten die jeweils um 120° versetzten drei Räume gegeneinander ab. Dreht sich der Läufer, werden diese Räume periodisch größer bzw. kleiner. Damit vollzieht sich in allen drei Kammern nacheinander je ein Arbeitsspiel in Viertaktweise: Ansaugen, Verdichten, Arbeiten, Ausstoßen. Die Exzenterwelle läuft mit dreifacher Drehzahl des Läufers um. Bei einer Läuferumdrehung erfolgen drei Arbeitstakte, dies ergibt bei einer Exzenterwellenumdrehung einen Arbeitstakt wie beim Zweitaktmotor.

Mit welchem Motor ist der Kreiskolbenmotor hinsichtlich der Steuerorgane vergleichbar?
Mit dem Zweitaktmotor, da der Läufer den Vorgang des Arbeitsspiels steuert wie der Kolben beim Zweitaktmotor.

Mit welchem Motor ist der Kreiskolbenmotor hinsichtlich des Arbeitsspiels vergleichbar?
Mit dem Zweitaktmotor, da bei einer Exzenterwellenumdrehung ein Arbeitstakt erfolgt.

Mit welchem Motor ist der Kreiskolbenmotor hinsichtlich des Gaswechselvorgangs vergleichbar?
Mit dem Viertaktmotor, da die Frisch- und Altgase nicht miteinander in Berührung kommen und somit ein geschlossener Gaswechsel vorliegt.

Nennen Sie die Eigenschaften der Kreiskolbenmotoren!

Vorteile:
1. Keine hin- und hergehende Masse
2. Nur 2 rotierende Teile
3. Absoluter Massenausgleich
4. Sehr ruhiger Motorlauf
5. Hohe Drehzahlen möglich
6. Kleiner Raumbedarf

Nachteile:
1. Höherer Kraftstoffverbrauch
2. Schlechte Abgaswerte
3. Höhere Produktionskosten

2.7 Elektroantrieb

Welche Eigenschaften haben Elektrofahrzeuge?
1. Kompakte Bauweise des Motors
2. Fast geräuschloser Lauf
3. Völlig abgasfreier Betrieb
4. Günstiger Drehmomentverlauf des Motors, daher kein Getriebe erforderlich
5. Schwere und teure Batterien erforderlich
6. Langwieriges Nachladen der Batterien
7. Geringe Reichweite, je nach Belastung 50 ... 100 km

Was versteht man unter einem Hybridantrieb?
Die Kombination eines Verbrennungsmotors mit einem Elektromotor.

Welche Vorteile weist der Hybridantrieb auf?
1. Geringe Schadstoffemission bei Hybridbetrieb
2. Abgasfrei und leise bei reinem Batteriebetrieb
3. Kleinere Batterien als bei reinem Elektroantrieb

2.8 Dieselmotor

Worin unterscheidet sich der Dieselmotor vom Ottomotor?

1. Der Dieselmotor arbeitet mit Dieselkraftstoff, der Ottomotor mit Benzin oder Flüssiggas.
2. Beim Dieselmotor erfolgt die Gemischbildung innerhalb des Verbrennungsraumes (innere Gemischbildung), beim Ottomotor außerhalb des Verbrennungsraumes (äußere Gemischbildung) durch Zerstäubung im Vergaser oder Einspritzung in das Saugrohr.
3. Der Dieselmotor saugt reine Luft an, der Ottomotor Luft-Kraftstoff-Gemisch.
4. Der Dieselmotor hat ein wesentliches höheres Verdichtungsverhältnis von 14 ... 23:1, der Ottomotor 7 ... 10:1.
5. Der Dieselmotor arbeitet mit einem höheren Verdichtungsdruck von 30 ... 50 bar bei niedrigeren Drehzahlen, der Ottomotor mit einem Verdichtungsdruck von 12 ... 18 bar bei höheren Drehzahlen.
6. Beim Dieselmotor erfolgt die Zündung durch Selbstzündung des Kraftstoffs durch die verdichtete heiße Luft, beim Ottomotor durch Fremdzündung.
7. Der Dieselmotor erzeugt schon bei niedrigen Drehzahlen ein großes Drehmoment, der Ottomotor erst bei höheren Drehzahlen.
8. Beim Dieselmotor ist der CO-Gehalt der Abgase wesentlich geringer als beim Ottomotor (bis 0,3 % CO gegenüber 4,5 % CO).
9. Beim Dieselmotor ist die Partikelemission vor allem in Form von Ruß wesentlich höher als beim Ottomotor.
10. Beim Dieselmotor ist die Abgastemperatur wesentlich niederer als beim Ottomotor (bei Vollast 500 ... 600 °C gegenüber 700 ... 1 000 °C).
11. Der Dieselmotor ist viel robuster und schwerer gebaut als der Ottomotor.
12. Der Dieselmotor hat eine höhere Lebensdauer als der Ottomotor

Weshalb haben Dieselmotoren einen geringeren Verbrauch als Ottomotoren?

1. Sie arbeiten mit höherer Verdichtung, daher besserer Wirkungsgrad.
2. Sie haben keine Drosselverluste im Ansaugtakt, da keine Drosselklappe vorhanden ist.
3. Sie haben keinen Choke für den Kaltstart, daher auch keine Anreicherung des Luft- Kraftstoff- Gemischs im Kaltstart.
4. Sie arbeiten mit hohem Luftüberschuß, damit sind die Wärmeverluste an Kühlung und Abgas geringer.

Vergleich Ottomotor – Dieselmotor

	Ottomotor	Dieselmotor
Leistungsgewicht	niedriger	höher
Abmessungen	kleiner	größer
Kraftstoff	Benzin, Benzol, Methanol, Flüssiggas	Dieselkraftstoff, leichte bis mittelschwere Öle
Spezifischer Verbrauch	280 ... 400 g/kWh	200 ... 300 g/kWh
Ansaugen	Luft-Kraftstoff-Gemisch	reine Luft
Gemischbildung	meist äußere Gemischbildung im Vergaser oder im Saugrohr	innere Gemischbildung im Zylinder oder im geteilten Brennraum
Luftbedarf	theoretisch: 15 kg/kg	theoretisch: 16 kg/kg praktisch: Luftüberschuß im ganzen Lastbereich
Verdichten	Luft-Kraftstoff-Gemisch	reine Luft
Verdichtungsverhältnis	7 ... 10:1	14 ... 23:1
Verdichtungstemperatur	400 ... 600 °C	700 ... 900 °C
Verdichtungsdruck	12 ... 18 bar	30 ... 50 bar
Arbeiten	Fremdzündung	Selbstzündung
Zündzeitpunkt	Grundeinstellung 10° vor OT ... 5° nach OT Veränderung durch Unterdruck- und Fliehkraftversteller	Einspritzbeginn 22° ... 32° vor OT Veränderung durch Spritzversteller
Flammentemperatur	2000 ... 2500 °C	2000 ... 2500 °C
Arbeitsdruck	40 ... 60 bar	65 ... 90 bar
Abgastemperatur	Vollast 700 ... 1000 °C Leerlauf 300 ... 500 °C	Vollast 500 ... 600 °C Leerlauf 200 ... 300 °C
CO-Gehalt der Abgase	Vollast 1 ... 4 % Leerlauf max. 4,5 %	Vollast bis 0,3 % Leerlauf bis 0,05 %

Beschreiben Sie die Arbeitsweise des Dieselmotors!

1. Takt: Ansaugen – Der Kolben saugt durch das Einlaßventil reine Luft an
2. Takt: Verdichten – Die angesaugte Luft wird auf 30 ... 50 bar verdichtet. Die Verdichtungstemperatur beträgt 700 ... 900 °C
3. Takt: Arbeiten – Der Kraftstoff wird eingespritzt, entzündet sich an der heißen Luft und verbrennt. Der Verbrennungsdruck steigt auf 65 ... 90 bar, die Verbrennungstemperatur auf 2 000 ... 2 500 °C
4. Takt: Ausstoßen – Die verbrannten Gase strömen durch den Auslaßkanal ins Freie. Die Abgastemperatur beträgt im Leerlauf 200 ... 300 °C, bei Vollast 500 ... 600 °C

Was versteht man unter Zündverzug?

Der Zündverzug ist die Zeit zwischen Einspritzbeginn und Zündbeginn (ca. 0,001 s). Zu großer Zündverzug ab 0,002 s führt zu hartem Motorlauf mit dem typischen „Dieselnageln".

Wovon hängt die Dauer des Zündverzugs ab?

1. Von der Zündwilligkeit des Kraftstoffs
2. Von der Feinheit der Zerstäubung
3. Von der Brennraumgestaltung
4. Von der Verdichtungstemperatur
5. Von dem Verdichtungsdruck

Wodurch kann ein zu großer Zündverzug auftreten?

1. Durch einen zündträgen Kraftstoff
2. Durch schlechte Zerstäubung
3. Durch kalten Motor
4. Durch falschen Einspritzzeitpunkt

Was ist das Maß für die Zündwilligkeit des Kraftstoffs?

Die Cetanzahl CZ. Dieselkraftstoff soll eine Cetanzahl von mehr als 45 CZ aufweisen.

Welche Einspritzverfahren werden bei Dieselmotoren angewendet?

1. Direkteinspritzverfahren
2. Indirekte Einspritzverfahren, auch Kammereinspritzverfahren oder Nebenbrennraumverfahren genannt.

Welche Nebenbrennraumverfahren finden in Dieselmotoren Anwendung?

1. Vorkammerverfahren
2. Wirbelkammerverfahren

Beschreiben Sie das Direkteinspritzverfahren!
Der Kraftstoff wird mit einem Druck von ca. 200 bar durch eine Mehrlochdüse direkt in den Verbrennungsraum eingespritzt. Der Verbrennungsraum kann muldenförmig in den Kolbenboden verlegt werden. Dies ergibt eine bessere Durchwirbelung der Luft und verringert die Wärmeverluste. Dieselmotoren mit direkter Einspritzung benötigen keine Starthilfe wie z. B. Glühkerzen. Ihr Wirkungsgrad ist höher als bei Motoren mit Nebenbrennraumverfahren.

Welche Eigenschaften haben Motoren mit Direkteinspritzung?
1. Einfache Bauart
2. Niederer Kraftstoffverbrauch (ca. 245 $\frac{9}{KW \cdot h}$)
3. Verhältnismäßig laute Verbrennung
4. Hoher Einspritzdruck erforderlich (ca. 200 bar)
5. Kraftstoffempfindlich

Welches sind die Merkmale des Mittenkugelverfahrens?
Das Mittenkugelverfahren, auch M-Verfahren genannt, ist ein Direkteinspritzverfahren. Fast der gesamte Verbrennungsraum ist in eine kugelförmige Vertiefung des Kolbenbodens verlegt. Die Ansaugluft wird durch einen Drallkanal in kreisende Bewegung versetzt. Der Kraftstoff wird durch eine Lochdüse auf die heiße Innenwand der Kugel gespritzt. Der Luftwirbel begünstigt die gleichmäßige Verteilung des Kraftstoff-Films auf der Kugelwand. Der Kraftstoff wird nun schichtweise von der Kugelwandung abgedampft und verbrannt. Dies ergibt eine weiche, verhältnismäßig leise Verbrennung.

Welche Eigenschaften haben Motoren nach dem Mittenkugelverfahren?
1. Niederer Einspritzdruck (ca. 175 bar)
2. Geringer Kraftstoffverbrauch (200 ... 230 $\frac{9}{KW \cdot h}$)
3. Weiche und verhältnismäßig leise Verbrennung
4. Kraftstoffunempfindlich

Beschreiben Sie das Vorkammerverfahren!
Hier wird der Verbrennungsraum in Haupt- und Nebenbrennraum unterteilt. Die Brennräume sind durch eine oder mehrere enge Bohrungen, sogenannte Schußkanäle, miteinander verbunden. Die Vorkammer ist im Zylinderkopf eingebaut. Der Kraftstoff wird mit 90 ... 120 bar in die Vorkammer eingespritzt und verbrennt hier zu einem Teil. Durch den dabei entstehenden Druck wird die Luft und die unverbrannten Kraftstoffteilchen durch die Schußkanäle in den Hauptbrennraum gepreßt. Dort findet die restliche Verbrennung statt. Dies ergibt eine verhältnismäßig langsame und leise Verbrennung.

Vorkammermotoren haben durch die beiden Haupt- und Nebenbrennräume eine große Abkühlungsoberfläche, so daß bei kaltem Motor die Verdichtungswärme allein nicht zur Selbstzündung ausreicht. Deshalb benötigen diese Motoren Glühkerzen für den Kaltstart.

Welche Eigenschaften haben Vorkammermotoren?
1. Niederer Einspritzdruck (ca. 90 ... 120 bar)
2. Weiche, verhältnismäßig leise Verbrennung
3. Wenig Stickoxide im Abgas
4. Höherer Verbrauch durch Strömungsverluste
5. Kaltstarthilfe erforderlich

Beschreiben Sie das Wirbelkammerverfahren!
Die Wirbelkammer ist ein im Zylinderkopf untergebrachter Nebenbrennraum. Sie hat die Form einer Hohlkugel und steht durch einen tangential einmündenden Schußkanal mit großer Öffnung mit dem Hauptbrennraum in Verbindung.
Die beim Verdichtungstakt in die Wirbelkammer einströmende Luft gerät durch die Kugelform der Kammer in eine kreisende Bewegung. In diesen Luftwirbel wird der Kraftstoff durch eine Zapfendüse eingespritzt, worauf der Verbrennungsvorgang ähnlich abläuft wie beim Vorkammerverfahren. Der Einspritzdruck ist auch hier nieder. Für den Kaltstart sind ebenfalls Glühkerzen erforderlich.

Welche Eigenschaften haben Wirbelkammermotoren?
1. Niederer Einspritzdruck (100 ... 125 bar)
2. Weiche, verhältnismäßig leise Verbrennung
3. Gute Gemischbildung
4. Etwas höherer Verbrauch durch Strömungsverluste
5. Kaltstarthilfe erforderlich

Wie werden größere Zweitakt-Dieselmotoren vorwiegend gebaut?
Diese werden vorwiegend nach dem Gleichstromspülverfahren gebaut. Häufig werden gesteuerte Auslaßventile verwendet, dadurch erhält man ein unsymmetrisches Steuerdiagramm. Die Spülluft strömt durch Einlaßschlitze in den Zylinder und schiebt die Abgase durch ein oder mehrere Auslaßventile in den Auslaßkanal. Meist ist ein besonderes Ladegebläse vorhanden. Dies kann ein Rootsgebläse oder ein Abgasturbolader sein.

Weshalb sind beim Zweitakt-Dieselmotor Spülverluste belanglos?
Dieselmotoren saugen nur reine Luft an, es wird also nur mit Luft gespült.

2.9 Kraftstoffe

Wie wird in einer Verbrennungskraftmaschine Kraft erzeugt?
Durch Verbrennen des Kraftstoffs.
Die im Kraftstoff enthaltene chemische Energie wird in Wärmeenergie, diese in Druck und über das Kurbeltriebwerk in mechanische Energie umgewandelt.

Aus welchen Grundstoffen bestehen Motorenkraftstoffe?
Aus Kohlenstoff und Wasserstoff. Kraftstoffe sind Kohlenwasserstoffverbindungen.

Welche zwei verschiedene Arten des Aufbaus zeigen die Moleküle der Kraftstoffe?
Kohlenwasserstoffmoleküle haben entweder kettenförmigen oder ringförmigen Aufbau. Benzin ist kettenförmig aufgebaut, Benzol ringförmig („Benzolring“).

Welche Kraftstoffe werden verwendet?
Benzin, Benzol, Alkohol und Gemische daraus, Dieselkraftstoff und Gase.

Wie teilt man die Kraftstoffe nach ihrer Zustandsform ein?
1. **Flüssige Kraftstoffe:** Benzin, Benzol, Dieselkraftstoff, Petroleum, Methanol, Äthanol.
2. **Gasförmige Kraftstoffe:**
   a) Permanent-Gase: Stadtgas, Kokereigas, Klärgas, Erdgas, Methangas.
   b) Flüssiggase: Propan, Butan (sind verflüssigt im Tank).

Woraus wird Benzin gewonnen?
Aus Erdöl. Rohöl ist gereinigtes Erdöl.

Wie wird aus Erdöl Benzin gewonnen?
1. Durch Destillieren des Erdöls
2. Durch thermisches Kracken
3. Durch Reformieren mit Platin-Katalysatoren
4. Durch Raffinieren (reinigen)

Wie wird Benzol gewonnen?
Durch Verkokung von Steinkohle.

Welche Eigenschaften soll der Ottokraftstoff haben?

Der Ottokraftstoff soll

1. leicht und schnell vergasen
2. ein gutes Startverhalten des Motors ergeben
3. sich mit Luft gut mischen
4. möglichst rückstandsfrei verbrennen
5. eine hohe Klopffestigkeit aufweisen
6. hohen Energiegehalt bei kleinem Raumbedarf haben
7. frostsicher sein

Warum soll ein Kraftstoff leicht und vollständig vergasen?

1. Je leichter ein Kraftstoff vergast, desto schneller und vollkommener geht die Verbrennung vor sich.
2. Je vollständiger der Kraftstoff vergast, desto weniger tritt eine Schmierölverdünnung ein.

Warum haben Vergaserkraftstoffe einen Siedebereich und keinen Siedepunkt?

Ottokraftstoffe sind Gemische aus verschiedenen Kohlenwasserstoffen mit jeweils unterschiedlichen Siedepunkten. Sie haben daher keinen Siedepunkt, sondern einen Siedebereich. Dieser liegt zwischen +30 °C und +215 °C.

Was versteht man unter Kraftstoffklopfen?

Eine durch Selbstzündung ausgelöste unkontrollierte Entflammung des noch unverbrannten Restgemischs. Dies kann vor, während oder nach dem Überspringen des Zündfunkens an der Zündkerze erfolgen.

Die Selbstentzündung kann durch glühende Teile wie Auslaßventil, Zündkerze oder Ablagerungen hervorgerufen werden. Dadurch steigt die Geschwindigkeit der Flammenfront von 10 ... 25 m/s auf 250 ... 300 m/s. Beim Ausbreiten der Druckwellen entstehen Schwingungen, die man als feine Klingel- bis harte Klopfgeräusche wahrnehmen kann.

Wie wirkt sich Kraftstoffklopfen auf den Motor aus?

1. Überbeanspruchung von Kolben und Triebwerksteilen durch schlagartige Drucksteigerung.
2. Übermäßige Erhitzung von Kolben und Zylinder, wobei die Temperatur des Kolbenbodens innerhalb von Sekunden den Schmelzpunkt erreichen kann.
3. Festbrennen der Kolbenringe mit anschließendem Durchblasen der Verbrennungsgase in das Kurbelgehäuse.
4. Leistungsabfall

Was versteht man unter der Klopffestigkeit?
Ein Kraftstoff ist umso klopffester, je höher er sich verdichten läßt, ohne sich selbst zu entzünden. Die Klopffestigkeit ist somit die Widerstandfähigkeit gegen den Molekülzerfall durch Selbstentzündung.

Wie wird die Klopffestigkeit eines Kraftstoffs bestimmt?
Die Klopffestigkeit eines Kraftstoffs wird in einem Einzylinder-Prüfmotor mit veränderlichem Verdichtungsverhältnis gemessen, indem man den Vergleichskraftstoff aus dem sehr klopffesten Isooktan (Oktanzahl 100) und dem klopffreudigen Normalheptan (Oktanzahl 0) mischt. Klopft z. B. ein Ottokraftstoff bei gleichen Bedingungen wie die Mischung des Vergleichskraftstoffs aus 90 % Isooktan und 10 % Normalheptan, so besitzt er die Oktanzahl 90.
Die Oktanzahl ist das Maß für die Klopffestigkeit.

Welche Arten der Oktanzahlbestimmung gibt es?
1. Research-Oktanzahl ROZ
2. Motor-Oktanzahl MOZ
3. Straßen-Oktanzahl SOZ

Erläutern Sie diese verschiedenen Prüfverfahren!
Die **Research-Oktanzahl ROZ** wird mit einem Prüfmotor ermittelt. Die Motordrehzahl beträgt 600 min^{-1}, keine Gemischvorwärmung, konstanter Zündzeitpunkt. Diese Prüfung findet unter milderen Bedingungen statt.

Die **Motor- Oktanzahl MOZ** wird ebenfalls mit einem Prüfmotor ermittelt. Die Motordrehzahl beträgt 900 min^{-1}, Gemischvorwärmung auf 150 °C, der Zündzeitpunkt wurd automatisch verstellt. Hierbei wird unter schärferen Bedingungen geprüft, die so ermittelte MOZ ist stets niederer als die ROZ.

Die **Straßen-Oktanzahl SOZ** wird mit Serienmotoren in Fahrzeugen im Straßenverkehr ermittelt. Sie ist also jeweils typgebunden und sehr aufwendig.

Welche Oktanzahl haben Ottokraftstoffe?

Normalkraftstoff	verbleit 91,0 ROZ und 82,7 MOZ
	unverbleit 91,0 ROZ und 82,5 MOZ
Superkraftstoff	verbleit 98,0 ROZ und 88,0 MOZ
	unverbleit 96,0 ROZ und 86,0 MOZ

Wodurch kann die Klopffestigkeit von Ottokraftstoffen erhöht werden?
Durch Zusatz von Bleitetraethyl, Bleitetramethyl, Benzol, Alkohol und Erhöhung des Anteils an hochklopffestem Reformbenzin.

Welchen Bleigehalt dürfen Ottokraftstoffe haben?
Verbleit: max 0,15 g Blei je Liter Kraftstoff (BRD)
Unverbleit: max 0,01 g Blei je Liter Kraftstoff

Was versteht man unter der Selbstentzündungstemperatur?
Sie ist die Temperatur, bei der sich ein Stoff ohne Fremdzündung von selbst entzündet.

Was versteht man unter dem Flammpunkt?
Der Flammpunkt ist die Temperatur, bei der nach Erwärmung die ersten entflammbaren Dämpfe entstehen. Diese Dämpfe brennen also erst bei Annäherung an eine Zündflamme.

Welche Eigenschaften soll der Dieselkraftstoff haben?
Der Dieselkraftstoff soll
1. sich fein zerstäuben lassen
2. einen niederen Selbstentzündungspunkt haben
3. möglichst rückstandsfrei verbrennen
4. einen hohen Heizwert besitzen
5. Schmierwirkung für die Einspritzanlage aufweisen
6. kältebeständig sein
7. geringen Schwefelgehalt haben

Was versteht man unter der Zündwilligkeit?
Zündwilligkeit ist die Neigung eines Kraftstoffs zur Selbstentzündung.

Wie wird die Zündwilligkeit eines Dieselkraftstoffs angegeben?
Durch die Cetanzahl CZ.

Wie wird die Cetanzahl bestimmt?
Die Cetanzahl wird in einem Prüfdieselmotor ermittelt. Der Dieselkraftstoff wird mit einem Vergleichskraftstoff aus dem sehr zündwilligen Cetan (Cetanzahl 100) und dem sehr zündträgen Methylnaphthalin (Cetanzahl 0) verglichen wie bei der Ermittlung der Oktanzahl beim Ottokraftstoff.

Wie groß ist die Cetanzahl?
Im Winter 45 CZ, im Sommer 55 CZ.

Warum ist die Cetanzahl für Winterdieselkraftstoff kleiner?
Winterdieselkraftstoff enthält weniger Paraffin.

Womit gibt man die Kältebeständigkeit des Dieselkraftstoffs an?
Durch den BPA-Punkt (**B**eginn der **P**araffin-**A**usscheidung), auch Trübungspunkt oder Cloudpoint genannt. Von diesem Punkt an werden Paraffinkristalle ausgeschieden, die Kraftstoff-Filter, Kraftstoffleitungen und die Einspritzanlage verstopfen.
Neuerdings wird als Maß für die Kältebeständigkeit die Filtrierbarkeit angegeben. Hierbei wird die tiefste Temperatur bestimmt, bei der eine vorgegebene Kraftstoffmenge durch ein bestimmtes Sieb fließt. Die Grenzwerte der Filtrierbarkeit sind im Sommer 0 °C, im Winter minus 12 °C.

Wie kann man die Kältebeständigkeit von Dieselkraftstoff verbessern?
1. Durch Zumischen von Petroleum
2. Durch Zumischen von Ottokraftstoff Normal (nicht Super)
3. Durch Zumischen von Fließverbesserern
4. Durch Einbau einer elektrischen Vorheizung in die Kraftstoffleitung

Welche Nachteile hat der Schwefelgehalt im Dieselkraftstoff?
Bei der Verbrennung entstehen im Motor schweflige Säure und Schwefelsäure. Dies bewirkt eine Korrosion im Motorbereich sowie eine schlechte Abgasqualität.

2.10 Schmierstoffe

Welche Arten von Schmierstoffen unterscheidet man?
1. Schmieröle
2. Schmierfette
3. Festschmierstoffe

Welche Arten von Schmierölen gibt es?
1. Mineralische Schmieröle
2. Synthetische Schmieröle
3. Pflanzliche Schmieröle (Rüböl, Rizinusöl, Olivenöl usw.)
4. Tierische Schmieröle (Knochenöl, Tran, Talg)

Welche Schmieröle werden für Kraftfahrzeuge verwendet?
Mineralische Schmieröle und zu einem geringen Teil auch synthetische Schmieröle.

Weshalb werden pflanzliche und tierische Schmieröle nicht verwendet?
Diese sind zwar schmierwirksamer, jedoch nicht alterungsbeständig und können deshalb nicht eingesetzt werden.

Woraus werden Mineralöle gewonnen?
Mineralöle werden aus Rohöl durch Vakuumdestillation hergestellt.

Welche Eigenschaften haben synthetische Schmieröle?

1. Niedrigerer Stockpunkt
2. Geringere Verdampfung
3. Günstigeres Viskositäts-Temperatur-Verhalten
4. Höhere Alterungsbeständigkeit
5. Höherer Flammpunkt
6. Niederer Aschegehalt
7. Einsatz bei extrem niederen und hohen Temperaturen möglich (–70 ... +250 °C)
8. Geringe innere Reibung
9. Teuer

Welche Aufgaben haben Schmieröle?
Schmieröle sollen

1. schmieren
2. kühlen
3. reinigen
4. feinabdichten
5. vor Korrosion schützen
6. Geräusche dämpfen

Welche Eigenschaften sollen Schmieröle haben?

1. Gute Schmierfähigkeit
2. Günstige Zähflüssigkeit (Viskosität) auch in kalten Lagern
3. Hoher Flammpunkt
4. Niederer Stockpunkt
5. Hohe Temperatur-, Druck- und Alterungsbeständigkeit
6. Rückstandsfreie Verbrennung
7. Gute Haftfähigkeit

Nennen Sie Ursachen für eine Verschlechterung des Schmieröls!

1. Eindringen von Kraftstoff (Ölverdünnung)
2. Eindringen von Wasser
3. Mechanische Verunreinigung (Straßenstaub, Abrieb, Ruß)
4. Oxidation des Öls
5. Hohe Motoröltemperaturen

Weshalb soll ein gutes Schmieröl rückstandsfrei verbrennen?
Damit sich beim unvermeidlichen Verbrennen eines Teils des Schmieröls im Verbrennungsraum keine Ölkohle bildet. Dies könnte Glühzündungen hervorrufen. Außerdem ergeben starke Rückstandsbildungen an Ventilen und in Kanälen einen Leistungsabfall.

Wie unterscheidet man die Schmieröle nach ihrer Zusammensetzung?

1. Unlegierte Öle
2. Legierte Öle
3. Einbereichsöle
4. Mehrbereichsöle

Was versteht man unter einem unlegierten Öl?
Dies ist ein reines Mineralöl ohne Zusätze. Solche Öle werden heute nicht mehr verwendet, da sie den Anforderungen der modernen Motoren nicht mehr genügen.

Was sind legierte Öle?
Mineralöle, die mit Zusätzen (Additive) vermischt sind. Diese Zusätze könen bis zu 30 % betragen.
Öle für hohe Beanspruchung werden als HD-Öle (**h**eavy **d**uty = schwere Beanspruchung) bezeichnet.

Was versteht man unter der Viskosität eines Öles?
Die Viskosität ist die Zähflüssigkeit des Öls. Sie nimmt mit steigender Temperatur ab und ist je nach Viskositätsklasse verschieden groß. Sie entspricht der inneren Reibung.

In welcher Maßeinheit wird die Viskosität angegeben?
In SAE-Viskositätsklassen (**S**ociety of **A**utomotive **E**ngineers = Vereinigung der Automobil-Ingenieure).

Welche SAE-Viskositätsklassen unterscheidet man?

Motoröle:
SAE 5 W, SAE 10 W, SAE 15 W, SAE 20 W sind Mineralöle als Einbereichsöle (W = Winter).
SAE 20, SAE 30, SAE 40, SAE 50 sind Sommeröle als Einbereichsöle.
Je kleiner die Zahl, desto dünnflüssiger das Öl.

Getriebeöle:
SAE 75 W, SAE 80 W, SAE 85 W sind Wintergetriebeöle
SAE 80, SAE 90, SAE 140, SAE 250 sind Sommergetriebeöle.

Was versteht man unter einem Mehrbereichsöl?
Mehrbereichsöle überdecken mehrere Viskositätsklassen, man kann sie sowohl im Sommer als auch im Winter einsetzen.
Beispiele: SAE 10 W – 30, SAE 15 W – 50, SAE 80 W – 90.
Mehrbereichsöle ergeben eine ausreichende Dünnflüssigkeit beim Kaltstart im Winter und verhindern ein Abreißen des Schmierfilms bei hohen Temperaturen im Sommer.

Was sind Additive?
Additive sind ölfremde chemische Zusätze, die fast immer öllöslich sind und ähnliche Dichte wie das Grundöl haben. Es sind Schwefel-, Chlor-, Phosphor-, Blei-, Zink- und Molybdänverbindungen.

Was versteht man unter der API-Klassifikation?

Das **A**merikanische **P**etroleum **I**nstitut unterteilt die Motor- und Getriebeöle nach verschiedenen Betriebsbedingungen und Motorarten in verschiedene API-Klassen. Das Motoröl der API-Klasse SF z. B. eignet sich für den Einsatz in Ottomotoren ab dem Baujahr 1980.

Wodurch kann eine Ölverdickung eintreten?

Durch starke Rußbildung und Ablagerungen im Motoröl, wobei gleichzeitig leichtflüchtige Bestandteile des Öls verbrennen.

Wodurch kann eine Ölverdünnung eintreten?

1. Durch häufigen Kaltstart
2. Durch zu lange Betätigung der Starterklappe oder des Startvergasers
3. Bei Motoren, die ihre Betriebstemperatur nicht erreichen (z. B. defekter Thermostat)

Was versteht man unter dem Stockpunkt des Öls?

Der Stockpunkt ist die Temperatur, bei der das Öl unter dem Einfluß der Schwerkraft nicht mehr fließt.

Welche Getriebeöle unterscheidet man?

1. Getriebeöle
2. Hypoidgetriebeöle
3. Flüssigkeitsgetriebeöle ATF

Warum benötigt man für die Hypoidverzahnung ein besonderes Hypoidgetriebeöl?

Beim Hypoidantrieb wird der Abwälzbewegung der Zahnflanken eine Gleitbewegung überlagert. Normale Öle genügen diesen Anforderungen nicht. Deshalb werden Öle für Hypoidantriebe bevorzugt mit Phosphor-Schwefel-Verbindungen legiert. Diese bilden mit den Metalloberflächen Schutzschichten, die einen direkten metallischen Kontakt verhindern. Die Schutzschichten werden rasch abgebaut und es bilden sich laufend neue Schichten. Dies ergibt einen fortwährenden geringen Verschleiß.

Welche Eigenschaften haben Flüssigkeitsgetriebeöle?

1. Sehr dünnflüssig (niedere Viskosität)
2. Niederer Stockpunkt (–40 °C)
3. Hoher Verschleißschutz für den Planetenantrieb
4. Gleichmäßiges Reibverhalten in den Lamellenkupplungen und Bremsbändern
5. Gute Wärmebeständigkeit
6. Verhindert Schaumbildung

Flüssigkeitsgetriebeöle ATF (**A**utomatic **T**ransmissions **F**luid) werden für vollautomatische Getriebe, hydraulische Drehmomentwandler, Flüssigkeitskupplungen und auch für Servolenkungen verwendet.

Was sind Schmierfette?
Schmierfette sind durch Metallseifen eingedickte Mineralöle. Die Mineralöltröpfchen werden vom Seifengerüst festgehalten und nur in kleinen Mengen freigegeben. Bei jeder Bewegung des Fetts wird Mineralöl aus den Poren gedrückt und schmiert so die Lagerstellen. Schmierfette haben eine zähflüssige bis wachsartige Konsistenz (Beschaffenheit).

Wie wird die Konsistenz der Schmierfette festgelegt?
Mit der Penetration, d. h. der Eindringtiefe eines Prüfkegels in das Fett.

Welche Arten von Schmierfetten gibt es?
1. Kalkseifen-Schmierfette
2. Natronseifen-Schmierfette
3. Lithiumseifen-Schmierfette

Welche besondere Eigenschaften haben diese Schmierfette?
Kalkseifen-Schmierfette sind wasserabstoßend. Verwendung als Abschmierfette.
Natronseifen-Schmierfette sind wasserempfindlich, haben jedoch eine gute Schmierfähigkeit. Verwendung als Wälzlagerfett.
Lithiumseifen-Schmierfette sind völlig wasserabstoßend und werden selbst von kochendem Wasser nicht ausgewaschen. Verwendung als Wasserpumpenfett und Mehrzweckfett.

Was versteht man unter dem Tropfpunkt eines Fetts?
Der Tropfpunkt ist die Temperatur, bei der der erste Tropfen eines schmelzenden Fetts abtropft.

Was sind Festschmierstoffe?
Festschmierstoffe sind an Werkstückoberflächen gut haftende, pulverförmige, feste Stoffe, die eine selbständige Schmierwirkung besitzen. Sie sind hochtemperaturbeständig, haben eine ausgezeichnete Hochdruckfestigkeit und gute Notlaufeigenschaften.

Welche Arten von Festschmierstoffen werden verwendet?
1. Molybdändisulfid
2. Graphit

Was ist Molybdändisulfid MoS_2?
MoS_2 ist ein weiches, schwarzgraues Pulver mit einer Schmierfähigkeit von −180° ... +450 °C und ausgezeichnetem Haftvermögen an Metalloberflächen.

2.11 Kraftstoffanlage

Welche Aufgabe hat die Kraftstoffanlage?
Die Kraftstoffanlage hat die Aufgabe, den Kraftstoff zu speichern und ihn dem Vergaser oder der Einspritzanlage zuzuführen. Aus Sicherheitsgründen sind Motor und Kraftstoffbehälter weit auseinandergebaut, meist entgegengesetzt angeordnet.

Welche Teile gehören zur Kraftstoffanlage eines Ottomotors?
1. Kraftstoffbehälter mit Kraftstoffanzeiger
2. Kraftstoffleitungen
3. Kraftstoff-Filter
4. Kraftstoffpumpe
5. Vergaser bzw. Einspritzanlage
6. z. T. Kraftstoff-Verdampfungsanlage

Aus welchen Werkstoffen werden Kraftstoffbehälter hergestellt?
1. Aus Stahlblech, verzinkt, verbleit oder lackiert
2. Aus Aluminium
3. Aus Kunststoff

Weshalb sind häufig Schlingerwände in Kraftstoffbehältern eingebaut?
Um das Schlingern des Kraftstoffs und rasche Gewichtsverlagerungen in Kurven zu verhindern.

Warum benötigen Kraftstoffbehälter eine Be- und Entlüftung?
Zum Druckausgleich beim Tanken, Ausfließen und Erwärmen des Kraftstoffs. Bei verstopfter Entlüftungsbohrung kann der Kraftstoffbehälter durch den entstehenden Unterdurck beim Ansaugen zusammengedrückt werden.

Welche Arten von Kraftstoffanzeigern werden verwendet?
1. Tauchrohrgeber
2. Hebelgeber

Aus welchen Werkstoffen werden Kraftstoffleitungen gefertigt?
1. Stahlrohre mit Schutzmetallüberzug
2. Kunststoffrohre

Kupferrohre neigen bei Schwingungsbeanspruchung zu Anrissen und Bruchgefahr und finden deshalb kaum Verwendung.

Welche Filterbauarten unterscheidet man nach ihrem Verwendungszweck?

1. Kraftstoff-Filter
2. Luftfilter
3. Ölfilter

Welche Aufgaben haben Kraftstoff-Filter?

1. Abscheidung von Schmutzteilchen und Wassertröpfchen
2. Verringerung des Verschleißes vor allem bei Einspritzanlagen
3. Erhöhung der Betriebssicherheit
4. Erhöhung der Lebensdauer des Motors

Welche Arten von Kraftstoff-Filtern unterscheidet man?

1. Papier-Filter
2. Filzplatten-Filter
3. Filzrohr-Filter
4. Sieb-Filter
5. Spalt-Filter

Weshalb bestehen die meisten Filtereinsätze aus Papier?

Die Porengröße des Papiers weist eine große Gleichmäßigkeit auf. Durch Falten und Wickeln des Filterpapiers erreicht man große Filterflächen.

Wo wird die Kraftstoffpumpe eingebaut?

Die Kraftstoffpumpe wird zwischen Kraftstoffbehälter und Vergaser bzw. Einspritzanlage eingebaut. Sie ist häufig am Motor angeflanscht oder in der Nähe des Motors befestigt. Sie kann auch außerhalb oder innerhalb des Kraftstoffbehälters eingebaut sein.

Welche Aufgaben hat die Kraftstoffpumpe?

Die Kraftstoffpumpe soll

1. den Kraftstoff vom Kraftstoffbehälter zum Vergaser oder zu der Einspritzanlage fördern
2. bei gefüllter Schwimmerkammer die Förderung selbsttätig unterbrechen.
3. den richtigen Förderdruck haben, damit das geschlossene Schwimmernadelventil nicht durch Überdruck geöffnet werden kann
4. die richtige Fördermenge liefern

Welche Arten von Kraftstoffpumpen gibt es?

1. Mechanisch angetriebene Membranpumpe
2. Pneumatisch angetriebene Membranpumpe
3. Elektromagnetisch angetriebene Membranpumpe
4. Elektrische Flügelzellenpumpe
5. Elektrische Rollenzellenpumpe
6. Elektromagnetisch angetriebene Kolbenpumpe

Welche Kraftstoffpumpen werden für Ottomotoren mit Vergaser vorwiegend verwendet?
Mechanisch angetriebene Membranpumpen.

Beschreiben Sie die Wirkungsweise der Membranpumpe!
Bei der Membranpumpe drückt die Membranfeder die Membran nach oben, während die stärkere Stößelfeder die Membran nach unten zieht und in Ruhelage die Membranfeder zusammendrückt.
Beim **Druckhub** wird der Antriebsstößel durch den Exzenter der Nockenwelle nach oben gedrückt und die Stößelfeder zusammengedrückt. Die gespannte Membranfeder schiebt die Membran nach oben und es wird Kraftstoff gefördert.
Beim **Saughub** (Abwärtshub) drückt die stärkere Stößelfeder den Antriebsstößel und die Membran nach unten. Im Raum oberhalb der Membran entsteht Unterdruck, das Druckventil schließt, das Saugventil öffnet und Kraftstoff wurd angesaugt.
Beim **Leerhub** (Freilauf) darf kein weiterer Kraftstoff gefördert werden, da die Schwimmerkammer gefüllt ist. Ist der maximale Förderdruck erreicht, hält der Flüssigkeitsdruck in der Druckleitung und in der Pumpe der Kraft der Membranfeder das Gleichgewicht. Die Membran bleibt stehen, es wird kein Kraftstoff mehr gefördert. So wird die Fördermenge dem jeweiligen Motorverbrauch angepaßt.

Wie arbeiten pneumatisch angetriebene Membranpumpen?
Diese Pumpenart wird bei Zweitakt-Ottomotoren verwendet. Die Bewegung der Membran erfolgt durch den Unterdruck im Kurbelgehäuse. Der Unterdruck im Kurbelgehäuse zieht die Membran nach unten (Saughub). Läßt der Unterdruck nach, drückt die Membranfeder die Membran nach oben und es wird Kraftstoff gefördert.

Beschreiben Sie die Wirkungsweise der elektrischen Rollenzellenpumpe!
Elektrische Rollenzellenpumpen werden für Ottomotoren mit Benzineinspritzung verwendet. Ein Elektromotor treibt die im Pumpengehäuse exzentrisch angeordnete Läuferscheibe an. Die Läuferscheibe enthält an ihrem Umfang Metallrollen, die durch die Zentrifugalkraft nach außen gepreßt werden. Eine Saugwirkung und Förderwirkung kommt dadurch zustande, daß durch die umlaufenden Dichtrollen an der Saugseite ein sich periodisch vergrößerndes und an der Druckseite ein sich periodisch verkleinerndes Volumen entsteht. Die Rollenzellenpumpe fördert mehr Kraftstoff, als der Motor maximal benötigt. Dadurch ist gewährleistet, daß der Druck im Kraftstoffsystem immer konstant bleibt.

2.12 Luftfilter

Weshalb benötigen Verbrennungsmotoren Luftfilter?
Der Staubgehalt der Luft pro m^3 liegt zwischen 0,001 g in Gebirgs- und Seeluft und 2 g auf Baustellen und bei Kolonnenfahrt auf schlechter Straße. Die mit der Luft angesaugten Staubkörner ergeben mit dem Motoröl eine Schmirgelpaste, die einen starken Verschleiß an Kolben, Zylindern und Ventilen hervorruft.

Welche Aufgaben haben Luftfilter?
Luftfilter sollen
1. verschleißerzeugende Staubteilchen zurückhalten
2. Ansauggeräusche dämpfen
3. die Ansaugluft für die Abgasentgiftung regulieren

Welche Arten von Luftfiltern gibt es?
1. Naßluftfilter
2. Ölbadluftfilter
3. Trockenluftfilter
4. Schleuderluftfilter
5. Kombinationsluftfilter
6. Dämpferfilter
7. Luftfilter mit Wirkung für Abgasentgiftung

Beschreiben Sie die Wirkung des Naßluftfilters!
Der Filtereinsatz besteht aus mehreren Lagen ölbenetzten Metallgewebes. Die Staubteilchen bleiben beim Durchströmen der Luft an der benetzten Filteroberfläche hängen. Naßluftfilter sind nur in eingeöltem Zustand voll wirksam. Sie müssen daher regelmäßig ausgewaschen und neu eingeölt werden. Die Standzeit beträgt etwa 3 000 km. Naßluftfilter werden nur noch selten verwendet, da mit zunehmender Verschmutzung der Filterquerschnitt verengt wird. Dadurch sinkt die Motorleistung und der Kraftstoffverbrauch steigt.

Erklären Sie die Wirkungsweise des Ölbadluftfilters!
Im unteren Teil des Gehäuses befindet sich eine Ölfüllung und darüber das Filterelement aus Metallgewebe. Die angesaugte Luft strömt über das Ölbad und wird dort umgelenkt. Die schweren Staubteilchen bleiben im Ölbad. Beim Aufwärtsströmen der Luft werden Öltröpfchen mitgerissen, die den Filtereinsatz benetzen und den restlichen Staub der Ansaugluft binden. Das mit Staub angereicherte Öl tropft immer wieder in das Ölbad zurück. Der Ölbadluftfilter reinigt sich also selbst und benetzt sich auch von selbst. Bei Wartungsarbeiten muß der Schmutz aus dem Öltopf entfernt und neues Öl eingefüllt werden. Der Staubabscheidungsgrad beträgt nahezu 100 %.

Wie erfolgt die Filterung beim Trockenluftfilter?
Der auswechselbare Filtereinsatz, oft auch Filterpatrone genannt, besteht aus einem sternförmig gefalteten, spezialimprägnierten Filterpapier als Oberflächenfilter. Die Standzeit der Filtereinsätze ist abhängig von der Größe der Filteroberfläche und vom Staubgehalt der Luft. Filterpatronen können vorsichtig mit Preßluft ausgeblasen werden. Die Standzeit beträgt etwa 10 000 ... 20 000 km. Man verwendet diese Filter bei leichter bis mittlerer Verstaubung. Der Staubabscheidungsgrad beträgt nahezu 100 %, die Filterfeinheit bis 0,001 mm.

Wie arbeitet ein Schleuderluftfilter?
Bei stark staubhaltiger Luft verwendet man zur Abscheidung des groben Staubs einen Vorfilter. Dieser soll einen großen Teil des Staubs vom Feinfilter fernhalten. Dadurch wird die Standzeit des Filters wesentlich verlängert. Beim Schleuderluftfilter, auch Zyklonfilter genannt, wird die angesaugte Luft in rasche Rotation versetzt, wobei die groben Staubteilchen durch die Fliehkraft gegen die Gehäusewand geschleudert werden. Von dort gelangt der Staub direkt ins Freie oder wird in einem Staubbehälter gesammelt. Schleuderluftfilter werden nie allein, sondern stets als Vorfilter bei Ölbad- oder Trockenluftfiltern verwendet.

Wie erfolgt die Filterung bei Kombinationsluftfiltern?
Kombinationsluftfilter sind Mehrstufenfilter. Folgende Kombinationen sind möglich:
1. Schleuderluftfilter mit nachgeschaltetem Ölbadluftfilter
2. Schleuderluftfilter mit nachgeschaltetem Trockenluftfilter

Welche Aufgaben haben Dämpferfilter?
Die stoßweise angesaugte Frischluft erzeugt im Ansaugsystem starke Geräusche. Diese müssen gedämpft werden. Alle Luftfilterbauarten können mit Ansauggeräuschdämpfern kombiniert werden. Filterkombinationen, die sowohl Geräusche dämpfen als auch Luft filtern, nennt man Dämpferfilter.

Wie sind Luftfilter mit Wirkung für Abgasentgiftung aufgebaut?
Zur Abgasentgiftung können Luftfilter mit Regelklappen ausgerüstet werden. Ein Thermostat regelt die Ansauglufttemperatur. Die am Auspuffrohr abgenommene Warmluft bzw. die warme Gebläseabluft wird im Filter der angesaugten Kaltluft durch den Thermostat über die Luftklappe zugemischt. Dadurch erhält man eine gleichbleibende Ansauglufttemperatur. So ist es möglich, das jeweils günstigste Luft-Kraftstoff-Gemisch herzustellen. Außerdem kann durch eine zusätzliche Klappe im Filter das Absaugen der Gase im Kurbelgehäuse geregelt werden.

2.13 Vergaser

Welche Aufgaben hat der Vergaser?

Der Vergaser soll

1. den Kraftstoff von der Schwimmerkammer in das Ansaugrohr fördern
2. den Kraftstoff zerstäuben
3. den Kraftstoff mit der Luft mischen
4. bei Leerlauf genügend Kraftstoff liefern
5. bei Teil- und Vollast die richtige Kraftstoffmenge liefern
6. bei Kaltstart anreichern
7. bei Beschleunigung anreichern
8. bei niederem Luftdruck abmagern
9. die Dampfblasenbildung verhindern
10. bei jeder Temperatur und jeder Drehzahl für jede Belastung das richtige Luft-Kraftstoff-Gemisch liefern

Warum ist die Bezeichnung Vergaser falsch?

Weil der Vergaser nicht vergast, sondern nur zerstäubt.

Wodurch erfolgt die Vergasung des Kraftstoffs?

1. Durch die Wärme der angesaugten Luft
2. Durch das warme Ansaugrohr
3. Durch den heißen Zylinder
4. Durch den Unterdruck in der Ansaugleitung

Nennen Sie die verschiedenen Mischungsverhältnisse des Luft-Kraftstoff-Gemischs!

Theoretisches (stöchiometrisches) Mischungsverhältnis:		$15 \frac{\text{kg Luft}}{\text{kg Kraftstoff}}$
Für Höchstleistung (fettes Gemisch):		$13 \frac{\text{kg Luft}}{\text{kg Kraftstoff}}$
Für Leerlauf (fettes Gemisch):		$10 \frac{\text{kg Luft}}{\text{kg Kraftstoff}}$
Für Kaltstart (sehr fettes Gemisch):	bis	$3 \frac{\text{kg Luft}}{\text{kg Kraftstoff}}$
Für Teillast (mageres Gemisch):		$17 \frac{\text{kg Luft}}{\text{kg Kraftstoff}}$

Weshalb verwendet man verschiedene Mischungsverhältnisse?

Weil Ottomotoren bei 5 ... 15 % Luftmangel die höchste Leistung erzielen und bei 10 ... 20 % Luftüberschuß den kleinsten Kraftstoffverbrauch haben. Beim Startvorgang benötigt man ein besonders fettes Gemisch bis zu $3 \frac{\text{kg Luft}}{\text{kg Kraftstoff}}$, da sich ein Teil des Kraftstoffs an der kalten Ansaugrohrwandung und Zylinderwandung niederschlägt und zunächst nicht vergast. Unterhalb des Mischungsverhältnisses von 7 kg/kg und oberhalb von 19 kg/kg ist das Luft-Kraftstoff-Gemisch normalerweise nicht mehr zündfähig (Laufgrenze).

Welche Vergaserbauarten unterscheidet man nach der Anordnung des Saugkanals?

1. Fallstromvergaser
2. Steigstromvergaser
3. Flachstromvergaser
4. Schrägstromvergaser

Welche Vergaserbauarten unterscheidet man nach der Anzahl der Saukanäle?

1. Einfachvergaser
2. Doppelvergaser
3. Stufenvergaser

Welche Vergaserbauarten unterscheidet man nach der Regelung des Kraftstoffstands?

1. Schwimmervergaser
2. Schwimmerloser Vergaser (Membranvergaser)
3. Überlaufvergaser

Aus welchen Einrichtungen und Systemen ist ein Vergaser aufgebaut?

1. Schwimmereinrichtung
2. Starteinrichtung
3. Leerlaufsystem
4. Hauptdüsensystem
5. Beschleunigungseinrichtung
6. Anreicherungseinrichtung
7. Sondereinrichtungen

Aus welchen Werkstoffen besteht der Vergaser?

Aus Zink, neuerdings Aluminium und z. T. Magnesium sowie Einzelteile wie Schwimmer und Pumpenkolben aus Kunststoff.

Welche Aufgaben hat die Schwimmereinrichtung?

1. Regulierung des Kraftstoffzuflusses in die Schwimmerkammer
2. Regulierung des Kraftstoffniveaus im Vergaser

Damit der Kraftstoff bei abgestelltem Motor nicht aus der Düsenmündung ausfließen kann, liegt das Kraftstoffniveau im Schwimmergehäuse 5 ... 8 mm unterhalb der Düsenmündung.

Aus welchen Teilen besteht die Schwimmereinrichtung?

Aus dem Schwimmernadelventil und dem Schwimmer.
Der Schwimmer ist aus Kunststoff oder Messing gefertigt.

Welche Aufgaben hat die Innen-Außenbelüftung der Schwimmerkammer?

Die Innen-Außenbelüftung soll

1. im Leerlauf und bei abgestelltem Motor eine Überfettung des Gemischs infolge verdampfenden Kraftstoffs verhindern
2. im Normalbetrieb den Kraftstoffverbrauch vom Verschmutzungsgrad des Luftfilters unabhängig machen. Im Normalbetrieb, d. h. bei geöffneter Drosselklappe, wird die Schwimmerkammer von innen über die Luftfilteranlage belüftet.

Weshalb benötigt man eine Starteinrichtung?
Beim Startvorgang des kalten Motors schlägt sich ein großer Teil des Kraftstoffs an den kalten Saugrohr- und Zylinderwandungen nieder. Dies ist durch den geringen Unterdruck im Saugrohr infolge niederer Starterdrehzahl und der ungenügenden Vergasung des Kraftstoffs bedingt. Das Luft-Kraftstoff-Gemisch im Verbrennungsraum ist dadurch zu mager und nicht mehr zündfähig.

Welche Aufgaben hat die Starteinrichtung?
1. Beim Kaltstart ein fettes Gemisch bis 3 $\frac{\text{kg Luft}}{\text{kg Kraftstoff}}$ liefern
2. Bei betriebswarmem Motor abschaltbar sein

Welche Arten von Starteinrichtungen gibt es?
1. Tupfer
2. Starterklappe (Choke)
3. Startvergaser

Nennen Sie die verschiedenen Arten von Starterklappen!
1. Starterklappe mit Luftventil
2. Halbautomatische Starterklappe
3. Automatische Starterklappe (Startautomatik)

Wie können Starterklappen betätigt werden?
1. Mechanisch durch Seilzug
2. Automatisch (Startautomatik)

Erklären Sie die Wirkungsweise der Starterklappe!
Beim Starten des kalten Motors wird die Starterklappe geschlossen. Hierdurch wird der Unterdruck in der Mischkammer größer und Kraftstoff wird aus den Kraftstoffdüsen angesaugt. Ist der Motor angesprungen, öffnet sich bei der Starterklappe mit Luftventil das Luftventil durch den Unterdruck selbsttätig und verhindert eine zu große Überfettung des Luft-Kraftstoff-Gemischs.
Bei der halbautomatischen Starterklappe öffnet und schließt die aussermittig gelagerte Starterklappe in rascher Folge, während bei der automatischen Starterklappe die Starterklappe automatisch geöffnet und geschlossen wird.

Wie erfolgt die Betätigung der Starterklappe bei der Startautomatik?
Die Starterklappenwelle steht unter der Spannung einer spiralförmigen Bimetallfeder. Bei kaltem Motor ist die Starterklappe geschlossen. Bei Erwärmung der Bimetallfeder läßt ihre Schließkraft nach und die Starterklappe öffnet sich, bis sie bei Erreichen der Betriebstemperatur des Motors den Lufteinlaß ganz frei gibt.

Wodurch kann die Erwärmung der Bimetallfeder erfolgen?

1. Elektrische Beheizung
2. Kühlwasserbeheizung
3. Abgasbeheizung
4. Elektrische und Kühlwasserbeheizung

Erklären Sie die Wirkungsweise eines Startvergasers!

Der Startvergaser mit Starterdrehschieber ist ein unabhängiger Hilfsvergaser. Er wird mechanisch durch einen Starterzug von Hand oder automatisch durch eine Bimetallfeder betätigt. Die von der Starterkraftstoffdüse genau dosierte Kraftstoffmenge wird in der Startermischkammer verschäumt und tritt hinter der Drosselklappe in die Mischkammer des Vergasers ein. Die Drosselklappe muß während des Kaltstartvorgangs wegen des erforderlichen Unterdrucks völlig geschlossen sein.

Nennen Sie die Folgen einer zu langen Betätigung der Starteinrichtung!

1. Hoher Kraftstoffverbrauch
2. Geringere Motorleistung
3. Hoher CO-Gehalt im Abgas
4. Abwaschen des Schmierfilms an der Zylinderwand
5. Ölverdünnung durch unverbrannten Kraftstoff
6. Gefahr eines Motorschadens (Kolbenklemmen, Lagerschaden)

Weshalb benötigen Vergaser eine Leerlaufeinrichtung?

Bei Leerlaufdrehzahl sinkt der Unterdruck im Lufttrichter durch die geringe Luftgeschwindigkeit so stark ab, daß kein Kraftstoff aus der Hauptdüse mehr angesaugt werden kann.

Erklären Sie die Wirkungsweise der Leerlaufeinrichtung!

Das Leerlaufgemisch gelangt von der Leerlaufdüse zur Gemischregulierschraube. Diese befindet sich unterhalb der fast geschlossenen Drosselklappe (Spaltmaß 5 ... 6°). Hineindrehen der Leerlaufgemisch-Regulierschraube ergibt ein magereres, Herausdrehen ein fetteres Leerlaufgemisch.

Wie erfolgt die Leerlaufgrundeinstellung am Vergaser?

1. Vor der Einregulierung müssen Zündanlage, Zündkerzen und Ventilspiel überprüft werden.
2. Motor warmlaufen lassen.
3. Leerlaufeinstellschraube etwas hineindrehen, um die Leerlaufdrehzahl leicht zu erhöhen.
4. Leerlaufgemisch-Regulierschraube herausdrehen, bis der Motor unrund läuft.

5. Leerlaufgemisch-Regulierschraube langsam hineindrehen, bis der Motor rund läuft, CO-Gehalt mit Abgastester messen, zulässige Obergrenze 4,5 % CO, Herstellervorschrift beachten.
6. Leerlaufeinstellschraube herausdrehen, bis der Motor die vorgeschriebene Leerlaufdrehzahl erreicht hat (750 ... 1 000 min^{-1}).
7. CO-Gehalt nochmals kontrollieren, ggf. an Leerlaufgemisch-Regulierschraube nachregulieren.

Doppel- und Mehrfach-Vergaseranlagen erforden zur Einregulierung zusätzlich einen Synchrontester.

Welche Aufgabe hat das Leerlaufabschaltventil?
Das elektromagnetisch betätigte Ventil verschließt beim Ausschalten der Zündung die Leerlaufdüse oder sperrt den Zufluß des Kraftstoffs, um ein mögliches Nachlaufen (Nachdieseln) des warmen Motors zu unterbinden.

Wozu benötigt man eine Übergangseinrichtung?
Beim Öffnen der Drosselklappe wird der Unterdruck an der Leerlaufbohrung geringer. Die Hauptdüse liefert noch zu wenig Kraftstoff, es entsteht ein „Loch“ im Übergang, der Motor erhält zu wenig Kraftstoff. Die Übergangseinrichtung soll im unteren Teillastbereich zusätzlich Kraftstoff liefern, um den Übergang vom Leerlauf- auf das Hauptdüsensystem zu verbessern.

Erklären Sie die Wirkungsweise der Übergangseinrichtung!
Eine oder mehrere Übergangsbohrungen, die Bypassbohrungen, sind in der Nähe der Drosselklappe in der Mischkammer angebracht und stehen mit dem Leerlaufsystem in Verbindung. Diese belüften anfangs das Leerlaufsystem. Mit zunehmender Drosselklappenöffnung hört diese Belüftung auf und es wird mehr Gemisch geliefert. Wird die Drosselklappe noch weiter geöffnet, so tritt auch durch die Bypassbohrungen Gemisch aus und es erhöht sich nochmals die Gemischmenge, bis das Hauptdüsensystem allein den Kraftstoff liefert.

Aus welchen Teilen besteht das Hauptdüsensystem?
1. Hauptdüse
2. Lufttrichter
3. Luftkorrekturdüse
4. Mischrohr

Welche Aufgabe hat das Hauptdüsensystem?
Das Hauptdüsensystem muß im mittleren und oberen Drehzahlbereich des Motors das jeweils erforderliche Luft-Kraftstoff-Gemisch herstellen.

Wozu benötigt man die Luftkorrekturdüse?
Hauptdüse und Luftkorrekturdüse wirken über den gesamten Drehzahlbereich so zusammen, daß jeweils ein möglichst gleichbleibendes Mischungsverhältnis vorhanden ist. Bei steigender Motordrehzahl wird Ausgleichsluft über die Luftkorrekturdüse angesaugt. Diese vermengt sich mit dem durch die Hauptdüse nachfließenden Kraftstoff, der Kraftstoff wird verschäumt und das Gemisch abgemagert. Dadurch wird eine Überfettung des Gemischs bei höheren Drehzahlen verhindert.

Was versteht man unter Teillast?
Ist die Drosselklappe nur teilweise geöffnet, nennt man diesen Bereich Teillast. Dies ist der Hauptfahrbereich im normalen Betrieb bei unterschiedlichen Drehzahlen.
Ist die Drosselklappe ganz geöffnet, nennt man dies Vollast.

Weshalb benötigt man für den Teillastbereich ein mageres Gemisch?
Zur Erzielung eines geringen Kraftstoffverbrauchs, da der Motor vorwiegend im Teillastbereich betrieben wird (Mischungsverhältnis ca. 17 $\frac{\text{kg Luft}}{\text{kg Kraftstoff}}$).

Nennen Sie die Folgen eines zu mageren Gemischs!
1. Leistungsabfall
2. Überhitzung des Motors infolge der langsameren Verbrennung des mageren Gemischs

Welche Aufgabe hat die Beschleunigungseinrichtung?
Beim raschen Öffnen der Drosselklappe wird die Luft schneller beschleunigt als der Kraftstoff. Dadurch würde eine Abmagerung des Gemischs eintreten. Die Beschleunigungspumpe liefert die erforderliche zusätzliche Kraftstoffmenge.

Welche Arten von Beschleunigungspumpen gibt es?
1. Mechanisch betätigte Membran-Beschleunigungspumpe
2. Mechanisch betätigte Kolben-Beschleunigungspumpe
3. Pneumatisch betätigte Beschleunigungspumpe

Wie kann die Einspritzmenge verändert werden?
Durch Veränderung des Pumpenhubs. Dazu besitzt die Verbindungsstange zum Pumpenhebel ein Gewinde oder verschiedene Splintlöcher zum Verstellen.

Wodurch wird die Einspritzdauer verlängert?
Durch die Druckfeder auf der Verbindungsstange zum Pumpenhebel.

Weshalb benötigen Vergaser eine Anreicherungseinrichtung?
Die Hauptdüse ist meist für Teillast ausgelegt. Für Vollast benötigt der Motor ein fettes Gemisch. Somit muß das Gemisch für Vollast angereichert werden.

Mit welcher Sondereinrichtung kann der Vergaser Luftdruckunterschiede z. B. bei Fahrten in großen Höhen ausgleichen?
Mit dem Höhenkorrektor

Wie arbeitet der Höhenkorrektor?
Der äußere Luftdruck nimmt mit zunehmender Höhe ab. Dadurch erhält der Motor zu wenig Luft und das angesaugte Gemisch wird zu fett. Dadurch nehmen die Anteile der unverbrannten Kohlenwasserstoffe und der CO-Gehalt der Abgase sowie der Kraftstoffverbrauch stark zu. Ein mit der Druckdose verbundene Düsennadel verringert den Kraftstoffdurchfluß durch die Hauptdüse.

Was sind Doppelvergaser?
Beim Doppelvergaser sind zwei Vergaser in einem gemeinsamen Gehäuse zusammengebaut. Er hat zwei getrennte Mischkammern mit entsprechender Düsenbestückung, jedoch nur eine Schwimmerkammer. Die beiden Mischkammern münden in zwei getrennte Ansaugrohre. Beide Drosselklappen werden gemeinsam betätigt. Eine richtige Einstellung ist nur mit einem Synchrontester möglich.

Welche Vorteile haben Doppelvergaser?
1. Gleichmäßigere Zylinderfüllung bei sportlichen Mehrzylindermotoren
2. Gleichmäßigeres Mischungsverhältnis bei Mehrzylindermotoren
3. Leistungssteigerung bei Mehrzylindermotoren

Was versteht man unter der Synchronisation von Mehrvergaseranlagen?
Eine Synchronisation ist ohne Synchrontester, Abgastester und Drehzahlmesser nicht möglich. Sie soll gewährleisten, daß in jedem Vergaser der Gemischdurchfluß über den gesamten Öffnungsbereich der Drosselklappen gleich ist. Die Drosselklappen aller Vergaser müssen in jeder Stellung jeweils den gleichen Querschnitt im Lufttrichter freigeben.

Welche Arten von Synchrontestern gibt es?
1. Strömungsmesser mit Vergleichsskala
2. Tester mit Luftdurchsatzmessung in kg/h
3. Unterdrucktester

Welche Eigenschaften haben Stufenvergaser (Registervergaser)?

1. Zwei getrennte Mischkammern münden in ein Ansaugrohr
2. Eine Leerlaufeinrichtung
3. Eine Starteinrichtung
4. Eine Beschleunigungseinrichtung
5. Zwei Hauptdüsensysteme
6. Eine Schwimmerkammer

Welche Vorteile haben Stufenvergaser?

1. Mit zunehmendem Luftdurchsatz wird der Durchströmquerschnitt größer
2. Bei geringem Luftdurchsatz erzielt man eine hohe Strömungsgeschwindigkeit in der ersten Stufe und damit eine gute Gemischaufbereitung
3. Bei großem Luftdurchsatz sind infolge des großen Durchströmquerschnitts die Drosselverluste klein

Wie sind Schiebervergaser aufgebaut?

Schiebervergaser werden in Kraftradmotoren eingebaut. Sie haben meist keine besonderen Leerlauf-, Übergangs- und Beschleunigungseinrichtungen. Anstelle der Drosselklappe besitzen Schiebervergaser einen kolbenartigen Gasschieber. Der Ringquerschnitt der Nadeldüse wird durch eine im Gasschieber befestigte konische Düsennadel gesteuert. Wird die Nadel im Gasschieber höher gesetzt, wird der freie Ringquerschnitt der Nadeldüse größer und damit das Gemisch fetter.

Was sind Gleichdruckvergaser?

Gleichdruckvergaser, auch Gleichgeschwindigkeitsvergaser genannt, haben einen veränderlichen Lufttrichterquerschnitt und einen veränderlichen Kraftstoffdüsenquerschnitt. In der Mischkammer des Vergasers herrscht unabhängig von der Drosselklappenstellung ein konstant gleicher Unterdruck und damit eine konstant gleiche Luftgeschwindigkeit.

Welche Eigenschaften haben Gleichdruckvergaser?

1. Konstanter Unterdruck in der Mischkammer
2. Konstante Luftgeschwindigkeit von 40 ... 50 m/s in der Mischkammer
3. Veränderung des Lufttrichterquerschnitts entsprechend der Motorbelastung und der Motordrehzahl
4. Veränderung des Kraftstoffdüsenquerschnitts entsprechend der benötigten Kraftstoffmenge

Wodurch wird der konstante Unterdruck beim Gleichdruckvergaser erreicht?
Der im Saugrohr herrschende Unterdruck wird über Ausgleichsbohrungen im Kolbenboden in eine Unterdruckkammer weitergeleitet. Diese ist durch eine Membran vom Vergasergehäuse getrennt. Der Kolben wird durch den Unterschied zwischen dem Druck in der Unterdruckkammer und dem Druck unterhalb der Membran angehoben. So wird der Lufttrichterquerschnitt proportional zu der an der Drosselklappe vorbeiströmenden Luft vergrößert. Dies ergibt einen konstanten Unterdruck.

Wie arbeitet der Variable-Venturi-Vergaser (VV-Vergaser)?
Der VV-Vergaser ist ein Fallstrom-Gleichdruckvergaser. Der Lufttrichterquerschnitt, hier auch Venturi-Querschnitt genannt, ist wie bei allen Gleichdruckvergasern veränderlich (variabel).

Was ist ein Abgasvergaser?
Bei Abgasvergasern bleibt die Leerlaufgrundeinstellung unter normalen Betriebsverhältnissen über eine lange Laufzeit innerhalb der Toleranz erhalten. Die Leerlaufgemisch-Regulierschraube und die Anschlagschraube der Drosselklappe werden bereits im Werk eingestellt und fixiert.

Welche Aufgaben haben Abgasvergaser?
Der Abgasvergaser soll
1. einen möglichst geringen CO-Gehalt der Abgase gewährleisten
2. eine hohe Einstellgenauigkeit ermöglichen
3. die Abgaswerte über eine lange Motorlaufzeit konstant halten
4. ein einfaches Nachregulieren der Leerlaufdrehzahl ermöglichen

Welche Arten von Abgasvergasern unterscheidet man?
Beim Abgasvergaser wird der Motor auf zwei getrennten Wegen mit Leerlaufgemisch versorgt. Der erste Weg entspricht dem bisherigen einfachen Leerlaufsystem, er ist für den Grundleerlauf und den CO-Gehalt im Abgas zuständig. Je nach Einlaufzustand ändern sich die Reibwerte des Motors. Die hierdurch bedingten unterschiedlichen Leerlaufdrehzahlen können durch den zweiten Weg des Leerlaufsystems nachreguliert werden. Man unterscheidet:
1. Umgemischsystem
2. Umluftsystem

Was versteht man unter dem Umgemischsystem?
Der Kraftstoff für den Grundleerlauf wird von der Leerlaufdüse dosiert. Dieses Leerlaufgemisch ist jedoch nur ein Teil der vom Motor benötigten Leerlaufgemischmenge. Die Restmenge wird von dem Umgemischsystem, auch Zusatzgemischsystem genannt, geliefert. Sie ist entsprechend den unterschiedlichen Reibleistungen der Motoren verschieden und wird durch die Umgemisch-Regulierschraube, auch Zusatzgemisch-Regulierschraube genannt, reguliert. Herausdrehen der Umgemisch-Regulierschraube bewirkt eine Vergrößerung des Umgemischdurchsatzes und damit eine Erhöhung der Leerlaufdrehzahl. Das Luft-Kraftstoff-Verhältnis bleibt bei der Regulierung der Leerlaufdrehzahl immer konstant, ebenso die Abgaswerte.

Was versteht man unter dem Umluftsystem?
Der Kraftstoff für den Leerlauf wird von der Leerlaufdüse dosiert. Die Leerlaufgemisch-Regulierschraube regelt die Menge des Luft-Kraftstoff-Gemischs, die Umluft-Regulierschraube die Menge der Umluft im Umluftkanal. Hineindrehen der Umluft-Regulierschraube ergibt eine Umluft-Drosselung, also indirektes Anreichern des Leerlaufgemischs, Herausdrehen eine Abmagerung.

Wie arbeiten elektronisch geregelte Vergaser?
Bei der Ecotronic z. B. steuert der Vordrosselsteller das erforderliche Mischungsverhältnis bei Kaltstart, Warmlauf, Beschleunigung und im Teillastbereich. Eine Anreicherung wird erzielt durch entsprechendes Schließen der Vordrosselklappe bzw. durch die Nadelsteuerung der Leerlaufkorrekturluftdüse. Der Vordrosselsteller wird elektrisch angesteuert.

Wie kann ein geregelter Abgaskatalysator mit einem Vergaser kombiniert werden?
Geregelte Katalysatoren erforden eine genaue stöchiometrische Zusammensetzung des angesaugten Luft-Kraftstoff-Gemischs von $\lambda = 1{,}00$. Eine Lambda-Sonde im Auspuff ermittelt, ob im Abgas ein Sauerstoffüberschuß oder ein Sauerstoffmangel herrscht.
Der elektronische Regler vergleicht den Istwert mit dem Sollwert und steuert den Vordrosselsteller des elektronisch geregelten Vergasers an. Der geschlossene Regelkreis hält die Luftzahl innerhalb enger Grenzen bei $\lambda = 1{,}00$.

Was bedeuten die Größenangaben auf den Düsen?
Die Größenangabe bezieht sich auf ihren Durchflußwert. Sie entspricht etwa dem Durchmesser der Bohrung in 1/100 mm.

2.14 Einspritzanlage für Ottomotoren

Welche Aufgaben hat die Benzineinspritzung?

1. Den Kraftstoff zerstäuben
2. Den Kraftstoff mit Luft mischen
3. Die Kraftstoffmenge der Füllung, Belastung und Drehzahl anpassen.

Welche Arten der Benzineinspritzung unterscheidet man?

1. Direkte Einspritzung, auch Zylindereinspritzung genannt
2. Indirekte Einspritzung, auch Saugrohreinspritzung genannt

Wie unterscheidet man die Benzineinspritzung nach der Einspritzdauer?

1. Intermittierende, d. h. unterbrochene Benzineinspritzung
   D-Jetronic
   L-Jetronic
2. Kontinuierliche, d. h. fortlaufende Benzineinspritzung
   K-Jetronic

Welche Eigenschaften hat die Benzineinspritzung?

1. Bessere Füllung
2. Höhere Hubraumleistung
3. Geringerer Verbrauch
4. Abschaltung der Kraftstoffzufuhr im Schiebebetrieb möglich
5. Günstigeres Abgas
6. Höheres Drehmoment bei niederen Drehzahlen
7. Bessere Motorelastizität
8. Besseres Übergangsverhalten
9. Gleichmäßige Verbrennung
10. Günstigere Gestaltung der Ansaugwege
11. Größere Ansaugquerschnitte
12. Schwierigere Wartung
13. Teurer als Vergaser
14. Besseres Kaltstartverhalten

Erklären Sie die Bezeichnung D-Jetronic!

Diese Einspritzanlage ist druckfühlergesteuert. Sie ist eine elektronisch gesteuerte Benzineinspritzung und benötigt keinen mechanischen Antrieb vom Motor.

Wie ist die Wirkungsweise der D-Jetronic?

Die elektrische Rollenzellenpumpe versorgt alle Elektroeinspritzventile mit Kraftstoff von einem konstanten Druck von 2 bar. Der Druckfühler mißt den Saugrohrdruck. Das elektronische Steuergerät wertet Saugrohrdruck, Ansauglufttemperatur, Motortemperatur, Drehzahl, Drosselklappenstellung aus und steuert die Öffnungszeit der elektromagnetisch betätigten Einspritzventile. Die Einspritzmenge hängt nur von der Öffnungszeit der Ventile ab (0,002 ... 0,01 s).

Erklären Sie die Bezeichnung L-Jetronic!
Diese Einspritzanlage ist **l**uftmengengesteuert und heißt deshalb **L**-Jetronic. Sie mißt die vom Motor angesaugte Luftmenge mit Hilfe des Luftmengenmessers bzw. des Luftmassenmessers.

Aus welchen Baugruppen besteht die L-Jetronic?
1. Kraftstoffsystem 2. Steuersystem

Wie ist das Kraftstoffsystem aufgebaut?
Eine elektrisch angetriebene Rollenzellenpumpe fördert Kraftstoff aus dem Tank und erzeugt den Einspritzdruck. Ein Druckregler hält den Kraftstoffdruck je nach Anlage auf 2,5 oder 3 bar. Die elektromagnetisch betätigten Einspritzventile werden durch elektrische Impulse vom Steuergerät geöffnet und geschlossen. Das Kaltstartventil wird ebenfalls elektromagnetisch betätigt.

Wie arbeitet das Steuersystem der L-Jetronic?
Meßfühler erfassen den Betriebszustand des Motors und geben dies in Form von elektrischen Signalen an das Steuergerät weiter. Der Luftmengenmesser mißt die vom Motor angesaugte Luftmenge. Ferner wird die Motordrehzahl, die Motortemperatur, die Lufttemperatur und die jeweilige Drosselklappenstellung gemessen und an das Steuergerät weitergemeldet.

Wie erfolgt die Luftmengenmessung?
Die angesaugte Luft übt auf eine bewegliche Stauklappe eine Kraft aus. Dadurch wird die Stauklappe in eine bestimmte Winkelstellung gedreht, wobei eine Spiralfeder die Gegenkraft liefert. Die Welle der Stauklappe betätigt ein Potentiometer, das die Auslenkung der Stauklappe in ein Spannungssignal umwandelt und dem Steuergerät meldet.
Zur Einstellung des Gemischverhältnisses im Leerlauf ist im Luftmengenmesser ein einstellbarer Bypass eingebaut. Über diesen Bypass strömt eine geringe Luftmenge unter Umgehung der Stauklappe.

Wie wird der Kraftstoff eingespritzt?
Die elektromagnetisch betätigten Einspritzventile spritzen den Kraftstoff in die Ansaugrohre der Zylinder vor die Einlaßventile des Motors. Jedem Motorzylinder ist ein Einspritzventil zugeordnet. Alle Einspritzventile sind elektrisch parallel geschaltet und spritzen gleichzeitig ein. Der Düsennadelhub beträgt ca. 0,1 mm. Zur Erzielung einer gleichmäßigen Gemischaufbereitung wird zweimal pro Nockenwellenumdrehung jeweils die Hälfte der Kraftstoffmenge eingespritzt.

Welche Aufgaben hat das Kaltstartventil?
Das Kaltstartventil, auch Elektrostartventil genannt, wird ebenfalls elektromagnetisch betätigt und spritzt beim Starten des kalten Motors zusätzlich Kraftstoff ein. Ein elektrisch beheizter Thermozeitschalter begrenzt die Einspritzdauer des Kaltstartventils.

Nennen Sie die Aufgabe des Zusatzluftschiebers!
Der kalte Motor benötigt während des Warmlaufs mehr Gemisch, um die erhöhte Reibung zu überwinden. Der Zusatzluftschieber liefert dem Motor unter Umgehung der Drosselklappe mehr Luft, die vom Luftmengenmesser gemessen und bei der Kraftstoffeinspritzung berücksichtigt wird. Mit zunehmender Motortemperatur wird der Querschnitt des Zusatzluftschiebers immer mehr verringert.

Wie arbeitet das elektronische Steuergerät bei der L-Jetronic?
Das Steuergerät wertet alle von den Sensoren gelieferten Daten über den Betriebszustand des Motors aus. Es bildet daraus Steuerimpulse für die Einspritzventile. Benötigt der Motor mehr Kraftstoff, bleiben die Einspritzventile länger geöffnet. Das Steuergerät bestimmt damit die Menge des eingespritzten Kraftstoffs.

Wie wird die Leerlaufdrehzahl bei der L-Jetronic eingestellt?
Die Leerlaufdrehzahl wird durch die Luftbypass-Schraube am Drosselklappenstutzen korrigiert. Hineindrehen der Schraube senkt die Leerlaufdrehzahl.

Wie wird der CO-Gehalt bei der L-Jetronic eingestellt?
Der CO-Gehalt wird durch die plombierte Bypass-Schraube am Luftmengenmesser reguliert. Herausdrehen der Schraube senkt den CO-Gehalt.

Erklären Sie die Arbeitsweise der LH-Jetronic!
Anstelle des **L**uftmengen-Messers der **L**-Jetronic wird bei der **LH**-Jetronic ein **H**itzdraht-**L**uftmassen-Messer verwendet. Im Ansaugkanal ist ein 0,07 mm dicker Platindraht, der auf 100 °C aufgeheizt wird. Die durchströmende Luftmasse kühlt den Draht ab und der elektrische Widerstand ändert sich. Ein elektronischer Verstärker regelt sofort den Heizstrom so nach, daß der Platindraht stets eine konstante, aber höhere Temperatur als die Ansaugluft hat. Dieser Heizstrom ist ein Maß für die angesaugte Luftmasse.
Die LH-Jetronic mißt die vom Motor angesaugte Luftmasse. Das Meßergebnis ist damit unabhängig von der Luftdichte. Die Luftdichte selbst ist abhängig von der augenblicklichen Lufttemperatur und dem Luftdruck.

Was versteht man unter der Motronic?
Die Motronic ist eine Kombination einer vollelektronischen Zündung, der Kennfeldzündung, mit der elektronisch gesteuerten Benzineinspritzung L-Jetronic. Es handelt sich also um ein integriertes System zur elektronischen Steuerung von Benzineinspritzung und Zündung.

Welche Vorteile weist die Motronic auf?
1. Höhere Leistung
2. Geringerer Kraftstoffverbrauch
3. Bessere Laufruhe
4. Ruckelfreier Motorlauf
5. Wartungsfrei

Beschreiben Sie das Arbeitsprinzip der K-Jetronic!
Die K-Jetronic ist eine mechanische Benzineinspritzung ohne eigenen Antrieb. Der Kraftstoff wird von den Einspritzventilen in fein zerstäubter Form **k**ontinuierlich (daher **K**-Jetronic genannt) vor die Einlaßventile des Motors gespritzt. Ein Luftmengenmesser mißt die angesaugte Luftmenge. Ein Kraftstoffmengenteiler teilt den Einspritzventilen die richtige Kraftstoffmenge zu. Kraftstoffmengenteiler und Luftmengenmesser sind im Gemischregler vereinigt.

Welche Baugruppen unterscheidet man bei der K-Jetronic?
1. Luftmengenmessung
2. Kraftstoffversorgung
3. Gemischaufbereitung

Wie erfolgt die Luftmengenmessung?
Die Ansaugluftmenge des Motors wird im Luftmengenmesser gemessen. Dieser ist vor der Drosselklappe eingebaut. Er besteht aus dem Lufttrichter und der an einem Hebel befestigten Stauscheibe. Ein unter hydraulischem Druck stehender Steuerkolben überträgt die Gegenkraft zur Luftkraft auf die Stauscheibe. Die Ansaugluftmenge im Lufttrichter hebt die Stauscheibe so weit, bis Luftkraft und Gegenkraft im Gleichgewicht sind. Dabei öffnet die waagrechte Steuerkante des Steuerkolbens den rechteckigen Querschnitt der Steuerdrossel um ein bestimmtes Maß; die nun durchströmende Kraftstoffmenge wird zu den Einspritzventilen weitergeleitet. Bei Stillstand des Motors ist die Stauscheibe an der engsten Stelle des Lufttrichters. Zur Anpassung des Mischungsverhältnisses an die verschiedenen Belastungsstufen wie Leerlauf, Teillast, Vollast ist der Lufttrichter stufenförmig. Ist der Lufttrichter an einer Stelle enger als die Grundform, muß die Stauscheibe bei gleichem Luftdurchsatz weiter angehoben werden, das Gemisch wird fetter. Bei Fehlzündungen kann die Stauklappe in die Gegenrichtung durchschwingen.

Welche Teile gehören zur Kraftstoffversorgung?

1. Elektrische Rollenzellenpumpe
2. Kraftstoffspeicher
3. Kraftstoff-Filter
4. Systemdruckregler
5. Einspritzventile

Welche Aufgaben hat der Systemdruckregler?

1. Hält den Förderdruck (= Systemdruck) im Kraftstoffsystem konstant auf ca. 5 bar
2. Beim Abstellen des Motors läßt der Systemdruckregler den Systemdruck in der Anlage rasch unter den Öffnungsdruck der Einspritzventile (ca. 3,3 bar) sinken. Dadurch wird ein Nachlaufen des Motors zuverlässig verhindert

Wie arbeiten die Einspritzventile bei der K-Jetronic?

Die Einspritzventile spritzen den vom Kraftstoffmengenteiler zugemessenen Kraftstoff kontinuierlich in die Ansaugrohre vor die Einlaßventile der Zylinder. Sie öffnen selbsttätig, sobald der Öffnungsdruck von 3,3 bar überschritten wird und schließen selbsttätig, sobald der Systemdruck unter den Öffnungsdruck abgesunken ist.

Welche Aufgabe hat der Kraftstoffmengenteiler?

Der Kraftstoffmengenteiler teilt die Kraftstoffmenge entsprechend der Stellung der Stauscheibe im Luftmengenmesser den einzelnen Zylindern gleichmäßig zu.

Wie erfolgt die Kraftstoffzumessung im Kraftstoffmengenteiler?

Die Stellung der Stauscheibe wird über einen Hebel auf den Steuerkolben übertragen. Dieser Steuerkolben gibt je nach seiner Stellung im Schlitzträger des Kraftstoffmengenteilers einen entsprechenden Querschnitt der Steuerschlitze frei. Der Kraftstoff fließt durch den offenen Steuerschlitz zu den Differenzdruckventilen und dann zu den Einspritzventilen.
Der Motor besitzt so viele Differenzdruckventile im Kraftstoffmengenteiler wie Zylinder, jedoch nur einen Steuerkolben.

Welche Aufgabe haben die Differenzdruckventile im Mengenteiler?

Die Differenzdruckventile bewirken einen konstanten Druckabfall von 0,1 bar zwischen der Oberkammer und der Unterkammer unabhängig von der Steuerdrosselöffnung und damit auch unabhängig von der durchströmenden Kraftstoffmenge.

Wozu dient der Steuerdruck bei der K-Jetronic?
Der Steuerdruck wird über eine Drosselbohrung vom Systemdruck abgezweigt. Der Steuerdruckregler, auch Warmlaufregler genannt, ist über eine Verbindungsleitung mit dem Mengenteiler verbunden. Der Warmlaufregler hält den Steuerdruck bei warmem Motor auf etwa 3,7 bar Überdruck, bei kaltem Motor senkt er ihn bis auf etwa 0,5 bar ab. Der Steuerdruck wirkt auf die Oberseite des Steuerkolbens als Gegenkraft zur Luftkraft, die an der Stauscheibe des Luftmengenmessers auftritt. Ein hoher Steuerdruck bewirkt ein mageres Luft-Kraftstoff-Gemisch, ein niederer Steuerdruck bewirkt ein fetteres Gemisch.

Nennen Sie Zusatzeinrichtungen für die Gemischanpassung!
1. Warmlaufregler
2. Zusatzluftschieber
3. Kaltstartventil

Wozu benötigt man den Warmlaufregler?
Der Warmlaufregler regelt den Steuerdruck, der auf den Steuerkolben wirkt. Dies ermöglicht eine Gemischanreicherung während der Warmlaufphase. Ein elektrisch beheiztes Bimetall senkt in Abhängigkeit von der Motortemperatur den Steuerdruck und bewirkt eine größere Öffnung der Steuerdrosseln. Damit erhält der Motor mehr Kraftstoff.

Welche Aufgabe hat der Zusatzluftschieber?
Während der Warmlaufphase benötigt der Motor zur Überwindung der höheren Reibung eine größere Gemischmenge. Der Zusatzluftschieber führt dem Motor durch Umgehung der Drosselklappe mehr Zusatzluft und damit durch anschließendes Anreichern mit Kraftstoff mehr Gemisch zu.

Wie arbeitet das Kaltstartventil?
Das elektromagnetische Kaltstartventil wird beim Startvorgang in Abhängigkeit von der Motortemperatur von einem Thermozeitschalter gesteuert. Das Kaltstartventil spritzt den zusätzlichen Kraftstoff direkt in das Saugrohr ein.

Wie wird die Leerlaufdrehzahl bei der K-Jetronic eingestellt?
Die Leerlaufdrehzahl wird durch die Luftbypass-Schraube am Drosselklappenstutzen korrigiert. Hineindrehen der Schraube senkt die Leerlaufdrehzahl.

Wie wird der CO-Gehalt bei der K-Jetronic eingestellt?
Der CO-Gehalt wird durch Verdrehen der Gemischregulierschraube im Luftmengenmesser des Gemischreglers eingestellt. Herausdrehen der Schraube senkt den CO-Gehalt.

Worin unterscheidet sich die KE-Jetronic von der K-Jetronic?
Die KE-Jetronic ist ein kombiniertes mechanisch-elektronisches Einspritzsystem. Das Grundsystem entspricht der K-Jetronic.
Folgende Teile sind bei der KE-Jetronic zusätzlich eingebaut:
1. Elektronisches Steuergerät
2. Elektrohydraulischer Drucksteller
3. Sensoren zur Ermittlung weiterer Betriebsdaten des Motors wie Motortemperatur, Drosselklappenstellung, Gemischzusammensetzung u. a.

Wie ist das elektronische Steuergerät der KE-Jetronic aufgebaut?
Die auf einer Leiterplatte untergebrachten elektronischen Bauelemente sind integrierte Schaltungen, Transistoren, Dioden, Widerstände und Kondensatoren.

Wie arbeitet das elektronische Steuersystem?
Das elektronische Steuergerät verarbeitet die Eingabesignale der Sensoren und berechnet hieraus den Steuerstrom für den elektrohydraulischen Drucksteller.

Welche Aufgaben hat der Steuerstrom des elektronischen Steuergerätes?
Der aus den Betriebsdaten des Motors errechnete Steuerstrom bewirkt

1. Startanreicherung
2. Warmlaufanreicherung
3. Beschleunigungsanreicherung
4. Vollastanreicherung
5. Schubabschaltung
6. Drehzahlbegrenzung
7. Lambda-Regelung
8. Höhenkorrektur

Wie arbeitet der elektrohydraulische Drucksteller?
Der elektrohydraulische Drucksteller ist an den Kraftstoffmengenteiler angeflanscht. Er verändert in Abhängigkeit vom Betriebszustand des Motors den Druck in den Unterkammern der Differenzdruckventile. Dadurch verändert sich die eingespritzte Kraftstoffmenge.

Wie läßt sich ein Abgaskatalysator mit der KE-Jetronic kombinieren?
Durch Einbau einer Lambda-Sonde im Auspuff. Die Lambda-Sonde mißt den Restsauerstoffgehalt im Abgas. Der Restsauerstoffgehalt ist ein Maß für die Zusammensetzung des Luft-Kraftstoff-Gemischs. Die Lambda-Sonde meldet, ob das Gemisch fetter oder magerer als $\lambda = 1{,}00$ ist. Das Steuergerät regelt die Einstellung des Gemischs auf $\lambda = 1{,}00$ durch den Steuerstrom für den Drucksteller.

2.15 Einspritzanlage für Dieselmotoren

Welche Aufgaben hat die Einspritzanlage?
Die Einspritzanlage soll
1. die Kraftstoffmenge der Motorbelastung anpassen
2. den Kraftstoff im richtigen Zeitpunkt einspritzen
3. den Kraftstoff innerhalb eines bestimmten Zeitintervalls einspritzen

Beschreiben Sie den Kraftstoffverlauf beim Dieselmotor!
Kraftstoffbehälter, Vorreiniger (auch Vorfilter genannt), Kraftstoff-Förderpumpe, Kraftstoff-Hauptfilter, Einspritzpumpe, Einspritzleitungen, Einspritzdüsen, Verbrennungsraum.
Der an den Düsen durchleckende Kraftstoff fließt über den Leckölanschluß am Düsenhalter durch die Überströmleitung wieder in den Kraftstoffbehälter zurück

Welche Aufgabe hat das Überströmventil?
Das Überströmventil soll einen Vordruck von 1,0 bis 1,5 bar in der Kraftstoffanlage aufrecht erhalten und den zuviel geförderten Kraftstoff durch die Überströmleitung zum Kraftstoffbehälter zurückfließen lassen. So werden Filter und Kraftstoffleitung dauernd entlüftet. Das Überströmventil kann am Kraftstoff-Hauptfilter oder am Saugraum der Einspritzpumpe angebaut sein. Die Kraftstoff-Förderpumpe erzeugt Drücke bis 3,5 bar.

Weshalb benötigt der Dieselmotor eine Kraftstoff-Förderpumpe?
Bei Dieselmotoren muß der Kraftstoff dem Saugraum der Einspritzpumpe unter einem Überdruck von ca. 1 bar zugeführt werden, da sonst die Füllung der Pumpenzylinder nicht gewährleistet ist.

Welche Arten von Kraftstoff-Förderpumpen gibt es?
1. Einfachwirkende Förderpumpe
2. Doppeltwirkende Förderpumpe
3. Förderpumpe für Vielstoffmotoren

Wie arbeitet die einfachwirkende Kraftstoff-Förderpumpe?
Sie wird hauptsächlich für kleinere Kraftstoff-Förderleistungen verwendet. Der Antriebsexzenter der Einspritzpumpennockenwelle drückt den Kolben der Förderpumpe über Rollenstößel und Druckbolzen nach unten. Dabei wird Kraftstoff aus dem Saugraum über das Druckventil zum Druckraum gefördert und die Kolbenfeder gespannt, das Saugventil bleibt geschlossen. Dies ist der **Zwischenhub.**

Geht nun der Exzenter zurück, drückt die gespannte Kolbenfeder den Kolben und den nur lose anliegenden Druckbolzen und den Rollenstößel nach oben. Dabei wird der Kraftstoff aus dem Druckraum zur Einspritzpumpe gefördert. Dies ist der **Förderhub.** Gleichzeitig wird Kraftstoff aus dem Kraftstoffbehälter über das Saugventil in den Saugraum gesaugt. Übersteigt der Druck in der Förderleitung einen gewissen Wert, so schiebt die gespannte Kolbenfeder den Kolben nur um einen Teil des vollen Hubs nach oben. Die Fördermenge je Hub wird entsprechend kleiner. Je größer der Gegendruck in der Förderleitung ist, desto kleiner wird die Fördermenge. Man nennt dies eine elastische Förderung.

Bei laufendem Motor wird die Einspritzanlage über den Kraftstoff-Filter fortwährend selbsttätig entlüftet. Die im Filter ausgeschiedene Luft entweicht durch das Überströmventil in die Überstömleitung und fließt mit dem zurückströmenden Kraftstoff in den Kraftstoffbehälter. Benötigt der Motor z. B. im Schiebebetrieb keinen Kraftstoff, wird trotzdem von der Förderpumpe immer etwas Kraftstoff gefördert, der durch das Überströmventil wieder zurückfließt. Ist das Überströmventil verstopft, steigt der Druck in der Förderleitung rasch an. Hält der Flüssigkeitsdruck der Kraft der Kolbenfeder das Gleichgewicht, bleibt der Kolben stehen und es wird kein Kraftstoff mehr gefördert. Dadurch werden Leitungen und Filter gegen zu hohe Drücke geschützt. Ein in das Gehäuse der Förderpumpe eingeschraubte Handpumpe dient zum Entlüften und Füllen der Einspritzanlage bei stehendem Motor.

Wie arbeitet die doppeltwirkende Kraftstoff-Förderpumpe?

Der Antriebsexzenter der Einspritzpumpennockenwelle drückt den Kolben nach unten und öffnet dadurch gleichzeitig ein Saugventil und ein Druckventil. Durch das Saugventil wird Kraftstoff angesaugt, durch das Druckventil wird Kraftstoff zur Einspritzpumpe gefördert. Nach Überschreiten des größten Abwärtshubes drückt die gespannte Kolbenfeder den Kolben nach oben. Dadurch wird ebenfalls Kraftstoff über die beiden anderen Saug- bzw. Druckventile angesaugt bzw. gefördert. Die Pumpe fördert also bei jeder Nockenwellenumdrehung zweimal, sie ist doppeltwirkend. Man verwendet sie daher für größere Kraftstoff-Förderleistungen. Die Förderung ist weitgehend elastisch, die Fördermenge kann jedoch nicht null werden wie bei der einfachwirkenden Förderpumpe. Der zuviel geförderte Kraftstoff fließt durch das Überströmventil und die Überstömleitung wieder in den Kraftstoffbehälter zurück.

Wie arbeitet die Förderpumpe für Vielstoffmotoren?
Die Förderpumpe besitzt eine Lecksperre mit Öl aus dem Motorschmierkreis. Der mechanisch angetriebene Pumpenkolben fördert den Kraftstoff über den Kraftstoff-Filter zur Einspritzpumpe.

Weshalb werden bei Dieselmotoren grundsätzlich Kraftstoff-Filter eingebaut?
Die Pumpenelemente der Einspritzpumpe und die Einspritzdüsen sind mit einer Genauigkeit von wenigen Tausendstel Millimeter gefertigt und eingepaßt. Kleinste Verunreinigungen in dieser Größe fördern den Verschleiß und führen zu Schäden an Pumpenkolben und Einspritzdüsen. Deshalb müssen diese kleinen Fremdkörper zuverlässig ausgeschieden werden. Dieselkraftstoff wird von den Mineralölfirmen genau so fein gefiltert wie Ottokraftstoff. Jedoch können die Verunreinigungen in der Luft während des Tankens in den Kraftstoff gelangen. Außerdem gelangen Staubteilchen durch die Belüftung des Kraftstoffbehälters in den Kraftstoff, durch Temperaturwechsel bildet sich im Kraftstoffbehälter Kondenswasser aus der Luftfeuchtigkeit. Das Kondenswasser muß in regelmäßigen Abständen abgelassen bzw. bei Filterwechsel aus dem Filtergehäuse entfernt werden.

Wie soll die Verbrennung im Dieselmotor ablaufen?
Sie soll möglichst als Gleichdruckverbrennung ablaufen. Die Menge des eingespritzten Kraftstoffs muß so auf die gesamte Einspritzzeit verteilt werden, daß der Verbrennungsdruck möglichst gleich bleibt.

Welche Arten von Einspritzpumpen unterscheidet man?
1. Reiheneinspritzpumpe mit Nockenwelle im Pumpengehäuse
2. Reiheneinspritzpumpe ohne Nockenwelle im Pumpengehäuse
3. Verteilereinspritzpumpe
4. Elektronisch geregelte Verteilereinspritzpumpe
5. Elektronisch geregelte Reiheneinspritzpumpe
6. Einspritzpumpe für Mehr- und Vielstoffmotoren

Welche Einspritzpumpen werden vorwiegend verwendet?
1. Reiheneinspritzpumpe mit Nockenwelle im Pumpengehäuse
2. Verteilereinspritzpumpe

Worin unterscheiden sich diese beiden Pumpenarten?
Die Reiheneinspritzpumpe hat so viele Pumpenelemente wie der Motor Zylinder hat. Die Verteilereinspritzpumpe versorgt über ein einziges Pumpenelement sämtliche Zylinder des Motors mit Kraftstoff. Der Pumpenkolben der Verteilereinspritzpumpe ist gleichzeitig als Verteiler ausgebildet.

Reiheneinspritzpumpe

Aus welchen Teilen besteht ein Pumpenelement der Reiheneinspritzpumpe?
Es besteht aus dem Pumpenzylinder mit ein oder zwei Bohrungen für den Kraftstoffzulauf und die Absteuerung sowie dem Pumpenkolben.

Welche weiteren Teile gehören zum Pumpenelement?
Über dem Pumpenkolben befindet sich der Druckraum mit dem federbelasteten Druckventil. Der Pumpenkolben ist am unteren Ende abgeflacht zur sogenannten Kolbenfahne. Diese greift in die Regelhülse ein. Über den Pumpenzylinder ist die Regelhülse mit Zahnsegment oder Lenker geschoben.

Wie erfolgt die Abdichtung des Pumpenkolbens?
Der Pumpenkolben ist so fein in den Pumpenzylinder eingepaßt, daß er auch bei sehr hohen Drücken und niedrigen Drehzahlen abdichtet. Hierzu werden keine zusätzlichen Dichtungselemente wie z. B. Kolbenringe gebraucht. Das Spiel beträgt lediglich 3 ... 5 μm. Es dürfen nur vollständige Pumpenelemente, d. h. Pumpenzylinder mit Pumpenkolben, ausgetauscht werden. Geringe Leckverluste im Pumpenelement sind zur Schmierung des Pumpenkolbens erforderlich.

Welche Form hat der Pumpenkolben?
Der Pumpenkolben hat eine Längsnut und seitlich eine schraubenlinienförmige Ausfräsung. Die an der Kolbenwand entstehende Kante bezeichnet man als Steuerkante. Unterhalb der Steuerkante befindet sich eine Ringnut. Das untere Ende des Pumpenkolbens ist die Kolbenfahne (Mitnehmer).

Welche Aufgabe hat die Steuerkante?
Die Steuerkante dient zur Regelung der Fördermenge. Der Förderbeginn des Pumpenelements ist immer konstant, das Förderende ist verschieden und damit auch die Fördermenge. Der Hub des Pumpenkolbens ist ebenfalls immer konstant.

Beschreiben Sie die Arbeitsweise des Pumpenelements!
In der untersten Kolbenstellung strömt Kraftstoff durch die Zulaufbohrung und die Steuerbohrung im Pumpenzylinder vom Saugraum in den Druckraum oberhalb des Kolbens. Beim Aufwärtsgehen schließt der Kolben die Bohrungen und drückt den Kraftstoff durch das Druckventil in die Druckleitung zur Einspritzdüse. Die Förderung hört auf, sobald die Steuerkante die Steuerbohrung freigibt. Der Druckraum des Zylinders steht nun mit dem Saugraum über Längsnut und Ringnut bzw. Längsbohrung und Schrägnut in Verbindung. Der Kraftstoff wird in den Saugraum zurückgedrückt.

Auf welche Weise wird die Fördermenge reguliert?
Durch Verdrehen des Pumpenkolbens. Der Förderbeginn bleibt immer konstant, während das Förderende dann erreicht ist, wenn die Steuerkante die Steuerbohrung freigibt. So kann der Nutzhub durch Verdrehen des Pumpenkolbens stufenlos verändert werden.

Wie kann der Pumpenkolben verdreht werden?
Die Regelhülse mit aufgeklemmtem Zahnsegment sitzt über dem Pumpenzylinder. Die Kolbenfahne des Pumpenkolbens wird in den unteren Längsschlitzen der Regelhülse als Mitnehmer geführt. Die gezahnte Regelstange greift in die Verzahnung des Zahnsegments ein. Mit der Regelstange können daher die Pumpenkolben während des Betriebs verdreht werden. Bei einer anderen Ausführung werden anstelle Zahnstange und Zahnsegment sog. Lenker verwendet.

Welche Teile bewegen den Pumpenkolben hin und her?
Im Druckhub: Einspritzpumpennockenwelle, Rollenstößel, Einstellschraube
Im Saughub: Kolbenfeder

Welche Förderungsarten unterscheidet man?
1. Nullförderung
2. Teilförderung
3. Vollförderung

Erklären Sie die Bezeichnung „Nullförderung"!
Verdreht man den Pumpenkolben so weit, daß sich Zulaufbohrung bzw. Steuerbohrung und Längsnut überdecken, kann im Druckraum kein Druck aufgebaut werden und es wird kein Kraftstoff gefördert.

Wie wird der Pumpenkolben geschmiert?
Der Dieselkraftstoff schmiert den Pumpenkolben.

Welches Teil befindet sich zwischen Pumpenelement und Druckleitung?
Das Druckventil.

Welche Aufgaben hat das Druckventil?
Das Druckventil soll
1. die Druckleitung gegen den Pumpenzylinder nach Förderende abschließen
2. die Druckleitung nach Förderende entlasten
3. ein rasches Schließen der Düsennadel ermöglichen
4. das Nachtropfen von Kraftstoff in den Verbrennungsraum verhindern

Beschreiben Sie die Wirkungsweise des Druckventils!
Das Druckventil hat unterhalb des Ventilkegels ein kurzes, zylindrisches Schaftstück, den sog. Entlastungskolben. Dieser ist saugend in den Ventilträger eingepaßt. Am Ende der Förderung taucht zunächst der über der Bohrung liegende Entlastungskolben in den Ventilträger ein und schließt die Druckleitung gegen den Druckraum ab. Erst dann sinkt der Kegel auf seinen Sitz. Dabei vergrößert sich das dem Kraftstoff in der Druckleitung zur Verfügung stehende Volumen um das Hubvolumen des Entlastungskolbens. Der Kraftstoff in der Druckleitung kann sich dadurch rasch entspannen. Es erfolgt ein rascher Druckabfall in der Leitung (um 30 ... 35 bar), und die Düsennadel schließt sofort.

Weshalb benötigen Dieselmotoren einen Regler?
Dieselmotoren neigen in unbelastetem Zustand zum „Durchgehen“, d. h. sie werden immer schneller oder sie unterschreiten die Leerlaufdrehzahl. Dies muß der Regler zuverlässig verhindern.

Welche Aufgaben hat der Regler der Einspritzpumpe?
Der Regler soll abhängig von den Einsatzbedingungen
1. die Motordrehzahl im Regelbereich konstant halten
2. die Leerlaufdrehzahl konstant halten
3. bei Erreichen der Maximaldrehzahl abregeln
4. bei Fahrzeugen mit Nebenantrieben die eingestellte Drehzahl unabhängig von der Belastung konstant halten
5. die Vollastmenge abhängig von Drehzahl, Ladedruck oder atmosphärischem Druck steuern
6. die selbsttätige Freigabe der Startmenge steuern

Welche Arten von Reglern gibt es?
1. Fliehkraftregler
2. Pneumatischer Regler
3. Hydraulischer Regler

Erklären Sie das Prinzip des Fliehkraftreglers!
Der Fliehkraftregler regelt nur die Leerlauf- und Enddrehzahl. Der Fahrer regelt über das Fahrpedal die Kraftstoffmenge im dazwischenliegenden Bereich.

Was ist ein Alldrehzahlregler?
Der Alldrehzahlregler ist eine besondere Bauart des Fliehkraftreglers. Er kann jede gewünschte Drehzahl im Zwischenbereich regeln. Er regelt also nicht nur die Leerlauf- und Enddrehzahl, sondern hält jede Drehzahl unabhängig von der Belastung konstant bzw. gibt die volle Leistung bei verschiedenen Drehzahlen ab. Er wird für Fahrzeuge mit Nebenantrieben wie Kipper, Tankfahrzeuge, Feuerwehrfahrzeuge verwendet.

Wie arbeitet der Fliehkraftregler?
Die Reglernabe wird von der Einspritzpumpennockenwelle angetrieben. In der Nabe sind die beiden Fliehgewichte mit je einem Federsatz und die Winkelhebel gelagert. Die Winkelhebel übertragen die Bewegung der Fliehgewichte auf die Regelstange.

Wie regelt der Fliehkraftregler die Leerlaufdrehzahl?
Die Leerlauffedern in den Fliehgewichten regeln die Leerlaufdrehzahl. Sinkt die Drehzahl ab, wandern die Fliehgewichte nach innen und schieben die Regelstange in Richtung Vollast. Überschreitet die Motordrehzahl die Leerlaufdrehzahl, wandern die Fliehgewichte nach außen und schieben die Regelstange in Richtung „Stopp", bis die vorgegebene Leerlaufdrehzahl wieder erreicht ist.

Wie regelt der Fliehkraftregler die Enddrehzahl?
Die Endregelung beginnt, wenn der Motor die Höchstdrehzahl überschreiten will. Die Fliehgewichte gehen weiter nach außen und ziehen die Regelstange zurück in Richtung „Stopp". Der Motor regelt ab. Bei der Regelung der Enddrehzal wirken alle Federn (Endregelfedern und Leerlauffedern) zusammen.

Weshalb benötigen Einspritzpumpen einen Regelstangenanschlag?
Wird das Fahrpedal ganz durchgetreten, legt die Regelstange ihren größten Weg zurück. Der Weg der Regelstange wird meist durch einen einstellbaren Anschlag begrenzt. So kann verhindert werden, daß zu viel Kraftstoff eingespritzt wird und der Motor raucht.

Welche Arten von Regelstangenanschlägen gibt es?
1. Fester (starrer) Regelstangenanschlag
2. Federnder Regelstangenanschlag
3. Regelstangenanschlag für Vollastmenge mit mechanischer oder elektromagnetischer Entriegelung für die Startmenge

Bei welchen Dieselmotoren wird der federnde Regelstangenanschlag verwendet?
Bei Motoren, die zum Starten eine größere Kraftstoffmenge benötigen als bei Vollast.

Wie ist die Wirkungsweise des federnden Regelstangenanschlags?
Bei Stillstand des Motors und ganz durchgetretenem Fahrpedal schiebt die Regelstange die federnd abgestützte Anschlagbüchse in die Einstellbüchse hinein. Der Regelstangenweg und damit die Fördermenge wird beim Startvorgang größer als bei Vollast. Sobald der Motor läuft, wird dor geförderte Kraftstoff auf die Vollastmenge begrenzt.

In welchen Drehzahlbereichen arbeitet der pneumatische Regler?
Der pneumatische Regler, auch Unterdruckregler genannt, ist ein Alldrehzahlregler. Er arbeitet also im gesamten Drehzahlbereich von der Leerlaufdrehzahl bis zur Höchstdrehzahl.

Aus welchen Hauptteilen besteht der pneumatische Regler?
1. Klappenstutzen
2. Membranblock

Wie ist die Wirkungsweise des pneumatischen Reglers?
An der engsten Stelle des Klappenstutzens sitzt die Regelklappe und der Anschluß für die Unterdruckleitung zum Membranblock. Die Regelklappe ist mit dem Fahrpedal verbunden. Im Membranblock trennt die Membran die Atmosphärendruck-Kammer von der Unterdruck-Kammer. Die Atmosphärendruck-Kammer steht mit der Außenluft, die Unterdruck-Kammer mit dem Venturirohr am Klappenstutzen in Verbindung. Die Membran ist mit der Regelstange gelenkig verbunden. Die Regelfeder drückt die Membran und damit die Regelstange immer in Richtung Vollast. Wird der Unterdruck in der Unterdruck-Kammer größer, zieht die Membran die Regelstange in Richtung Stopp, wird der Unterdruck kleiner, drückt die Membranfeder die Regelstange in Richtung Vollast.

Wie erfolgt die Regelung der Leerlaufdrehzahl?
Läuft der Motor im Leerlauf, liegt die Regelklappe am Leerlauf-Anschlag an. Es entsteht ein großer Unterdruck, die Membran zieht die Regelstange gegen den Druck der Regelfeder in die Leerlaufstellung.

Wie verhindert der pneumatische Regler das Überschreiten der Höchstdrehzahl?
Bei Vollast ist die Regelklappe offen. Es herrscht nur ein geringer Unterdruck, die Regelstange wird von der Regelfeder in Richtung Vollast gedrückt. Ist die Höchstdrehzahl des Motors erreicht, steigt der Unterdruck an und zieht die Regelstange in Richtung Stopp. Damit wird ein Überschreiten der Höchstdrehzahl verhindert.

Wodurch kann ein Rückwärtslaufen des Motors verhindert werden?
Eine zusätzliche in den Klappenstutzen eingebaute Staudruckklappe schließt den Stutzen beim Beginn des Rückwärtslaufens selbsttätig ab und der Motor geht aus.

Welche Aufgabe hat der Spritzversteller?
Die für den Einspritzvorgang benötigte Zeit ist konstant und von der Drehzahl unabhängig, ebenso der Zündvorgang. Deshalb muß der Einspritzbeginn mit steigender Drehzahl vorverlegt werden.

Welche Arten von Spritzverstellern gibt es?

1. Handverstellbarer Spritzversteller
2. Automatischer Spritzversteller
3. Hydraulischer Spritzversteller
4. Elektronisch geregelter hydraulischer Spritzversteller

Wie arbeitet der automatische Spritzversteller?

Dieser arbeitet drehzahlabhängig und benützt zum Verstellen die Fliehkraft. Er ist zwischen Motor und Einspritzpumpe eingebaut. Der Antrieb erfolgt vom Motor zum Gehäuse über zwei Fliehgewichte zur Nabe. Mit steigender Drehzahl wandern die Fliehgewichte nach außen und verdrehen die Einspritzpumpennockenwelle gegenüber der Motorantriebswelle. Dadurch wird der Einspritzbeginn vorverlegt (Verstellbereich 3 ... 10° an der Einspritzpumpennockenwelle).

Wie arbeitet der hydraulische Spritzversteller?

Der hydraulische Spritzversteller ist in Verteilereinspritzpumpen eingebaut. Der Förderpumpendruck (Pumpeninnenraumdruck) der Flügelzellenpumpe steigt proportional mit der Drehzahl an (1,5 ... 7 bar). Dieser Druck wirkt auf den Kolben des Spritzverstellers und verschiebt ihn mit steigender Drehzahl. Der Kolben verdreht den Rollenring entgegen der Drehrichtung des Verteilerkolbens. Dadurch wird der Einspritzbeginn bis zu 12° Nockenwinkel vorverlegt.

Wie arbeitet der elektronisch geregelte Spritzversteller?

Dieser Spritzversteller ist in elektronisch geregelte Verteilereinspritzpumpen eingebaut. Zur Einspritzpumpe gehört zusätzlich ein elektronisches Steuergerät, das alle von den Sensoren eingehenden Informationen auswertet und dann die verschiedenen Stellwerke elektrisch ansteuert. Für den Spritzbeginn ist ein Spritzbeginn-Stellwerk in die Verteilereinspritzpumpe integriert. Beim Spritzbeginn-Stellwerk wird über ein getaktetes Magnetventil der Druck am Spritzverstellerkolben moduliert, d. h. der Saugraumdruck wird zwischen 1,5 bar und 7,0 bar verändert.

Wozu benötigt man beim Dieselmotor einen Kaltstartbeschleuniger?

Verteilereinspritzpumpen haben häufig einen Kaltstartbeschleuniger. Beim Betätigen des Kaltstartbeschleunigers wird der Kolben des Spritzverstellers um ca. 2,5° Nockenwinkel in Richtung früh verstellt. Dadurch wird der Kraftstoff früher in die hochverdichtete, heiße Luft eingespritzt und der noch kalte Motor springt leichter an. Ebenso beschleunigt der kalte Motor besser, und es wird das Blaurauchen im Abgas weitgehend verhindert.

Verteilereinspritzpumpe

Wodurch unterscheidet sich die Verteilereinspritzpumpe von der Reiheneinspritzpumpe?
Die Verteilereinspritzpumpe besitzt nur einen einzigen Pumpenzylinder und einen Pumpenkolben.

Welche Teile sind bei der Verteilereinspritzpumpe zusammengebaut?
1. Pumpenelement mit Verteiler
2. Kraftstoff-Förderpumpe (Flügelzellenpumpe)
3. Fliehkraftregler oder hydraulischer Regler
4. Hydraulischer Spritzversteller

Welche Eigenschaften besitzt die Verteilereinspritzpumpe?
1. Geringer Platzbedarf
2. Geringes Gewicht
3. Kompakte Bauweise
4. Beliebige Einbaulage
5. Wartungsfrei
6. Niederer Preis

Beschreiben Sie die Kraftstoff-Förderung bei der Verteilereinspritzpumpe!
Die Flügelzellenpumpe saugt den Kraftstoff über das Filter aus dem Kraftstoffbehälter an. Ein Teil des geförderten Kraftstoffs fließt über das Drucksteuerventil zur Saugseite zurück. Der übrige Teil fließt in den Pumpeninnenraum und von dort in den Hochdruckraum des Verteilerkolbens. Zur Kühlung und selbsttätigen Entlüftung der Einspritzpumpe fließt der überschüssige Kraftstoff aus dem Pumpeninnenraum über die Überstömdrossel in den Kraftstoffbehälter zurück.

Aus welchen Teilen besteht das Pumpenelement?
Aus Verteilerkopf und Verteilerkolben.

Wie erfolgt der Antrieb des Verteilerkolbens?
Pumpenantriebswelle – Kreuzscheibe – Rollenring – Hubscheibe – Verteilerkolben.

Welche Aufgabe hat die Hubscheibe?
1. Die Drehbewegung auf den Verteilerkolben übertragen.
2. Die Hubbewegung auf den Verteilerkolben übertragen.

Welche Form hat die Hubscheibe?
Sie ist eine Scheibe mit so viel Nocken wie der Motor Zylinder hat.

Beschreiben Sie die Hochdruckförderung bei der Verteilereinspritzpumpe!
Im unteren Totpunkt strömt Kraftstoff über den Zulaufkanal und den Steuerschlitz in den Hochdruckraum. Während der Dreh-Hub-Bewegung schließt der Verteilerkolben den Zulaufkanal und setzt den Kraftstoff im Hochdruckraum unter Druck. Durch die weitere Drehbewegung öffnet die Verteilernut die dem Motorzylinder zugehörige Auslaßbohrung und der Kraftstoff wird eingespritzt.

Wodurch erreicht man bei der Verteilereinspritzpumpe das Förderende?
Die Kraftstoff-Förderung ist beendet, sobald die querliegende Steuerbohrung des Verteilerkolbens die Steuerkante des Regelschiebers erreicht. Der Kraftstoff strömt vom Hochdruckraum durch die Steuerbohrung in den Pumpeninnenraum zurück.

Wie sind Verteilerkolben und Regelschieber abgedichtet?
Verteilerkolben, Regelschieber und Verteilerkopf sind so fein ineinander eingepaßt (eingeläppt), daß sie auch bei sehr hohen Drücken abdichten. Der durchleckende Kraftstoff dient zur Schmierung.

Wie arbeitet der hydraulische Spritzversteller der Verteilereinspritzpumpe?
Der Förderpumpendruck (Pumpeninnenraumdruck) der Flügelzellenpumpe steigt proportional mit der Drehzahl an (1,5 ... 7,0 bar). Dieser Druck wirkt auf den Kolben des Spritzverstellers und verschiebt ihn mit steigender Drehzahl. Der Kolben verdreht den Rollenring entgegen der Drehrichtung des Verteilers. Dadurch wird der Einspritzbeginn bis zu 12° Nockenwinkel vorverlegt.

Worin unterscheidet sich die elektronisch geregelte Verteilereinspritzpumpe von der normalen Verteilereinspritzpumpe?
Die Kraftstoff-Förderpumpe und das Pumpenelement im Verteiler sind bei beiden Pumpen gleich ausgeführt. Die Regelung der Einspritzmenge und des Spritzbeginns erfolgt bei der elektronisch geregelten Einspritzpumpe dagegen elektronisch.
Hierzu sind zwei verschiedene Stellwerke erforderlich:
1. Einspritzmengen-Stellwerk   2. Spritzbeginn-Stellwerk

Wie arbeitet das Einspritzmengen-Stellwerk?
Ein Drehmagnetstellwerk verschiebt den Regelschieber entsprechend den Angaben des Regelkreises. Der jeweilige Istwert wird ermittelt und im elektronischen Steuergerät verglichen. Das Steuergerät verändert nun so lange den Strom für das Drehmagnetstellwerk, bis die Ist-Position des Regelschiebers der Soll-Position entspricht.

Wie arbeitet das Spritzbeginn-Stellwerk?
Ein getaktetes Magnetventil verändert den Saugraumdruck entsprechend den Angaben des Steuergeräts zwischen 1,5 bar und 7 bar. Da dieser Druck auch auf den Spritzverstellerkolben wirkt, wird damit auch die Stellung des Spritzverstellers beeinflußt. Ein Düsenhalter mit elektrischem Spritzbeginngeber meldet den Ist-Spritzbeginn. Dieser wird mit dem Sollwert verglichen und das Magnetventil so lange angesteuert, bis Soll- und Ist-Wert übereinstimmen.

Wie arbeitet die elektronisch geregelte Reiheneinspritzpumpe?
Diese arbeitet mit einem elektro-hydraulischen Stellwerk. Die hydraulische Druckkraft am Stellkolben und die Federkraft der Regelstange stehen im Gleichgewicht. Die Position der Regelstange wird vom Regelweggeber dem elektronischen Steuergerät gemeldet. Dieses wertet alle von den Sensoren eingehenden Informationen aus und gibt dem elektromagnetischen Steuerventil Steuerimpulse für die Regelung, d. h. Veränderung des hydraulischen Drucks.

Welche Aufgaben haben Einspritzdüsen?
1. Kraftstoff unter hohem Druck in den Verbrennungsraum spritzen
2. Kraftstoff im Verbrennungsraum fein zerstäuben und richtig verteilen

Aus welchen Teilen besteht die Einspritzdüse?
Aus Düsenkörper und Düsennadel.

Welche Arten von Einspritzdüsen gibt es?
1. Lochdüse
2. Zapfendüse

Wodurch wird die Einspritzdüse geöffnet?
Durch den Kraftstoffdruck, der auf die Druckschulter der Düsennadel wirkt. Die Düsennadel wird von ihrem Sitz abgehoben, sobald die Gegenkraft der Druckfeder überwunden ist. Der Kraftstoff wird dann durch die Düse in den Verbrennungsraum eingespritzt.

Welche Eigenschaften besitzt die Lochdüse?
1. Besonders feine Zerstäubung, daher Verwendung für Direkteinspritzverfahren.
2. Empfindlich gegen Schmutzteilchen, daher meist Stabfilter eingebaut.
3. Düsenöffnungdruck 150 ... 250 bar
4. Fremdkühlung möglich

Wie groß sind die Spritzlochdruchmesser der Lochdüsen?
0,2 mm; 0,22 mm; 0,24 mm; usw. Mehrlochdüsen haben bis zu 12 Spritzlöcher.

Nennen Sie die verschiedenen Ausführungen von Zapfendüsen!

1. Normale Zapfendüse
2. Drosselzapfendüse
3. Lochzapfendüse
4. Flächenzapfendüse

Welche Eigenschaften haben Zapfendüsen?

1. Für Vorkammer- und Wirbelkammermotoren geeignet
2. Unempfindlich gegen Schmutzteilchen
3. Düsenöffnungdruck 90 ... 135 bar
4. Weiche Verbrennung
5. Ruhiger Motorlauf
6. Bei Drosselzapfendüsen Voreinspritzung möglich

Weshalb dürfen Düsenkörper und Düsennadel nicht einzeln ausgewechselt werden?

Düsenkörper und Düsennadel sind mit einer Feinstpassung (2 ... 4 μm) aufeinander eingepaßt. Sie müssen daher immer zusammen ausgewechselt werden.

Wozu benötigt man den Düsenhalter?

Der Düsenhalter dient zur Befestigung der Einspritzdüse im Zylinderkopf des Motors und zur Verbindung der Einspritzdüse mit der Kraftstoffleitung. Er kann mit einem Einschraubgewinde, mit einem Flansch oder mit einer Überwurfschraube im Zylinderkopf befestigt sein. Bei den empfindlichen Lochdüsen ist im Druckrohrstutzen des Düsenhalters ein Stabfilter eingebaut.

Wie kann der Düsenöffnungsdruck verändert werden?

Durch Veränderung der Vorspannung der Druckfeder im Düsenhalter, und zwar durch Einlegen von Stahlplättchen unter die Feder oder durch eine Einstellschraube.

Wie arbeitet die Pumpendüse?

Hier sind Einspritzpumpe und Einspritzdüse zu einem einzigen Bauteil zusammengefaßt. Jeder Zylinder erhält eine Pumpendüse, die direkt in den Zylinderkopf eingebaut ist. Der Antrieb erfolgt über eine Stößelstange (Stoßstange). Der Einspritzdruck beträgt im Leerlauf etwa 400 bar, bei hoher Drehzahl 1 400 ... 1 600 bar.

Welche Arten von Förderbeginn-Feineinstellungen gibt es?

1. Markierungseinstellung
2. Meßuhreinstellung
3. Überlaufmethode
4. Hochdrucküberlaufmethode
5. Kapillarrohrmethode

Weshalb muß bei der Überlaufmethode das Druckventil ausgebaut werden?

Weil der Öffnungsdruck des Druckventils von 12 ... 15 bar nicht erreicht wird.

2.16 Aufladung

Wodurch kann die Leistung eines Motors erhöht werden?
1. Durch Vergrößerung des Hubraums
2. Durch Erhöhung der Drehzahl
3. Durch Verbesserung des Liefergrads des Motors

Wodurch kann der Liefergrad des Motors erhöht werden?
Indem mehr Luft-Kraftstoff-Gemisch durchgesetzt, d. h. in den Verbrennungsraum gefördert wird.

Wie kann eine größere Luftmenge geliefert werden?
Durch Einbau eines Laders, der früher auch Kompressor genannt wurde. Der Lader spült außerdem die Restgase aus dem Zylinder und kühlt den Verbrennungsraum während der Spülperiode.

Welche Arten von Ladern gibt es?
1. Mechanisch angetriebener Lader
2. Abgasturbolader
3. Druckschwingungs-Aufladung

Wie arbeiten mechanisch angetriebene Lader?
Diese werden vom Motor über ein Zwischengetriebe angetrieben. Die hierfür benötigte Leistung muß vom Motor zusätzlich aufgebracht werden.

Welche Arten von mechanisch angetriebenen Ladern gibt es?
1. Hubkolben-Verdichter
2. Schleudergebläse
3. Rootsgebläse
4. Vielzellengebläse

Welche Energie nützt der Abgasturbolader aus?
Die Energie der ausströmenden heißen Abgase.

Wie arbeitet der Abgasturbolader?
Die Abgase treiben das Turbinenrad des Abgasturboladers an. Das auf der gemeinsamen Welle sitzende Laderrad, auch Verdichterrad genannt, läuft mit gleicher Drehzahl um. Das Ladergebläse saugt Frischluft an, verdichtet sie und drückt sie in die Zylinder. Der Überdruck beträgt je nach Auslegung 0,5 ... 1,5 bar. Bei einer anderen Ausführung wird Luft-Kraftstoff-Gemisch vom Vergaser angesaugt und anschließend verdichtet.

Wie groß ist die Drehzahl der Abgasturbolader?
Die maximalen Drehzahlen liegen bei 100 000 1/min.

Welche Eigenschaften haben Abgasturbolader?

1. Leistungssteigerung durch bessere Füllung
2. Höherer Nutzwirkungsgrad
3. Geringes Gewicht
4. Kein mechanischer Antrieb
5. Z. T. Regeleinrichtungen erforderlich
6. Bessere Verwirbelung des Luft-Kraftstoff-Gemischs im Verbrennungsraum, dadurch geringere Klopfneigung
7. Niederer Auspuffgeräuschpegel, da die Abgase in der Turbine bereits vorentspannt werden.
8. Im mittleren und oberen Drehzahlbereich geringerer spezifischer Kraftstoffverbrauch
9. Größere thermische Belastung des Motors
10. Verringerung der Schadstoffemission
11. Verminderte Rußbildung bei Dieselmotoren
12. Geringerer Zündverzug und langsamerer Druckanstieg bei Dieselmotoren

Wie kann der Ladedruck geregelt werden?

1. Überdruckventil zwischen Verdichter und Vergaser bzw. Motor
2. Ladedruckgesteuertes Bypass-Ventil zwischen Motor u. Abgasturbine

Weshalb wird die Ladeluft häufig gekühlt?

Die Temperatur der Ladeluft erhöht sich mit steigendem Ladedruck. Dadurch verringert sich die in den Verbrennungsraum geförderte Luftmasse, der Liefergrad sinkt, der Kraftstoffverbrauch steigt und die Wärmebelastung des Motors nimmt zu.

Welche Arten gibt es bei der Druckschwingungsaufladung?

1. Comprex-Lader 2. Puls-Converter

Wie arbeitet der Comprex-Lader?

Dieser arbeitet nach dem Druckwellenprinzip. Die Abgase bilden eine pulsierende Strömung, die Druck- und Unterdruckwellen erzeugt. Diese Gasschwingungen werden so ausgenützt, daß die Frischluft durch das Abgas verdichtet wird.

Welche Eigenschaften haben Comprex-Lader?

1. Leistungssteigerung ähnlich wie beim Turbolader
2. Wesentlich höhere Aufladung im unteren Drehzahlbereich
3. Bessere Elastizität des Motors
4. Geringe Schadstoffemission
5. Größeres Bauvolumen als beim Abgasturbolader
6. Größeres Gewicht und höherer Preis
7. Für Hochdruckaufladung geeignet

2.17 Auspuffanlage

Welche Aufgaben hat die Auspuffanlage?

1. Ableitung der Abgase
2. Geräuschdämpfung
3. Abgasentgiftung

Wie wird die Auspuffanlage beansprucht?

1. Innenkorrosion
2. Außenkorrosion
3. Mechanische Beanspruchung
4. Thermische Beanspruchung

Welche Werkstoffe werden für Auspuffanlagen verwendet?

1. Stahlblech, z. T. aluminiert oder emailliert
2. Nichtrostender Stahl
3. Aluminium

Aus welchen Teilen besteht die Auspuffanlage?

Sie besteht aus einem oder zwei Schalldämpfern mit zwischengeschalteten Auspuffrohren

Welche Arten von Schalldämpfern gibt es?

1. Reflexionsschalldämpfer
2. Interferenzschalldämpfer
3. Absorptionsschalldämpfer
4. Kombinierter Absorptions-Reflexionsschalldämpfer
5. Resonator

Weshalb werden kombinierte Absorptions-Reflexionsschalldämpfer häufig verwendet?

Die Dämpfung dieser Auspuffanlage erstreckt sich über den gesamten Hörfrequenzbereich. Der Absorptionsschalldämpfer absorbiert hohe Schallfrequenzen, der Reflexionsschalldämpfer dämpft tiefe Schallfrequenzen.

Wie groß ist der Leistungsverlust infolge Strömungswiderstandes der Auspuffanlage?

2 ... 5 %.

Welchen Leistungsgewinn kann man bei genauer Abstimmung der Ansaug- und Auspuffanlage erzielen?

Bei Viertaktmotoren bis zu 3 %.
Bei Zweitaktmotoren bis zu 15 %.

2.18 Abgasentgiftung

Nennen Sie die wichtigsten Abgasbestandteile!

1. Kohlendioxid CO_2
2. Kohlenmonoxid CO
3. Wasserdampf H_2O
4. Sauerstoff O_2
5. Stickstoff N_2
6. Stickoxide NO_x
7. Wasserstoff H_2
8. Kohlenwasserstoffe HC
9. Feststoffe wie Ruß und Bleiverbindungen

Welche Abgasbestandteile sind schädlich?

1. Kohlenmonoxid CO
2. Kohlenwasserstoffe HC
3. Stickoxide NO_x
4. Ruß
5. Bleiverbindungen

Wodurch entsteht CO?
Durch unvollständige Verbrennung von Kohlenstoff bei Luftmangel.

Welche Eigenschaften hat Kohlenmonoxid?
Es ist unsichtbar, farblos, geruchlos, brennbar und sehr giftig.

Wie kann der CO-Wert gesenkt werden?

1. Durch Abmagerung des Gemischs
2. Durch verbesserte Gemischverteilung auf alle Zylinder
3. Durch Nachverbrennung

Wodurch entstehen unvollständig verbrannte Kohlenwasserstoffe?
Durch unvollkommene Verbrennung des Kraftstoffs im Verbrennungsraum.

Welche Eigenschaften haben Kohlenwasserstoffe?
In den Abgasen gibt es über 150 verschiedene gasförmige Kohlenwasserstoffe. Sie sind in der vom Motor ausgestoßenen Menge nicht akut giftig, bewirken jedoch eine starke Reizung der Schleimhäute und riechen unangenehm. Unter Sonneneinstrahlung bilden sie weitere giftige Produkte, die sich in Laborversuchen als krebsfördernd erwiesen haben.

Wodurch lassen sich die Kohlenwasserstoffwerte im Abgas senken?

1. Günstige Brennraumform
2. Spätzündung bei Leerlauf, dadurch geringerer Restgasanteil mit besserem Liefergrad
3. Längere Funkendauer
4. Drosselklappenanhebung im Schiebebetrieb (ergibt ein zündwilligeres Gemisch
5. Nachverbrennung im Auspuff

Wo können Kohlenwasserstoffe außerdem in die Umgebungsluft entweichen?

1. Über die Kurbelgehäuseentlüftung
2. Über die Tankbelüftung
3. Über die Schwimmerkammerbelüftung
4. Über das Luftfiltersystem bei abgestelltem Motor

Wie können diese entweichenden Kohlenwasserstoffe beseitigt werden?

1. Rückführung der Kurbelgehäusedämpfe in das Ansaugsystem mit anschließender Verbrennung im Motor
2. Sammeln und Speichern der Gase aus Tank- und Schwimmerkammerbelüftung im Aktiv-Kohle-Behälter und anschließendes Absaugen und Verbrennen im Motor
3. Verschließen des Ansaugsystems durch eine Klappe bei abgestelltem Motor

Wodurch entstehen Stickoxide?

Sie entstehen während der motorischen Verbrennung bei hohen Verbrennungstemperaturen über 2 000 °C bei Anwesenheit von freiem Sauerstoff. Mit zunehmender Verbrennungstemperatur und Verbrennungsdauer steigt die Menge der erzeugten Stickoxide.

Welche Eigenschaften haben Stickoxide?

Sie sind unsichtbar, geruchlos und giftig. Diese akuten Giftstoffe reizen die Atmungswege und können bei längerer Einwirkung in höherer Konzentration den Tod durch Zerstören des Lungengewebes herbeiführen. Stickoxide werden vom Körper nicht wieder ausgeschieden.

Wodurch kann der Stickoxid-Wert gesenkt werden?

1. Durch niedrige Verbrennungstemperatur mit damit verbundenem Leistungsverlust, z. B. durch Abgasrückführung, Herabsetzung des Verdichtungsverhältnisses, Verschlechterung des thermischen Wirkungsgrades.
2. Durch fettes Gemisch und Nachverbrennung der entstehenden CO- und HC-Gase

Welche Möglichkeiten für die Abgasentgiftung im Auspuffsystem gibt es?

1. Thermische Nachverbrennung mittels Thermoreaktors
2. Thermische Nachverbrennung durch Lufteinblasung
3. Katalytische Nachverbrennung
4. Abgasrückführung

Beschreiben Sie die thermische Nachverbrennung mittels Thermoreaktors!

Der Thermoreaktor wird anstelle des normalen Auspuffkrümmers an den Zylinderkopf angeflanscht. Er besitzt außen eine Wärmeisolation und wird durch die Abgase auf Temperaturen von 800 ... 1 000 °C aufgeheizt. Dadurch werden die Abgase längere Zeit auf hohen Temperaturen gehalten und die CO- und HC-Abgasanteile können mit dem unverbrannten Restsauerstoff im Abgas oder mit frisch eingeblasener Luft verbrennen.

Beschreiben Sie die thermische Nachverbrennung durch Lufteinblasung!

Eine vom Motor angetriebene Luftpumpe drückt über ein Rückschlagventil Frischluft kontinuierlich in die Auslaßkanäle hinter die Auslaßventile. So können die CO- und HC-Abgasanteile zu CO_2 und H_2O verbrannt werden.

Erklären Sie das Prinzip der katalytischen Nachverbrennung!

Die als Katalysatoren verwendeten Werkstoffe haben die Eigenschaft, chemische Umwandlungsprozesse zu bewirken, ohne daß sie sich dabei selbst verändern oder sich verbrauchen. Sie wirken verbrennungsfördernd. Bleihaltiger Kraftstoff läßt die Wirksamkeit der Katalysatoren bis zum völligen Ausfall rasch absinken. Es darf deshalb nur bleifreier Kraftstoff verwendet werden.

In welcher Form können Abgaskatalysatoren hergestellt werden?

1. Keramik-Monolith-Katalysator
2. Metall-Monolith-Katalysator
3. Keramik-Schüttgut-Katalysator

Wie ist der Keramik-Monolith-Katalysator aufgebaut?

Er besteht aus einem wabenförmigen keramischen Träger (Keramik-Monolith) als Gerüst. Auf diesen Träger ist die eigentliche katalytische Kontaktschicht aus Edelmetall (z. B. Platin, Rhodium) als aktives Material aufgetragen. Dieser Katalysator wird am häufigsten verwendet.

Wie ist der Metall-Monolith-Katalysator aufgebaut?

Hier wird statt dem keramischen Träger ein metallischer Träger als Gerüst für die katalytische Kontaktschicht verwendet.

Wie ist der Keramik-Schüttgut-Katalysator aufgebaut?

Das keramische Material wird hier in Form kleiner Kugeln in den Katalysator eingefüllt. Deshalb nennt man ihn auch Granulat-Katalysator.

Welche Edelmetalle können als Katalysator verwendet werden?

1. Platin
2. Rhodium
3. Palladium
4. Iridium
5. Ruthenium

Wie können die Katalysatoren nach ihrer Wirkungsweise eingeteilt werden?
1. Reduktionskatalysator
2. Oxidationskatalysator
3. Selektivkatalysator

Wie können die Katalysatoren nach ihrer Anordnung eingeteilt werden?
1. Einbettkatalysator
2. Zweibettkatalysator

Wie arbeiten Reduktionskatalysatoren?
Reduktionskatalysatoren reduzieren die Stickoxide NO_x im Abgas mit Hilfe von CO in reduzierender, nicht sauerstoffhaltiger Atmosphäre zu N_2 und CO_2. Es herrscht hier Luftmangel.

Wie arbeiten Oxidationskatalysatoren?
Oxidationskatalysatoren oxidieren, d. h. verbrennen die HC- und CO-Abgasbestandteile in sauerstoffhaltiger Atmosphäre zu CO_2 und H_2O. Es herrscht hier Luftüberschuß.

Wie arbeiten Selektivkatalysatoren?
Bei diesen Katalysatoren laufen Reduktion und Oxidation gleichzeitig ab. Es werden also sowohl die Stickoxide NO_x zu N_2 reduziert als auch die HC- und CO-Abgasbestandteile zu H_2O und CO_2 oxidiert.

Wie ist der Einbettkatalysator aufgebaut?
Hier laufen Reduktion und Oxidation gleichzeitig in einem einzigen Katalysator, d. h. in „einem Bett“ ab. Es handelt sich also um einen Selektivkatalysator. Da hier alle drei Schadstoffe NO_x, HC und CO abgebaut werden, spricht man im Englischen von einem „three way catalyst“ d. h. einem Katalysator mit 3 verschiedenen Wirkungen. Dieser englische Ausdruck wurde fälschlicherweise mit „Dreiwegkatalysator“ übersetzt. Es handelt sich jedoch nicht um 3 verschiedene Wege, sondern um einen einzigen Weg durch den Einbettkatalysator. Der Einbettkatalysator ist ein Selektivkatalysator, welcher meist auch Dreiwegkatalysator genannt wird.

Wie ist der Zweibettkatalysator aufgebaut?
Beim Zweibettkatalysator, auch Doppelbettkatalysator genannt, werden Reduktionskatalysator und Oxidationskatalysator hintereinander angeordnet. Im ersten Bett erfolgt die Reduktion von NO_x, im zweiten Bett die Oxidation von HC und CO bei Luftüberschuß durch Sekundärlufteinblasung. Für die Anwendung des Zweibettkatalysators ist ein fettes Gemisch wegen dem benötigten CO im Abgas erforderlich. Dadurch erhöht sich der Kraftstoffverbrauch.

Was ist der Unterschied zwischen einem geregelten und einem ungeregelten Katalysator?
Beim **geregelten Katalysator** ist eine Lambda-Sonde, auch Sauerstoff-Sonde genannt, in das Auspuffrohr eingebaut. Diese mißt den Restsauerstoffanteil im Abgas. Der elektronische Regler wertet das jeweilige Meßergebnis aus und gibt je nach Gemischzusammensetzung der Benzineinspritzanlage oder dem elektronisch geregelten Vergaser Befehl zur Änderung der Gemischzusammensetzung.
Es wird also nicht der Katalysator geregelt, sondern die Gemischzusammensetzung des Motors.

Beim **ungeregelten Katalysator** fehlt die Lambda-Sonde, es erfolgt also keine elektronische Regelung der Gemischzusammensetzung. Trotzdem senkt der Katalysator die Abgasbestandteile NO_x, HC und CO bis zu 50 %.

Beschreiben Sie die Abgasrückführung!
Hier wird eine bestimmte Abgasmenge von der Auspuffseite zur Ansaugseite zurückgeführt. Dadurch wird die während der Verbrennung im Zylinder vorhandene Stickstoff- und Sauerstoffmenge verringert. Die Temperatur und der Spitzendruck der Verbrennung werden abgesenkt und der Anteil an Stickoxiden NO_x im Abgas wird gesenkt. Nachteilig sind eine geringere Motorleistung, ein höherer Kraftstoffverbrauch und ein schlechterer Motorlauf.

Wodurch entsteht Ruß beim Dieselmotor?
Ruß entsteht durch unvollkommene Verbrennung. Feststoffe im Abgas der Dieselmotoren sind Ruß, Sulfate, Teilchen aus dem Dieselkraftstoff und Teilchen aus dem Schmieröl des Motors.

Welche Eigenschaften hat Ruß?
Ruß ist gesundheitsschädlich, weil in ihm krebsauslösende Substanzen gefunden wurden.

Wie kann der Ruß im Abgas der Dieselmotoren verringert werden?
Werden die gesetzlichen Grenzwerte für Feststoffe wie Ruß im Abgas weiter abgesenkt, reichen innermotorische Maßnahmen zur Begrenzung der Partikelemission meist nicht mehr aus. In diesem Falle müssen Rußfilter in die Abgasanlage eingebaut werden. Diese können als keramische Wabenkörper ausgeführt sein. Die Abgase treten durch die porösen Wände in Kanäle ein. Dabei werden die Rußpartikel ausgefiltert und in die Poren und auf den Zellwänden abgelagert. Bei hoher Betriebstemperatur entzündet sich der Ruß und verbrennt. Es kommt zur Selbstreinigung des Filters. Ein Zusatz von Kraftstoffadditive kann den Vorgang beschleunigen.

Wodurch entstehen Bleiverbindungen im Abgas?
Zur Erhöhung der Klopffestigkeit werden den verbleiten Ottokraftstoffen Bleiverbindungen wie Bleitetraethyl und Bleitetramethyl zugemischt.

Welche Eigenschaften haben Bleiverbindungen?
Bleiverbindungen sind äußerst giftig.

Wodurch kann der Anteil an Bleiverbindungen im Abgas verringert werden?
1. Durch Verwendung von bleifreiem Kraftstoff
2. Durch Einbau von Bleifiltern
   Diese müssen anstelle der üblichen Schalldämpfer in die Auspuffanlage eingebaut werden. Die Bleifilter bewirken jedoch einen Leistungsverlust und eine Erhöhung des Kraftstoffverbrauchs. Deshalb werden sie nicht verwendet.

Welche Werte müssen bei der Abgassonderuntersuchung (ASU) geprüft werden?
1. CO-Gehalt im Abgas bei Leerlauf
2. Leerlaufdrehzahl
3. Zündzeitpunkt
4. Schließwinkel bei kontaktgesteuerten Zündanlagen

Wie groß darf der CO-Gehalt im Abgas höchstens sein?
Grenzwert 4,5 Vol. –% +1 Vol. –%.

Wie oft muß die Abgassonderuntersuchung durchgeführt werden?
Sie muß alle 12 Monate durchgeführt werden.

Welche Meßbedingungen sind bei der ASU-Prüfung zu beachten?
1. Motor betriebswarm (Öltemperatur mind. 60 °C)
2. Messung bei Leerlaufdrehzahl
3. Entnahmesonde mindestens 300 mm tief im Auspuffrohr

Wie erfolgt die gesetzlich vorgeschriebene Abgasprüfung für Neufahrzeuge?
Auf einem Leistungsprüfstand mit vorgegebenem Programm. Die hierbei ausgestoßenen Schadstoffe werden gemessen.

Welche Arten von Abgastests unterscheidet man?
1. Europa-Test, auch ECE-Test genannt.
2. US-Federal-Test, auch CVS-Test genannt.

Wie erfolgt die Auswertung dieser Abgastests?
Die mit Luft verdünnten Abgase werden untersucht und analysiert. Hierbei müssen die vorgeschriebenen Abgaswerte eingehalten werden, die US-Grenzwerte auch nach einer Fahrleistung von 50 000 Meilen.

2.19 Motorschmierung

Welche Aufgaben hat die Motorschmierung?

1. Eine Bewegung der gegeneinander gleitenden Flächen ermöglichen
2. Den Abrieb verringern

Welche Aufgaben haben die hierfür verwendeten Schmieröle?

Schmieröle sollen

1. schmieren	4. feinabdichten
2. kühlen	5. vor Korrosion schützen
3. reinigen	6. Geräusche dämpfen

Welche Reibungsarten unterscheidet man?

1. Gleitreibung
2. Rollreibung
3. Wälzreibung

Wo tritt Gleitreibung auf?

In Gleitlagern von Viertaktmotoren.

Wo tritt Rollreibung auf?

Bei kugel- oder rollengelagerten Zweitaktmotoren, sowie in allen Kugel- und Rollenlagern.

Wo tritt Wälzreibung auf?

In Getrieben und Achsantrieben.

Welche Gleitreibungsarten unterscheidet man?

1. Festkörperreibung, auch trockene Reibung genannt
2. Flüssigkeitsreibung, auch flüssige Reibung genannt
3. Mischreibung, auch halbflüssige Reibung genannt.

Wann tritt Festkörperreibung auf?

Bei unmittelbarer Berührung der beiden aufeinander gleitenden festen Körper. Dabei können örtlich sehr hohe Temperaturen auftreten, die zum Verschweißen der berührenden Teile führen. Es kommt zu erhöhtem Abrieb mit sehr hohen Lagertemperaturen. Dies führt zum „Fressen" der beiden Gleitstellen mit völliger Zerstörung des Lagers.

Was versteht man unter Flüssigkeitsreibung?

Hier berühren sich die beiden Körper überhaupt nicht mehr. Rauhigkeitsspitzen der Gleitflächen werden durch eine tragende flüssige oder auch gasförmige Zwischenschicht vollständig getrennt. Es findet lediglich eine Reibung innerhalb der Flüssigkeit oder des Gases statt.

Wie unterscheidet man die Schmierung nach dem Druckaufbau im Lager?
1. Hydrodynamische Schmierung
2. Hydrostatische Schmierung

Wie erfolgt der Druckaufbau bei der hydrodynamischen Schmierung?
Hier entsteht der erforderliche Druck zum Tragen der Welle durch entsprechend hohe Gleitgeschwindigkeit im Lager. Dies ist die im Kraftfahrzeugbau übliche Schmierung.

Wie erfolgt der Druckaufbau bei der hydrostatischen Schmierung?
Hier wird der Druck durch eine fremdangetriebene Pumpe erzeugt.

Was versteht man unter Mischreibung?
Bei der Mischreibung tritt gleichzeitig an manchen Stellen trockene Reibung und an anderen Stellen flüssige Reibung auf. Es hat sich noch kein zusammenhängender Schmierfilm gebildet.

Wann kann Mischreibung auftreten?
1. Bei langsamer Bewegung
2. Beim Anlaufen
3. Bei hoher Lagerbelastung

Welche Schmiersysteme werden im Motorenbau verwendet?
1. Mischungsschmierung
2. Frischölschmierung
3. Tauchschmierung
4. Druckumlaufschmierung
5. Trockensumpfschmierung

Erklären Sie die Wirkungsweise der Mischungsschmierung!
Bei dieser Schmierung wird das Öl dem Kraftstoff in einem bestimmten Verhältnis zugemischt. Die Mischungsschmierung kann nur für Zweitakt-Vergasermotoren mit Kurbelgehäusespülung verwendet werden. Das dem Benzin beigemischte Öl schmiert die Lagerstellen im Kurbelgehäuse, sowie Zylinder und Kolben. Der Ölnebel kann Reibungswärme nicht abführen. Deshalb werden Kurbelwellen- und Pleuellager der Zweitaktmotoren mit Mischungsschmierung stets als Wälzlager ausgeführt.

Wie ist das Mischungsverhältnis bei Mischungsschmierung?
1:20 bis 1:100, üblich 1:25 und 1:50, d. h. 1 Liter Öl kommt auf 25 bzw. 50 Liter Benzin.

Beschreiben Sie die Wirkungsweise der Frischölschmierung?
Eine Ölpumpe saugt Frischöl aus einem besonderen Ölbehälter und fördert es zu den verschiedenen Schmierstellen. Bei Zweitaktmotoren und Kreiskolbenmotoren kann Schmieröl über eine Öldosierpumpe dem Kraftstoff vor Eintritt in den Vergaser beigemischt werden.

Wie ist die Wirkungsweise der Tauchschmierung?
Bei der Tauchschmierung tragen die Pleuelfüße kleine Schöpfer oder die Kurbelzapfen Aussparungen. Diese tauchen in das Motoröl ein und schleudern es im Kurbelgehäuse umher. Dadurch werden Lager, Zylinder und Kolben geschmiert. Die Tauchschmierung wird nur noch zur Schmierung von kleinen Luftpressern bei Druckluftanlagen verwendet.

Wie ist die Druckumlaufschmierung aufgebaut?
Sie wird bei Viertaktmotoren am häufigsten verwendet. Die Ölpumpe saugt das Öl aus der Ölwanne an und drückt es durch Kanäle zu den Schmierstellen. Das zur Schmierung der Haupt- und Pleuellager benötigte Drucköl tritt seitlich an den Lagerstellen aus, nachdem es die Lager geschmiert hat. Durch die rasche Drehbewegung der Kurbelwelle wird dieses Öl im Kurbelgehäuse umhergeschleudert und schmiert so Zylinder, Kolben und Kolbenbolzen. Manche Pleuelstangen sind zur Schmierung des Kolbenbolzens hohlgebohrt oder haben eine außen angebrachte Rohrleitung. Das von den Lagern, Zylindern und Kolben herabtropfende Öl sammelt sich wieder in der Ölwanne. Diese besteht aus Stahlblech oder wegen der besseren Wärmeleitfähigkeit aus einer Leichtmetallegierung und wird vom Fahrtwind gekühlt. So kann man meist einen zusätzlichen Ölkühler einsparen. Der Öldruck beträgt bis zu 5 bar.

Wie ist die Trockensumpfschmierung aufgebaut?
Sie ist eine besondere Bauart der Druckumlaufschmierung und hat eine Saugpumpe und eine Druckpumpe. Die Druckpumpe drückt das Öl aus dem vom Motor getrennt angeordneten Ölbehälter zu den Schmierstellen des Motors. Die Schmierung des Motors erfolgt genauso wie bei der Druckumlaufschmierung. Das von den Schmierstellen abtropfende Öl sammelt sich an der tiefsten Stelle des Kurbelgehäuses im sog. Ölsumpf. Von dort wird es von der Saugpumpe abgesaugt und in den Ölbehälter gefördert.

Wo wird die Trockensumpfschmierung verwendet?
1. In Motoren von geländegängigen Fahrzeugen
2. In Unterflurmotoren
3. In Renn- und Sportmotoren

Welche Eigenschaften besitzt die Trockensumpfschmierung?
1. Kein Luftansaugen der Ölpumpe bei schneller Kurvenfahrt
2. Niedere Bauhöhe des Motors infolge Fehlens der Ölwanne
3. Beliebige Lage des Ölbehälters
4. Zusätzliche Ölkuhlung möglich
5. Aufwendiger und teurer
6. Koine Schaumbildung

Welche Ölpumpen werden in Fahrzeugmotoren verwendet?
1. Außenzahnradpumpe
2. Rotorpumpe
3. Innenzahnradpumpe

Wie ist die Außenzahnradpumpe aufgebaut?
Die beiden miteinander kämmenden außenverzahnten Stirnräder fördern das Öl in den Zahnlücken entlang der Gehäusewandung von der Saugseite zur Druckweite. Die Ölpumpe wirkt als Saug- und Druckpumpe und ist selbstansaugend.

Wie arbeitet die Rotorpumpe?
Die Rotorpumpe, auch Sternkolben-, Kapsel-, Eaton- oder Zahnringpumpe genannt, verwendet man für höhere Förderleistungen. Im Gehäuse der Pumpe drehen sich der innenverzahnte Außenrotor und der außenverzahnte Innenrotor. Dabei berühren sich die Zähne und dichten so den Saug- und Druckraum gegeneinander ab. Der angetriebene Innenrotor sitzt exzentrisch im Gehäuse und hat einen Zahn weniger als der Außenrotor. Drehen sich die Rotoren, entstehen Saugräume und Druckräume, d. h. die Pumpe saugt das Öl an und drückt es zu den Verbrauchern.

Wie ist die Innenzahnradpumpe aufgebaut?
Sie wird nach dem halbmondförmigen Füllstück auch Halbmondpumpe oder Sichelpumpe genannt und arbeitet nach dem gleichen Prinzip wie die Außenzahnradpumpe. Das Öl wird auf der Saugseite von den Zahnlücken mitgenommen und zur Druckseite gefördert. Das halbmondförmige Füllstück trennt den Saugraum vom Druckraum.

Welche Eigenschaften hat die Innenzahnradpumpe?
1. Sehr geräuscharm
2. Für hohe Drücke geeignet

Womit kann der Öldruck überwacht werden?
1. Öldruckmanometer
2. Öldruckkontrolleuchte

Welche Verunreinigungen können im Ölfilter festgehalten werden?
1. Staub
2. Metallabrieb
3. Ruß
4. Verbrennungsrückstände

Welche Arten von Filtern unterscheidet man?
1. Hauptstromfilter
2. Nebenstromfilter
3. Hauptstrom – Nebenstromfilter

Beschreiben Sie den Aufbau eines Hauptstromfilters!
Im Hauptstromfilter wird das gesamte von der Pumpe geförderte Öl gereinigt, bevor es an die Schmierstellen gelangt. Dadurch werden bereits beim ersten Durchgang des Öls verschleißerzeugende Teilchen festgehalten. Bei verstopftem Filter öffnet das Überströmventil und läßt das ungefilterte Öl direkt zu den Schmierstellen gelangen. Bei unzulässig hohem Überdruck öffnet das Überdruckventil und läßt das Öl in das Kurbelgehäuse zurückfließen. Vorwiegend werden Hauptstromfilter eingebaut.

Beschreiben Sie den Aufbau eines Nebenstromfilters!
Hier fließt nur ein Teil des Motoröls, etwa 5 ... 10 %, durch den Nebenstromfilter und von dort drucklos in die Ölwanne zurück. Der restliche Teil des Öls fließt ungefiltert direkt zu den Schmierstellen. Die gesamte Ölmenge wird somit erst nach einigen Ölumläufen vollständig durchgereinigt. Das Öl wird 5 ... 20 mal in der Stunde durch den Filter gedrückt. Nebenstromfilter allein werden nur noch selten verwendet.

Wie ist die Wirkungsweise eines Hauptstrom-Nebenstromfilters?
Bei dieser Filterart wird gleichzeitig ein Hauptstrom- und ein Nebenstromfilter als Kombinationsfilter verwendet. Dadurch erhält der Motor nur gereinigtes Öl. Bereits beim ersten Durchgang wird die Grobverschmutzung ausgefiltert, während die Feinverschmutzung im Nebenstromfilter ausgeschieden wird.

Welche Filterbauarten unterscheidet man?
1. Spaltfilter
2. Siebfilter
3. Feinfilter
4. Freistrahlzentrifuge
5. Magnetabscheider

Wie sind Spaltfilter aufgebaut?
Sie bestehen aus vielen aufeinandergeschichteten Stahllamellen mit sternartigen Zwischenlagen als Distanzscheiben. Die Schmutzteilchen setzen sich außen an den Kanten zwischen den einzelnen Lamellen ab. Ein kammähnlicher Abstreifer entfernt beim Drehen des Lamellenpakets die Schmutzteilchen. Spaltfilter werden für grobe Filterung als Vorfilter in den Hauptstrom eingebaut. Sie entfernen Schmutzteilchen bis zu 0,1 mm Größe.

Wie sind Siebfilter aufgebaut?
Die Siebe können als Siebscheiben, Siebmantel oder Siebstern ausgeführt sein. Der Filtereinsatz kann ausgebaut und mehrmals gereinigt werden. Siebfilter entfernen Schmutzteilchen bis zu 0,03 mm Größe.

Wie sind Feinfilter aufgebaut?
Sie werden aus einem spezialimprägnierten Papier hergestellt, das zur Vergrößerung der Filterfläche sternförmig gefaltet ist. Sie können auch als fasergefüllte Tiefenfilter mit ähnlicher Feinfilterwirkung hergestellt werden. Feinfilter entfernen Schmutzteilchen bis zu 0,005 mm Größe.

Worin besteht der Vorteil von Wechselfiltern?
Wechselfilter bestehen aus einem festverschlossenen Blechgehäuse mit einem sternförmig gefalteten Filtereinsatz. Bei Verschmutzung wird der komplette Filter ausgewechselt.

Wie arbeiten Freistrahlzentrifugen?
Sie können als Nebenstromfilter verwendet werden. Die in einem Gehäuse gelagerte Schleudertrommel wird durch den Rückstoß des aus zwei Düsen austretenden Ölstrahls in Drehung versetzt. Durch die Fliehkraft werden schwere Schmutzteilchen an die Innenwand geschleudert und setzen sich dort ab.

Wo werden Magnetabscheider eingebaut?
Magnetabscheider sind meist kleine Dauermagnete, die in der Ölablaßschraube oder im Gehäuse eingebaut sind. Der Magnet hält Eisenabrieb aus dem Öl fest.

Wie kann das Motoröl gekühlt werden?
1. Durch die Ölwanne, die vom Fahrtwind gekühlt wird
2. Durch Luftölkühler
3. Durch Wasserölkühler

Wie ist die Wirkungsweise des Luftölkühlers?
Luftölkühler werden vom Motoröl durchflossen, die Kühlluft nimmt die Wärme im Kühler auf und führt sie ab.

Beschreiben Sie den Aufbau eines Wasserölkühlers!
Wasserölkühler werden vorwiegend für größere wassergekühlte Motoren verwendet. Sie werden vom Motoröl durchströmt und vom Kühlwasser umspült. Dabei nimmt das Kühlwasser bei betriebswarmem Motor die Wärme vom Motoröl auf und führt sie ab. Bei kaltem Motor erwärmt sich das Kühlwasser rascher als das Motoröl und führt so dem Motoröl Wärme zu. Dadurch wird die Warmlaufphase verkürzt.

Wie groß ist der Ölverbrauch der Verbrennungsmotoren?
1. Bei Pkw-Motoren 0,25 ... 1.5 Liter auf 1 000 km Fahrstrecke
2. Bei Lkw-Motoren ca. 1 % des Kraftstoffverbrauchs

2.20 Motorkühlung

Warum müssen Verbrennungsmotoren gekühlt werden?
Zur Verhinderung einer Überhitzung der Motorbauteile und des Schmieröls muß etwa ein Drittel der zugeführten Kraftstoff-Energie ungenützt an die Umgebungsluft abgeführt werden.

Welche Aufgaben hat die Motorkühlung?
Die Motorkühlung soll
1. überschüssige Wärme des Motors ableiten
2. die vorgeschriebene Betriebstemperatur einhalten
3. den Schmierfilm vor Zersetzung und Verbrennung schützen
4. die unkontrollierte Selbstentzündung verhindern
5. zu starke Erwärmung der Frischgase verhindern, um einen guten Liefergrad zu erhalten

Welche Arten von Kühlung gibt es?
1. Luftkühlung
2. Flüssigkeitskühlung, meist auch Wasserkühlung genannt

Warum nennt man die Luftkühlung auch direkte Kühlung?
Die überschüssige Verbrennungswärme wird vom Motor direkt an die Umgebungsluft abgegeben.

Wodurch erreicht man bei der Luftkühlung eine rasche Wärmeabfuhr?
Zylinder und Zylinderkopf haben Kühlrippen zur Vergrößerung der Kühloberfläche. Wegen der besseren Wärmeleitfähigkeit werden Zylinder und Zylinderkopf meist aus Leichtmetall hergestellt.

Nennen Sie die Eigenschaften der Luftkühlung!
1. Einfache Bauweise
2. Kleiner Raumbedarf
3. Geringes Gewicht
4. Ungleichmäßige Kühlwirkung
5. Rasche Erwärmung und Abkühlung des Motors
6. Größeres Laufspiel der Kolben erforderlich
7. Starke Motorgeräusche
8. Unempfindlich und nahezu wartungsfrei
9. Kein Frostschutz erforderlich
10. Leistungsverlust bei Gebläseluftkühlung

Wie kann man die Luftkühlung nach der Luftzufuhr unterscheiden?
1. Fahrtwindkühlung
2. Gebläseluftkühlung

Wie ist die Wirkungsweise der Fahrtwindkühlung?
Zylinder und Zylinderkopf werden direkt vom Fahrtwind gekühlt. Die Kühlwirkung ist von der Fahrgeschwindigkeit abhängig. Bei niederer Geschwindigkeit ist die Kühlwirkung schlecht, deshalb werden Zylinder und Zylinderkopf oft sehr stark verrippt, um eine möglichst große Kühlfläche zu erhalten.

Wo wird die Fahrtwindkühlung verwendet?
Nur bei Krafträdern.

Bei welchen Motoren verwendet man die Gebläseluftkühlung?
1. Bei luftgekühlten Motoren, die nicht direkt im Fahrtwind liegen
2. Bei Mehrzylindermotoren

Welche Vorteile hat die Gebläseluftkühlung?
Der Gebläseluftstrom verhindert eine Überhitzung des Motors auch bei stehendem Fahrzeug und bei niederer Geschwindigkeit.

Wie wird das Gebläse angetrieben?
Bei kleinen Motoren meist von der Motorkurbelwelle direkt, bei größeren Motoren über Keilriemen.

Wodurch erreicht man eine gleichmäßige Kühlwirkung aller Zylinder?
Durch Luftleitbleche, die den Gebläseluftstrom zu jedem Zylinder führen. Häufig wird noch eine thermostatisch gesteuerte Klappe eingebaut. Diese regelt die Luftzufuhr. Dadurch erreicht der Motor rasch seine Betriebstemperatur.

Welche Gebläsearten können verwendet werden?
1. Axialgebläse
2. Radialgebläse

Wie ist die Wirkungsweise der Axialgebläse?
Axialgebläse saugen die Kühlluft in Achsrichtung an und drücken sie in Achsrichtung weiter.

Wie ist die Wirkungsweise der Radialgebläse?
Radialgebläse saugen Kühlluft in Achsrichtung an, drücken sie jedoch radial weiter. Man nennt sie deshalb auch Zentrifugal-, Kreisel- oder Schleudergebläse. Für gebläsegekühlte Motorrad- und Einbaumotoren werden fast ausschließlich Radialgebläse verwendet.

Warum nennt man die Flüssigkeitskühlung auch indirekte Kühlung?
Die überschüssige Verbrennungswärme wird vom Motor zunächst an die Kühlflüssigkeit und dann über den Flüssigkeitskühler an die Umgebungsluft abgegeben.

Wie sind Zylinder und Zylinderkopf bei flüssigkeitsgekühlten Motoren gebaut?
Sie sind doppelwandig gebaut, der Hohlraum ist mit Kühlflüssigkeit gefüllt.

Nennen Sie die Eigenschaften der Flüssigkeitskühlung!

1. Aufwendige Bauweise
2. Großer Raumbedarf
3. Großes Gewicht
4. Gleichmäßige Kühlwirkung
5. Langsame Erwärmung und Abkühlung des Motors
6. Gleichmäßige Motortemperatur
7. Höhere Verdichtung möglich
8. Gute Geräuschdämpfung durch Wassermantel
9. Empfindlich und wartungsbedürftig
10. Frost- und Korrosionsschutz erforderlich
11. Leistungsverlust durch Wasserpumpe und Lüfter

Wie unterteilt man die Flüssigkeitskühlung nach der Bewegung der Kühlflüssigkeit?

1. Verdampfungskühlung
2. Wärmeumlaufkühlung
3. Pumpenumlaufkühlung

Wie ist die Wirkungsweise der Verdampfungskühlung?
Der Motorzylinder ist vom Wasser umspült. Das Wasser nimmt die Wärme vom Motor auf, verdampft und gibt die Wärme an die Umgebungsluft ab. Die Verdampfungskühlung benötigt keinen Kühler, es muß lediglich Kühlwasser nachgefüllt werden. Sie wird z. T. noch bei Stationärmotoren verwendet.

Wie ist die Wirkungsweise der Wärmeumlaufkühlung?
Warmes Wasser besitzt eine kleinere Dichte als kaltes, es ist leichter. Bei der Wärmeumlaufkühlung, auch Thermosyphonkühlung genannt, verwendet man diesen Dichteunterschied zur Zirkulation der Kühlflüssigkeit. Die im Zylinderblock erwärmte Flüssigkeit steigt nach oben, strömt zum Kühler, wird dort von der Umgebungsluft abgekühlt, sinkt im Kühler nach unten und fließt von unten in den Zylinderblock. Eine Zirkulation der Kühlflüssigkeit kann nur bei geschlossenem Kreislauf erfolgen, der Kühler muß also ständig gefüllt sein. Die Umlaufgeschwindigkeit der Kühlflüssigkeit ist gering, deshalb sind große Leitungsquerschnitte und ein großer Kühler erforderlich. Eine Wasserpumpe ist nicht vorhanden. Die Wärmeumlaufkühlung wird nur noch selten verwendet.

Wodurch kann die Wärmeumlaufkühlung versagen?
Durch zu wenig Kühlflüssigkeit, d. h. bei unterbrochener Zirkulation.

Wie ist die Wirkungsweise der Pumpenumlaufkühlung?
Die vom Motor über Keilriemen angetriebene Wasserpumpe ist in die Rücklaufleitung vom Kühler zum Zylinderblock eingebaut. So fördert die Pumpe nur abgekühlte Flüssigkeit. Dadurch wird Dampfblasenbildung verhindert. Die Umlaufgeschwindigkeit der Kühlflüssigkeit ist durch die Wasserpumpe erheblich größer. Dies ergibt eine bessere Kühlwirkung. Dadurch können kleinere Leitungsquerschnitte und ein kleinerer Kühler verwendet werden. Die Pumpenumlaufkühlung wird heute vorwiegend angewendet.

Welche Aufgabe hat der Kühler?
Er überträgt die von der Kühlflüssigkeit aufgenommene überschüssige Wärmemenge des Motors an die Luft.

Weshalb verwendet man nur noch das geschlossene Kühlsystem?
Bei Fahrten im Gebirge verdampft bei einem offenen Kühlsystem die Kühlflüssigkeit bereits bei Temperaturen weit unter 100 °C. Um dies zu verhindern, verwendet man das geschlossene Kühlsystem, auch Überdruckkühlsystem genannt. Durch den festgelegten Überdruck von 0,5 ... 1,0 bar erreicht man, daß die Kühlflüssigkeit erst bei 110 ... 120 °C zu kochen beginnt.

Wodurch erreicht man den vorgeschriebenen Überdruck im Kühlsystem?
Durch den Kühlerverschlußdeckel, der als Überdruck- und Unterdruckventil gebaut ist.

Wie ist die Wirkungsweise des Kühlerverschlußdeckels?
Das Überdruckventil im Kühlerverschlußdeckel verschließt die Öffnung zum Überlaufrohr bis zu einem festgelegten Überdruck von 0,5 ... 1,0 bar. Dadurch erreicht man, daß die Kühlflüssigkeit erst bei einer Temperatur von 110 ... 120 °C zu kochen beginnt. Entsteht im Kühler durch Abkühlung Unterdruck, würden die Kühlwasserschläuche zusammengedrückt. In diesem Fall öffnet das Unterdruckventil und stellt den Druckausgleich zwischen Kühler und Außenluft her.

Aus welchen Teilen besteht der Kühler?
Aus dem Kühlnetz, auch Kühlerblock genannt, den Seitenteilen und dem oberen und unteren Wasserkasten.

Aus welchen Werkstoffen besteht der Kühler?
Für Kühlnetze werden Messing, Kupfer und Aluminium verwendet, für Wasserkästen Messing, Kupfer und Kunststoff. Die Wasserkästen aus Kunststoff werden mit einer elastischen Formdichtung über das Kühlnetz aus Aluminium gestülpt und die Teile miteinander verklammert oder verklebt.

Welche Bauarten von Kühlern unterscheidet man?
1. Wellrippenrohrkühler
2. Flachrippenrohrkühler
3. Rundrohrkühler

Wie unterscheidet man die Kühler nach der Strömungsrichtung der Kühlflüssigkeit?
1. Fallstromkühler
2. Querstromkühler

Wie ist der Wellrippenrohrkühler aufgebaut?
Der obere Wasserkasten ist durch viele Röhren von länglichem oder ovalem Querschnitt mit dem unteren Wasserkasten verbunden. Zur Vergrößerung der Kühlfläche befinden sich gewellte Rippen zwischen den senkrechten Wasserröhren und sind mit diesen verlötet. Der Wellrippenrohrkühler wird heute überwiegend verwendet.

Wie ist der Flachrippenrohrkühler aufgebaut?
Hier werden ebene, flache Rippen über die länglichen oder ovalen Wasserröhren geschoben. Diese Kühler sind sehr robust und widerstandsfähig und werden deshalb meist in Nutzfahrzeugen eingebaut.

Wie ist der Rundrohrkühler aufgebaut?
Der Rundrohrkühler besitzt kreisrunde Wasserröhren. Zur Vergrößerung der Kühlfläche werden ebene Kühlrippen über die Wasserröhren geschoben und durch Aufweiten der Rohre befestigt oder angelötet.

Beschreiben Sie die Wirkungsweise des Querstromkühlers!
Bei dieser Kühlerbauart fließt die Kühlflüssigkeit nicht direkt von oben nach unten wie beim Fallstromkühler, sondern durch waagrechte Rohre. Querstromkühler werden für Fahrzeuge mit geringer Motorbauhöhe verwendet. Meist haben sie zusätzlich einen Ausgleichsbehälter zum Ausgleich der Wärmeausdehnung der Kühlflüssigkeit.

Was will man durch eine Regelung der Kühlflüssigkeitstemperatur erzielen?
1. Rasches Erreichen der Betriebstemperatur des Motors
2. Konstante Betriebstemperatur unabhängig von Außentemperatur, Fahrgeschwindigkeit und Motorbelastung.

Wie kann die Temperatur der Kühlflüssigkeit geregelt werden?
1. Wasserseitige Regelung
2. Luftseitige Regelung
3. Wasser- und luftseitige Regelung

Wodurch erfolgt die wasserseitige Regelung der Kühlflüssigkeitstemperatur?
Durch Kühlwasserthermostate, auch Kühlwasserregler genannt.

Welche Aufgaben besitzen Kühlwasserthermostate?
1. Die Kühlflüssigkeit des Motors rasch auf Betriebstemperatur bringen
2. Die Temperatur der Kühlflüssigkeit konstant halten

Welche Arten von Kühlwasserthermostaten unterscheidet man?
1. Faltenbalg-Thermostat
2. Dehnstoff-Thermostat

Wie arbeitet der Faltenbalg-Thermostat?
Der Faltenbalg-Thermostat besteht auf einem dicht verschlossenen, ziehharmonikaartigen Faltenbalg aus dünnem Messingblech. Er ist mit vergälltem Alkohol gefüllt. Diese leichtsiedende Flüssigkeit dehnt sich bei Erwärmung stark aus und öffnet ein Tellerventil. Dadurch wird der Durchfluß der Kühlflüssigkeit vom Motor zum Kühler freigegeben. Beim Überdruckkühlsystem ist der Druck in der Kühlflüssigkeit von der Temperatur der Kühlflüssigkeit abhängig. Die Öffnung des Thermostats erfolgt jedoch durch den Dampfdruck des Alkohols. Somit wird die thermostatische Regelung durch den statischen Druck in der Kühlflüssigkeit verändert. Deshalb eignet sich der Faltenbalg-Thermostat nicht für moderne Flüssigkeitskühlungen, sondern nur für luftgekühlte Motoren.

Wie arbeitet der Dehnstoff-Thermostat?
Der Dehnstoff-Thermostat, auch Wachs-Thermostat genannt, ist dem statischen Druck gegenüber unempfindlich. Deshalb verwendet man ihn für das Überdruckkühlsystem. Ein wachsartiger Dehnstoff schmilzt im Regelbereich und dehnt sich dabei stark aus. Bei Erreichen der vorgegebenen Kühlflüssigkeitstemperatur drückt der Dehnstoff einen Kolben nach außen und öffnet das Kühlwasserventil. Bei sinkender Kühlflüssigkeitstemperatur schließt eine Feder das Kühlwasserventil.

Beschreiben Sie die Wirkungsweise eines Kühlwasserreglers mit gesteuertem Kurzschluß!
Dieser meist verwendete Kühlwasserregler (Dehnstoff-Thermostat) besitzt ein Wechselventil, auch Doppelventil genannt. Ist die Betriebstemperatur noch nicht erreicht, bleibt das Ventil zum Kühler geschlossen und die Kühlflüssigkeit fließt über die geöffnete Kurzschlußleitung direkt in den Motor zurück. Dies nennt man den kleinen Kreislauf. Dadurch kommt der Motor rasch auf Betriebstemperatur. Kurz vor Erreichen der Betriebstemperatur öffnet der Thermostat das Ventil zum Kühler und schließt das Kurzschlußventil. Jetzt zirkuliert die gesamte Kühlflüssigkeit im großen Kreislauf.

Welche Wasseranschlüsse hat der Kühlwasserregler mit gesteuertem Kurzschluß?
1. Wasseranschluß vom Motor
2. Wasseranschluß zum Kühler
3. Kurzschlußleitung

Bei welcher Temperatur öffnet der Thermostat?
Bei 75 ... 90 °C je nach Auslegung.

Wie hoch ist die Betriebstemperatur der Kühlflüssigkeit?
80 ... 95 °C.

Nennen Sie die Arten der luftseitigen Regelung der Kühlflüssigkeitstemperatur!
1. Kühlerjalousie
2. Elektrisch angetriebener Lüfter
3. Elektromagnetische Lüfterkupplung
4. Mechanische Lüfterkupplung
5. Hydrodynamische Lüfterkupplung
6. Thermostatische Verstellung der Lüfterblätter
7. Hydrostatischer Lüfterantrieb

Welche Vorteile haben elektrisch angetriebene Lüfter?
1. Das Ein- und Ausschalten des Elektromotors erfolgt durch einen Thermoschalter.
2. Der Lüfter läuft nur so lange, bis die Temperatur der Kühlflüssigkeit wieder gefallen ist.
3. Kein zusätzlicher Keilriemenantrieb erforderlich
4. Der Wasserkühler kann unabhängig vom Motor an geeigneter Stelle eingebaut werden

Welche Aufgabe hat der Lüfter?
Der Lüfter soll dem Wasserkühler genügend Kühlluft zuführen, auch wenn das Fahrzeug langsam fährt oder steht.

Welche Vorteile bringen zu- und abschaltbare Lüfter?
1. Zuschaltung erfolgt nur, wenn Betriebstemperatur überschritten wird
2. Abschaltung erfolgt, wenn der Fahrtwind zur Motorkühlung ausreicht
3. Rascheres Erreichen der Betriebstemperatur
4. Geringerer Kraftstoffverbrauch
5. Höhere Antriebsleistung bei abgeschaltetem Lüfter
6. Geringere Lärmbelästigung bei abgeschaltetem Lüfter

Beschreiben Sie die Wirkungsweise der mechanischen Lüfterkupplung!
Ein Thermoelement ist hinter dem Kühler in die Lüfternabe eingebaut. Bei Erwärmung dehnt sich das Paraffin im Thermoelement aus und drückt den Kupplungsbelag gegen die Kupplungstrommel. Dadurch wird der Lüfterflügel kraftschlüssig mit der Keilriemenscheibe verbunden.

Wie arbeitet die hydrodynamische Lüfterkupplung?
Die hydrodynamische Lüfterkupplung verwendet Silikonöl oder ein anderes Öl, um das Drehmoment temperaturabhängig von der Keilriemenscheibe auf den Lüfterflügel zu übertragen. Die hinter dem Wasserkühler austretende Kühlluft wird als Temperaturgeber benützt. Ein Bimetall-Steuerelement oder ein Thermostat läßt entsprechend dem Kühlluftbedarf Öl in den Arbeitsraum strömen. Dadurch wird die Lüfterdrehzahl dem Luftbedarf angepaßt. Die hydrodynamische Lüfterkupplung wird auch als Visco-Kupplung oder Viskoselüfter bezeichnet.

Wie ist der Aufbau eines hydrostatischen Lüfterantriebs?
Eine Druckölpumpe treibt den Ölmotor mit dem darauf befestigten Lüfterflügel an. Ein thermostatgesteuerter Regler öffnet und schließt den Zulauf zum Ölmotor.

Welchen Vorteil erbringt der hydrostatische Lüfterantrieb?
Die Kühlergruppe kann unabhängig vom Motor an der günstigsten Stelle eingebaut werden.

Wo wird der hydrostatische Lüfterantrieb verwendet?
Bei Unterflur- und Heckmotoren, sofern der Wasserkühler nicht in unmittelbarer Nähe des Motors eingebaut werden kann.

Welche Anzeigegeräte für die Kühlflüssigkeitstemperatur gibt es?
1. Kühlflüssigkeits-Fernthermometer
2. Kühlflüssigkeitstemperatur-Warnleuchte

Wie kann das Kühlsystem auf Dichtheit überprüft werden?
Das Kühlsystem wird mit einem Druckprüfgerät mit einem Überdruck von 1,0 ... 1,5 bar abgepreßt.

Aus welchen Bestandteilen setzt sich das Frostschutzmittel zusammen?
1. Glykole, meist Äthylenglykol $C_2 H_6 O_2$
2. Zusätze von Korrosionsschutzstoffen

Wie kann der Frostschutzmittelanteil in der Kühlflüssigkeit ermittelt werden?
1. Mit einer Meßspindel, auch Senkwaage oder Aräometer genannt.
2. Mit einem Frostschutztester

Welche Folgen kann ein gerissener Keilriemen im Fahrbetrieb ergeben?
Treibt der Keilriemen die Wasserpumpe oder das Kühlgebläse an, darf bei gerissenem Keilriemen nicht weitergefahren werden, da sonst der Motor in kürzester Zeit überhitzt wird.

Welche Folgen hat ein ungenügend gespannter Keilriemen?
1. Hoher Keilriemenverschleiß infolge Durchrutschens
2. Z. T. starke Quietschgeräusche beim Durchrutschen des Keilriemens
3. Generator, Wasserpumpe und Lüfterflügel haben kleinere Drehzahl, dadurch geringere Aufladung der Batterie und geringere Kühlwirkung
4. Bei hohem Stromverbrauch wird die Batterie entladen

Was versteht man unter einer Überkühlung des Motors?
Der Motor wird zu stark gekühlt, er erreicht seine Betriebstemperatur nicht.

Wie wirkt sich eine Überkühlung aus?
Der Motor wird in zu kaltem Zustand betrieben, am kalten Zylinderkopf und an den kalten Zylinderwänden kondensiert Kraftstoff.

Welche Folgen hat eine Überkühlung des Motors?
1. Schmierölverdünnung
2. Erhöhter Kraftstoffverbrauch
3. Höherer Motorverschleiß

Was versteht man unter einer Unterkühlung des Motors?
Der Motor wird nicht genügend gekühlt, die Betriebstemperatur wird überschritten.

Wie wirkt sich eine Unterkühlung aus?
Der Motor wird bei zu hoher Temperatur betrieben. Dadurch werden Kolben, Zylinder und Lager sowie das Motoröl übermäßig erhitzt. Dies führt zum „Fressen“ der Kolben und zu Lagerschäden.

Was versteht man unter der Innenkühlung?
Die Vergasung des flüssigen Kraftstoffs erfordert Wärme. Diese wird der Umgebung entzogen. Dadurch wird der Motor im Verbrennungsraum nicht so heiß und man spricht von einer sog. Innenkühlung. Kraftstoffe mit einer höheren Verdampfungswärme wie z. B. Alkohol verbessern die Innenkühlung und ermöglichen dadurch eine höhere Verdichtung.

3 Kraftübertragung

3.1 Antriebsarten

Welche Antriebsarten unterscheidet man?

1. Hinterradantrieb
2. Vorderradantrieb
3. Allradantrieb

Welche Bauarten gibt es beim Hinterradantrieb?

1. Standard-Bauweise
2. Transaxle-Antrieb
3. Mittelmotor-Antrieb
4. Unterflurmotor-Antrieb
5. Heckantrieb

Was versteht man unter der Standard-Bauweise?

Der Motor ist meist unmittelbar hinter der Vorderachse oder über derselben angeordnet und treibt über Kupplung, Getriebe und Gelenkwelle die Hinterräder an.

Welche Eigenschaften hat die Standard-Bauweise?

1. Alle Räder sind gleichmäßig belastet, dadurch ergibt sich eine gute Bodenhaftung für das ganze Fahrzeug
2. Durch den im Fahrtwind liegenden Motor ergeben sich günstige Verhältnisse für die Kühlung des Motors
3. Das Getriebe läßt sich vom Fahrersitz aus unmittelbar schalten, da Kupplung und Wechselgetriebe an den Motor angebaut sind
4. Der vornliegende Motor bietet den Innsassen des Fahrzeuges bei einem Zusammenstoß einen gewissen Schutz
5. Störender Gelenkwellentunnel im Fahrzeuginnenraum

Was versteht man unter dem Transaxle-Antrieb?

Der Motor ist wie beim Standard-Antrieb über der Vorderachse eingebaut. Das Getriebe befindet sich unmittelbar vor der Hinterachse und bildet meist mit dem Ausgleichsgetriebe eine Einheit. Die Kupplung kann am Motor oder am Getriebe angebaut sein.

Welche Eigenschaften hat der Transaxle-Antrieb?

1. Bessere Achslastverteilung
2. Kleineres Drehmoment an der Gelenkwelle
3. Hohe Gelenkwellendrehzahl (= Motordrehzahl)
4. Bei stehendem Fahrzeug läuft die Gelenkwelle mit Motordrehzahl

Was versteht man unter dem Mittelmotor-Antrieb?
Der Motor befindet sich vor der Hinterachse.

Welche Eigenschaften hat der Mittelmotor-Antrieb?
1. Günstige Achslastverteilung, auch bei Zuladung.
2. Motor befindet sich unmittelbar hinter dem Fahrer, daher Abkapselung und Geräuschdämmung erforderlich.
3. Schlechter Zugang zum Motor für Wartungs- und Instandsetzungsarbeiten
4. Wird wegen dem Platz für den Motor meist nur als Zweisitzer gebaut
5. Kleiner Kofferraum
6. Für Sport- und Rennwagen

Was versteht man unter dem Unterflurmotor-Antrieb?
Der Motor ist tiefliegend zwischen Vorder- und Hinterachse eingebaut.

Welche Eigenschaften hat der Unterflurmotor-Antrieb?
1. Fahrerkabine entfernt vom Motor, deshalb keine Lärmbelastung
2. Tiefliegender Schwerpunkt
3. Günstige Achslastverteilung
4. Günstige Raumausnutzung
5. Für Nutzfahrzeuge und Omnibusse

Was versteht man unter dem Heckantrieb?
Der Motor ist über oder hinter der Hinterachse angeordnet und treibt die Hinterräder an. Diese Bauart müßte korrekterweise „Hecktriebler" genannt werden. Eine besondere Art von Heckantrieb findet man bei Gliederbussen. Hier kann der Motor mit Getriebe und Ausgleichsgetriebe im Heck des Anhängers eingebaut sein.

Welche Eigenschaften hat der Heckantrieb?
1. Kein störender Gelenkwellentunnel im Innenraum
2. Aufwendige Gestängeschaltung erforderlich
3. Große Belastung der Hinterachse
4. Ungleiche Achslastverteilung beeinflußt das Fahrverhalten in Kurven und bei Seitenwind
5. Gute Bodenhaftung der angetriebenen Hinterräder
6. Geringer Gepäckraum

Was versteht man unter dem Vorderradantrieb?
Bei dieser Bauart ist der Motor vor, über oder hinter der Vorderachse eingebaut und zwar in Quer- oder Längsrichtung. Fahrzeuge mit Vorderradantrieb müßten korrekterweise „Fronttriebler" genannt werden.

Welche Eigenschaften hat der Vorderradantrieb?
1. Kein störender Gelenkwellentunnel im Innenraum
2. Gutes Fahrverhalten bei Kurvenfahrt und Straßenglätte
3. Geringere Bodenhaftung der Antriebsräder bei Steigungen
4. Größere Lenkkräfte erforderlich
5. Aufwendige Kraftübertragung zum Antrieb der gelenkten Vorderräder
6. Großer Gepäckraum

Welche Fahrzeuge haben Allradantrieb?
Kraftfahrzeuge, die in sehr unebenem Gelände eingesetzt werden, sowie Abschleppfahrzeuge und Militärfahrzeuge haben meist Allradantrieb. Ebenso können sportliche Fahrzeuge Allradantrieb besitzen.

Wie erfolgt die Kraftübertragung beim Allradantrieb?
Sie erfolgt vom Motor über Kupplung, Schaltgetriebe zum Verteilergetriebe und von diesem mit je einer Gelenkwelle zu den Ausgleichsgetrieben der Vorderachse und der Hinterachse.

Warum benötigen Fahrzeuge mit Allradantrieb ein Verteilergetriebe?
Verteilergetriebe übertragen das Motordrehmoment auf alle angetriebenen Achsen. Der Vorderradantrieb oder der Hinterradantrieb kann häufig abgeschaltet werden.

Weshalb müssen allradgetriebene Fahrzeuge auch ein Ausgleichsgetriebe für den Längsausgleich haben?
Vorderachse und Hinterachse legen bei Kurvenfahrt unterschiedliche Wegstrecken zurück. Diese müssen durch ein zusätzliches Längsausgleichsgetriebe ausgeglichen werden. Der Längsausgleich kann bei Geländefahrten gesperrt werden.

Welche Arten von Allradantrieb unterscheidet man?
1. Zuschaltbarer Allradantrieb
2. Permanenter Allradantrieb (nur für Pkw)

Wie kann die Zuschaltung des Allradantriebs erfolgen?
1. Von Hand (manuell)
2. Automatisch (z. B. 4MATIC von DB)

Welche Eigenschaften hat der Allradantrieb?
1. Gute Übertragung der Antriebskraft auch im Gelände
2. Bei abgeschalteter Vorderachse normaler Hinterradantrieb
3. Aufwendige Bauweise
4. Für Geländefahrzeuge, Abschleppfahrzeuge, Militärfahrzeuge und sportliche Fahrzeuge.

3.2 Kupplung

Welche Aufgaben hat die Kupplung?
1. Die Kurbelwelle des Motors mit dem Schaltgetriebe lösbar und elastisch verbinden
2. Das Drehmoment des Motors beim Anfahren durch Schlupf verkleinern und dadurch ein ruckfreies Anfahren ermöglichen
3. Das Drehmoment des Motors während der Fahrt auf das Getriebe übertragen
4. Motor bzw. Getriebe gegen Überlastung sichern
5. Auftretende Schwingungen dämpfen

Weshalb benötigt man zum Anfahren eine Kupplung?
Weil der Motor erst ab einer bestimmten Drehzahl das zum Anfahren erforderliche Drehmoment abgibt. Deshalb muß der Motor beim Anfahren auf diese Drehzahl gebracht werden.

Weshalb benötigt man zum Schalten eine Kupplung?
Die Zahnräder lassen sich nur in unbelastetem Zustand schalten. Deshalb muß der Kraftfluß vom Motor zum Getriebe während des Schaltvorgangs unterbrochen werden.

Welche Arten von Kupplungen unterscheidet man?
1. Reibungskupplung
2. Magnetpulverkupplung
3. Flüssigkeitskupplung

Wie erfolgt die Kupplungsbetätigung bei der Reibungskupplung?
1. Mechanisch mit Seilzug oder Gestänge
2. Hydraulisch mit Geber- und Nehmerzylinder
3. Pneumatisch mit Druckluft oder Saugluft
4. Elektromagnetisch
5. Durch Fliehkraft

Welche Arten von Reibungskupplungen unterscheidet man?
1. Einscheibenkupplung mit Schraubenfedern
2. Einscheibenkupplung mit Membranfeder
3. Zweischeibenkupplung mit Schraubenfedern
4. Zweischeibenkupplung mit Membranfeder
5. Mehrscheibenkupplung mit Schraubenfedern, auch Lamellenkupplung genannt

Wie ist die Wirkungsweise der Reibungskupplung in eingekuppeltem Zustand?

Die Kupplungsfedern pressen die Druckplatte auf die Kupplungsscheibe und diese auf die Schwungscheibe. Dadurch wird die Schwungscheibe kraftschlüssig mit der Kupplungsscheibe und der Kupplungswelle verbunden.

Wie ist die Wirkungsweise der Reibungskupplung in ausgekuppeltem Zustand?

Beim Auskuppeln wird die Druckplatte gegen die Federkraft zurückgezogen. Die Kupplungsscheibe kann frei laufen und die Kraftübertragung ist unterbrochen.

Was versteht man unter dem Lüftungsspiel?

Der Abstand zwischen Kupplungsbelag und Schwungscheibe bzw. Druckplatte beträgt je 0,3 ... 0,5 mm. Die Kupplungsscheibe hat somit ein Lüftungsspiel von 0,6 ... 1,0 mm.

Wie ist eine Zweischeibenkupplung aufgebaut?

Sie hat außer den Teilen der Einscheibenkupplung noch eine zweite Kupplungsscheibe und dazwischen eine Kupplungstreibscheibe, auch Zwischenscheibe genannt.

Welche Eigenschaften hat die Zweischeibenkupplung gegenüber der Einscheibenkupplung?

1. Doppelt so großes übertragbares Drehmoment
2. Gleiche Anpreßkraft der Druckfedern
3. Doppeltes Lüftungsspiel von 1,2 ... 2,0 mm
4. Doppelter Ausrückweg
5. Muß öfter nachgestellt werden

Worin unterscheidet sich die Membranfederkupplung von der Schraubenfederkupplung?

Die Membranfederkupplung hat anstelle der Schraubenfedern eine zentral gelagerte Membranfeder, auch Tellerfeder genannt.

Welche Eigenschaften haben Membranfederkupplungen?

1. Einfache Bauweise
2. Unempfindlich gegen höhere Drehzahl
3. Gleiche Anpreßkraft bei kleineren Abmessungen
4. Keine Ausrückhebel, dadurch weniger Verschleißteile
5. Die dickere Druckplatte kann mehr Reibungswärme aufnehmen
6. Weiches und ruckfreies Auskuppeln
7. Weiches und ruckfreies Einkuppeln
8. Kleinere Pedalkraft

Erklären Sie die Federkennlinie der Kupplungsfedern!
Die Membranfeder wird mit zunehmendem Ausrückweg weicher. Die Schraubenfeder dagegen hat eine lineare Federkennlinie, mit zunehmendem Ausrückweg wird die erforderliche Ausrückkraft immer größer.

Wo werden Mehrscheibenkupplungen verwendet?
1. Bei Motorrädern
2. In halbautomatischen Getrieben
3. In vollautomatischen Getrieben

Wie können Mehrscheibenkupplungen ausgeführt sein?
1. Als Lamellentrockenkupplung
2. Als Lamellennaßkupplung (im Ölbad laufend)

Welche Eigenschaften haben Mehrscheibenkupplungen?
1. Kleinerer Durchmesser
2. Greifen weich
3. Neigen im kalten Zustand zum Kleben
4. Geringer Verschleiß bei Lamellennaßkupplungen

Aus welchen Teilen besteht die Einscheibenkupplung?
1. Kupplungsdeckel mit Druckplatte
2. Kupplungsscheibe mit Kupplungsbelag
3. Kupplungsdrucklager

Wozu dient der Kupplungsdeckel?
Bei der Schraubenfederkupplung zur Aufnahme der Kupplungsdruckplatte, der Kupplungsdruckfedern und der 3 Ausrückhebel.
Bei der Membranfederkupplung zur Aufnahme der Kupplungsdruckplatte und der Membranfeder.
Der Kupplungsdeckel ist mit der Schwungscheibe verschraubt.

Welche Arten von Kupplungsdeckeln unterscheidet man?
1. Kupplungsdeckel mit Schraubenfeder (Schraubenfederkupplung)
2. Kupplungsdeckel mit Membranfeder (Membranfederkupplung)

Welche Aufgabe hat die Kupplungsdruckplatte?
In eingekuppeltem Zustand drückt sie die Kupplungsscheibe gegen die Reibfläche der Schwungscheibe. Die Anpreßkraft wird von den einstellbaren Druckfedern oder von der Membranfeder erzeugt.

Aus welchem Werkstoff besteht die Druckplatte?
Aus Gußeisen, Temperguß oder Stahlguß.

Wie ist die Kupplungsscheibe aufgebaut?
Die Kupplungsscheibe, auch Mitnehmerscheibe genannt, ist beidseitig mit einem Kupplungsbelag versehen.

Welche Arten von Kupplungsscheiben unterscheidet man?
1. Starre Kupplungsscheibe
2. Elastische Kupplungsscheibe
3. Kupplungsscheibe mit Torsiondämpfer

Wie ist die starre Kupplungsscheibe aufgebaut?
Sie besteht aus der Nabe und dem Trägerblech mit den beiden aufgenieteten Kupplungsbelägen.

Wie ist die elastische Kupplungsscheibe aufgebaut?
Die beiden Kupplungsbeläge sind auf Federblechsegmente oder Federzwischenlagen aufgenietet, die eine Axialfederung von 0,6 ... 1,2 mm ermöglichen. Dies bewirkt eine gleichmäßige Verteilung der Anpreßkraft und ein weiches Anfahren.

Erklären Sie den Aufbau der Kupplungsscheibe mit Torsionsdämpfer!
Diese Kupplungsscheibe hat eine Torsionsfederung und eine Reibungsdämpfung. Die Torsionsfedern ermöglichen eine vorgegebene Verdrehung zwischen Nabe und Belag. Reibscheiben in der Nabe dämpfen die entstehenden Drehschwingungen.

Welche Eigenschaften haben Kupplungsscheiben mit Torsionsdämpfer?
1. Dröhn- und Rasselgeräusche werden beseitigt
2. Der gesamte Fahrzeugantrieb wird weicher
3. Das Ausschlagen der Antriebsteile wird verringert

Wie ist der Kupplungsbelag auf der Kupplungsscheibe befestigt?
1. Aufgenietet (bei Einscheiben und Zweischeibenkupplungen)
2. Aufgeklebt (bei Mehrscheiben-Lamellenkupplungen)
3. Aufgesintert (bei Mehrscheiben-Lamellenkupplungen)

Woraus besteht der Kupplungsbelag?
Es werden vorwiegend organische Beläge auf Kunststoffbasis mit Kohlenstoffasern und Glasfasern verwendet. Füllstoffe sind Messing, Zink, Stahl oder Leichtmetall in Form von Drähten, Spänen oder Wolle.

Wie kann der Kupplungsbelag verarbeitet sein?
Gewebt, gewickelt oder gepreßt.

Wo werden diese Kupplungsbeläge verwendet?
Gewebte Beläge bei Lkw und Omnibussen, da sehr verschleißfest.
Gewickelte Beläge bei Pkw, da sehr reißfest (hier treten große Fliehkräfte infolge der hohen Motordrehzahlen auf).

Welche Eigenschaften muß der Kupplungsbelag haben?

1. Verschleißfest
2. Hitzebeständig
3. Elastisch
4. Möglichst gleichbleibender Reibwert
5. Große Reißfestigkeit wegen der Fliehkräfte
6. Möglichst unempfindlich gegen Wasser und Öl

Was versteht man unter einer Ceram-Scheibe?

Hier sind anstelle der üblichen Reibbeläge runde metallkeramische Reibplättchen paarweise aufgenietet.

Wo werden Ceram-Scheiben verwendet?

In Kupplungen von schweren Nutzfahrzeugen und Planierraupen.

Welche Eigenschaften haben Ceram-Scheiben?

Hohe Verschleißfestigkeit bei großer thermischer Belastung.

Warum ist bei Kupplungen ohne automatische Nachstellung ein Kupplungsspiel erforderlich?

Weil sonst durch die Belagabnutzung die Ausrückplatte am Ausrücklager anläuft und so die Anpreßkraft der Kupplungsfeder verringert wird. Die Kupplung rutscht durch, nützt sich stark ab und verbrennt.

Wie groß ist das Kupplungsspiel?

1 ... 3 mm am Ausrücklager bzw. 10 ... 30 mm am Kupplungspedal.

Wie wird das Kupplungsspiel eingestellt?

Meist über eine Einstellmutter an der Ausrückgabel

Wie ändert sich das Kupplungsspiel mit zunehmender Belagabnutzung?

Das Kupplungsspiel wird kleiner, deshalb muß es nachgestellt werden.

Wie prüft man eine Kupplung auf Druchrutschen?

Prüfung in Stand:

Bei betätigter Feststellbremse wird im 3. oder 4. Gang bei mittlerer Motordrehzahl rasch eingekuppelt. Wird der Motor hierbei abgewürgt, ist die Kupplung in Ordnung.

Prüfung bei Fahrt:

Beim Fahren im 1. Gang wird auf den 3. oder 4. Gang geschaltet und rasch eingekuppelt. Faßt die Kupplung beim Gasgeben nach dem Einkuppeln sofort, ist sie in Ordnung.

Wie prüft man eine Kupplung auf Lösen?
Bei Leerlaufdrehzahl des Motors legt man den Rückwärtsgang ein. Treten hierbei keine Kratzgeräusche auf, trennt die Kupplung einwandfrei. Den Rückwärtsgang wählt man deshalb, weil dieser im Gegensatz zu den Vorwärtsgängen nicht synchronisiert ist.

Welche Schäden können an einer Kupplung auftreten?
1. Kupplung rutscht:
   a) Die Kupplung hat kein Kupplungsspiel
   b) Die Kupplungsfedern sind lahm oder ausgeglüht
   c) Der Kupplungsbelag ist verölt
   d) Der Kupplungsbelag ist abgenutzt
2. Kupplung löst nicht einwandfrei (bleibt nicht stehen):
   a) Zu großes Kupplungsspiel
   b) Kupplungsscheibe hat zu großen seitlichen Schlag
   c) Kupplungsscheibe läßt sich auf Kupplungswelle nur schwer verschieben
   d) Kupplungsbelag verklebt
   e) Ausrückhebel des Kupplungsdeckels falsch eingestellt
3. Kupplung rupft:
   a) Kupplungsbelag verschmutzt, verölt oder beschädigt
   b) Kupplungsscheibe hat zu großen seitlichen Schlag
   c) Ausrückhebel des Kupplungsdeckels falsch eingestellt
   d) Lose Motorbefestigung
   e) Zu weiche Motor- oder Getriebeaufhängung

Wodurch kann der Kupplungsbelag verölen?
1. Defekter Radialwellendichtring der Kurbelwelle
2. Defekter Radialwellendichtring der Getriebewelle
3. Undichte Stellen an Motor und Getriebe

Nennen Sie die Teile der Flüssigkeitskupplung (hydraulische Kupplung)!
1. Pumpenrad, auch Primärrad genannt, mit der Schwungscheibe der Kurbelwelle fest verbunden.
2. Turbinenrad, auch Sekundärrad genannt, mit der Antriebswelle des Getriebes fest verbunden.

Welche Eigenschaften haben Flüssigkeitskupplungen?
1. Nur zum Anfahren verwendbar
2. Wartungs- und verschleißfrei
3. Kein Abwürgen des Motors
4. Zum Anfahren höhere Motordrehzahl erforderlich.

3.3 Drehmomentwandler

Weshalb benötigen Verbrennungsmotoren einen Drehmomentwandler?
Verbrennungsmotoren geben nur innerhalb eines bestimmten Drehzahlbereichs ein günstiges Drehmoment ab. Deshalb muß das Drehmoment des Motors den Anforderungen angepaßt, d. h. gewandelt werden.

Welche Anforderungen an Drehmoment und Drehzahl sind möglich?
1. Großes Drehmoment bei kleiner Drehzahl
2. Große Drehzahl bei kleinem Drehmoment

Wann benötigt man ein großes Drehmoment?
Beim Anfahren, beim Beschleunigen und an Steigungen.

Wann benötigt man ein kleines Drehmoment?
Bei gleichmäßiger Fahrt auf ebener Fahrbahn und möglichst hoher Raddrehzahl.

Welche Arten von Drehmomentwandlern unterscheidet man?
1. Hydraulischer Drehmomentwandler
2. Schaltgetriebe
3. Automatisches Getriebe

Wodurch unterscheidet sich der hydraulische Drehmomentwandler von der hydraulischen Kupplung?
Der hydraulische Drehmomentwandler hat noch ein zusätzliches Leitrad, das zwischen Pumpenrad und Turbinenrad eingebaut ist.

Wie ist die Wirkungsweise des hydraulischen Drehmomentwandlers?
Das mit der Schwungscheibe des Motors verbundene Pumpenrad schleudert bei der Drehbewegung das Öl durch die Fliehkraft nach außen. Dort trifft es auf das Turbinenrad, das die Strömungsenergie des Öls durch Umlenkung in den stark gekrümmten Schaufeln in ein Drehmoment umwandelt. Das aus dem Turbinenrad kommende Öl trifft auf das Leitrad und wird durch die entgegengesetzt gekrümmten Schaufeln wieder umgelenkt und in das Pumpenrad zurückgeführt. Ein Freilauf verhindert, daß sich das Leitrad entgegengesetzt drehen kann. Dies ergibt eine Drehmomentwandlung, die um so größer ist, je größer der Drehzahlunterschied zwischen Pumpen- und Turbinenrad ist. Somit ist die Drehmomentwandlung beim Anfahren am größten.

Um wieviel wird das Drehmoment beim Anfahren erhöht?
Um das Zwei- bis Dreifache.

Was versteht man unter dem Kupplungspunkt des Wandlers?
Sobald sich das Leitrad vom Freilauf löst und in Drehrichtung von Pumpen- und Turbinenrad läuft, arbeitet der Wandler nur noch als hydraulische Kupplung ohne Drehmomentsteigerung. Dies ist der Kupplungspunkt. Die Turbinendrehzahl beträgt hierbei etwa 85 % der Pumpendrehzahl.

Wie groß ist der Schlupf beim Drehmomentwandler?
In der Endstufe ist die Drehzahl des Pumpenrads um 2 ... 3 % höher als die Drehzahl des Turbinenrads.

Welche Eigenschaften haben hydraulische Drehmomentwandler?
1. Verschleißarm, da sich keine kraftübertragenden Teile berühren.
2. Selbständige und stufenlose Wandlung
3. Schwingungsdämpfend
4. Geschmeidiger Anfahrvorgang
5. Kein Abwürgen des Motors, da bei niedrigen Motordrehzahlen nur ein geringes Drehmoment übertragen wird.
6. Geringer Platzbedarf durch kompakte Bauweise
7. Aufwendige und teure Bauweise

3.4 Schaltgetriebe

Was ist ein Schaltgetriebe?
Das Schaltgetriebe, auch Zahnradwechselgetriebe genannt, ist ein mechanischer Drehmomentwandler mit fester Abstufung.

Welche Aufgaben hat das Schaltgetriebe?
1. Eine Drehmomentwandlung und eine Drehzahländerung ermöglichen, damit das Fahrzeug bei allen Belastungen mit einer günstigen Motordrehzahl gefahren werden kann.
2. Eine Leerlaufstellung ermöglichen
3. Ein Rückwärtsfahren ermöglichen

Welche Arten von Schaltgetrieben unterscheidet man?
1. Schieberadgetriebe
2. Schaltmuffengetriebe
3. Synchrongetriebe

Wie erfolgt der Kraftfluß im Schieberadgetriebe?
Die Antriebswelle treibt die Vorgelegewelle des Getriebes an. Auf der Hauptwelle befinden sich die geradverzahnten Zahnräder der jeweiligen Gangstufen. Beim Schaltvorgang wird das gewünschte Zahnrad auf der Hauptwelle verschoben, bis es mit dem Gegenrad auf der Vorgelegewelle im Eingriff ist.

Wie ist das Schaltmuffengetriebe aufgebaut?
Hier sind alle Zahnräder dauernd im Eingriff. Die schrägverzahnten Schalträder sind auf der Hauptwelle lose gelagert und werden von der Vorgelegewelle angetrieben. Zum Schalten eines Gangs wird das gewünschte Gangrad formschlüssig mit der Hauptwelle verbunden. Dies erfolgt durch das Verschieben der Schaltmuffe, die den Schaltkörper und die Schaltverzahnung formschlüssig verbindet.

Wie erfolgt das Aufwärtsschalten beim Schaltmuffengetriebe?
Durch Zwischenkuppeln in der Leerlaufstellung. Dadurch wird die Vorgelegewelle vom Motor abgebremst und auf Gleichlauf mit der Hauptwelle gebracht.

Wie erfolgt das Zurückschalten beim Schaltmuffengetriebe?
Durch Zwischengasgeben in der Leerlaufstellung. Dadurch wird die Vorgelegewelle vom Motor beschleunigt und auf Gleichlauf mit der Hauptwelle gebracht.

Weshalb werden meist schrägverzahnte Getrieberäder verwendet?
Bei schrägverzahnten Getrieberädern sind immer mehrere Zähne im Eingriff. Dadurch ist das übertragbare Drehmoment größer und die Zahnradpaare laufen geräuscharm.

Was ist ein Synchrongetriebe?
Ein Synchrongetriebe ist ein Schaltmuffengetriebe, bei dem die Getrieberäder vor dem Schaltvorgang auf Gleichlauf gebracht werden.

Was bewirkt die Synchronisierung?
Das zu schaltende Gangrad wird so weit verzögert oder beschleunigt, daß es synchron mit der Schaltmuffe läuft. Gemeinsam mit dem Gangrad werden Vorgelegewelle, Antriebswelle und Mitnehmerscheibe der Kupplung durch die Synchronisiereinrichtung beschleunigt oder verzögert.

Welche Arten von Synchronisierungen unterscheidet man?
1. Sperrsynchronisierung 2. Zwangssynchronisierung

Wie arbeitet die Sperrsynchronisierung?
Der Schaltkörper ist wie beim Schaltmuffengetriebe formschlüssig mit der Hauptwelle verbunden. Beim Schalten wird die Schaltmuffe zum Schaltrad gedrückt. Dabei schieben Sperrstücke den Synchronring auf den Konus des Gangrads. Durch die Bremswirkung des Synchronrings auf dem Konus wird das Gangrad beschleunigt oder abgebremst. Solange noch kein Gleichlauf hergestellt ist, verhindern die Sperrstücke das Weiterschieben der Schaltmuffe über die Schaltverzahnung.

Wie arbeitet die Zwangssynchronisierung?
Die Zwangssynchronisierung, System Porsche, hat eine selbstverstärkende Sperrwirkung. Mit zunehmendem Kraftaufwand beim Schalten nimmt die Sperrwirkung ebenfalls zu. Beim Schalten wird die Schaltmuffe gegen das Schaltrad gedrückt. Dabei wird der Synchronring in die Innenseite der Schaltmuffe geschoben und zusammengedrückt. Ist beim Schalten kein Gleichlauf zwischen Schaltkörper und Schaltrad vorhanden, wird ein Sperrband nach außen gedrückt und verhindert so, daß der Synchronring zusammengedrückt werden kann.

Was sind halbautomatische Getriebe?
Sie bestehen aus einem hydraulischen Drehmomentwandler, einer Trennkupplung und einem normalen Schaltgetriebe. Statt dem Drehmomentwandler kann auch eine fliehkraftbetätigte automatische Anfahrkupplung eingebaut sein.

Wie erfolgt der Gangwechsel beim halbautomatischen Getriebe?
Genauso wie beim normalen Schaltgetriebe. Die Gänge werden von Hand eingelegt, das Auskuppeln erfolgt dagegen automatisch.

Was ist eine Wandler-Schaltkupplung?
Sie ist die Kombination eines Drehmomentwandlers mit einer Trennkupplung.

Wie unterscheidet man die Getriebe nach der Anzahl der Wellen?
1. Dreiwellengetriebe
2. Zweiwellengetriebe

Aus welchen Teilen bestehen Dreiwellengetriebe?
1. Antriebswelle
2. Vorgelegewelle
3. Hauptwelle, auch Abtriebswelle genannt

Hinzu kommt noch als 4. Welle die Rücklaufwelle (korrekt: Rücklaufachse). Nach der Anordnung der Antriebs- und Abtriebswelle werden Dreiwellengetriebe auch gleichachsige Getriebe genannt. Sie werden bei Standard-Antrieb verwendet.

Aus welchen Teilen bestehen Zweiwellengetriebe?
1. Antriebswelle 2. Abtriebswelle

Hinzu kommt noch als 3. Welle die Rücklaufwelle. Nach der Anordnung der Antriebs- und Abtriebswelle werden Zweiwellengetriebe auch ungleichachsige Getriebe genannt. Sie werden bei Vorderradantrieb und bei Heckantrieb verwendet.

3.5 Vollautomatisches Getriebe

Was versteht man unter einem vollautomatischen Getriebe?
Beim vollautomatischen Getriebe werden die einzelnen Gangstufen ohne Betätigung durch den Fahrer automatisch ohne Zugkraftunterbrechung geschaltet.

Wodurch erfolgt die Steuerung der Schaltvorgänge?
Sie erfolgt in Abhängigkeit von

1. Fahrgeschwindigkeit
2. Motordrehzahl
3. Wählhebelstellung
4. Gaspedalstellung
5. Kick-down (Übergas)

Aus welchen Baugruppen besteht ein vollautomatisches Getriebe?

1. Drehmomentwandler oder hydraulische Kupplung
2. Planetengetriebe
3. Hydraulische Steuerung

Aus welchen Teilen besteht ein Planetengetriebe?

1. Sonnenrad
2. Hohlrad
3. Planetenräder
4. Planetenradträger

Wie erfolgt der Gangwechsel im Planetengetriebe?
Die hydraulische Steuerungsanlage betätigt Bremsbänder, Lamellenkupplungen und Freilaufkupplungen und schaltet so den gewünschten Gang.

Erklären Sie die Wirkungsweise des Planetengetriebes!
Sonnenrad, Planetenräder und Hohlrad sind immer miteinander im Eingriff. Durch Festhalten eines dieser drei Bauteile rollt das antreibende Teil auf dem festgebremsten ab und bewirkt so die Übersetzung zum abtreibenden Teil. Es müssen keine Zahnräder oder Schiebemuffen bewegt werden.

Wie erfolgt die Drehmomentübertragung im Planetengetriebe?
Das Sonnenrad, der Planetenradträger oder das Hohlrad werden durch ein Bremsband oder eine Lamellenkupplung festgehalten. Will man die Übersetzung 1:1 haben, werden durch eine Lamellenkupplung zwei Teile miteinander verbunden. Der Planetenradsatz läuft dann als gesamte Einheit um.

Wieviel Gänge ermöglicht ein einfacher Planetenradsatz?
3 Vorwärtsgänge und 1 Rückwärtsgang.

Was versteht man unter einem Simpson-Satz?
Hier sind zwei einfache Planetenradsätze zu einem Satz zusammengeschlossen. Die beiden Planetenradsätze haben ein gemeinsames Sonnenrad und gleiche Übersetzungen. Der Planetenradträger des einen Planetenradsatzes ist mit dem Hohlrad des zweiten und der Antriebswelle verbunden.

Was versteht man unter einem Ravigneaux-Satz?
Er ist eine kompakte Kombination aus zwei verschiedenen einfachen Planetenradsätzen. Er besteht aus einem kleinen Sonnenrad, das mit drei kurzen großen Planetenrädern kämmt, und einem großen Sonnenrad, das mit drei langen kleinen Planetenrädern kämmt, sowie einem gemeinsamen Hohlrad. Die kurzen großen Planetenräder stehen gleichzeitig mit dem Hohlrad in Eingriff.

Weshalb benötigt das automatische Getriebe eine Parksperre?
Bei abgestelltem Motor ist der Kraftfluß vom Motor über den Drehmomentwandler zum Getriebe unterbrochen, da der Drehmomentwandler und die Ölpumpe ebenfalls stillstehen. Um ein Wegrollen des geparkten Fahrzeugs zu verhindern, wird die Abtriebswelle des Getriebes bei Parkstellung mechanisch blockiert. Dies geschieht durch einen Sperriegel, der in die Außenverzahnung des Parksperrenrades der Abtriebswelle eingreift.

Welche Wählhebelstellungen haben vollautomatische Getriebe?
P = Parkstellung: darf nur bei stehendem Fahrzeug eingelegt werden.
R = Rückwärtsgang: darf nur bei stehendem Fahrzeug eingelegt werden.
N = Neutral: kein Kraftschluß zwischen Motor und Achsantrieb.
D = Drive: es werden alle Gänge automatisch in Abhängigkeit von Fahrgeschwindigkeit und Motorbelastung geschaltet. Für Fahrten über Land und in der Stadt.
S = Slow: für Fahrten auf Steigungen und im Gefälle. Der direkte Gang wird nicht mehr geschaltet.
L = Low: bei Fahrten auf steilen Pässen und bei Kolonnenfahrt. Der direkte Gang und der nächstniedere Gang werden nicht mehr geschaltet.

In welcher Wählhebelstellung kann der Motor gestartet werden?
Der Motor kann nur in Stellung P und N gestartet werden.

Welche Teile gehören zur hydraulischen Steuerung?
1. Ölpumpe
2. Drosselventil
3. Regler
4. Schaltventil

Wieviel Ölpumpen können eingebaut sein?
Eine oder zwei. Sind zwei Ölpumpen eingebaut, spricht man von einer Primärölpumpe und einer Sekundärölpumpe.

Wie erfolgt der Antrieb der Primärölpumpe?
Sie wird von der Getriebeeingangswelle angetrieben und ist meist als Innenzahnradpumpe (Sichelpumpe) ausgeführt.

Wie erfolgt der Antrieb der Sekundärölpumpe?
Diese wird von der Abtriebswelle des Getriebes angetrieben.

Welche Aufgaben hat das Getriebeöl?
1. Arbeits- und Kühlöl für den Drehmomentwandler
2. Schmieröl für das Planetengetriebe
3. Arbeitsöl für die Erzeugung von Druckkräften (Anpressen der Lamellenkupplungen und Bremsbänder)
4. Arbeitsöl in der hydraulischen Getriebesteuerung

Welche Automatik-Fahrzeuge können angeschleppt werden?
Fahrzeuge mit einer Sekundärölpumpe. Diese wird von der Abtriebswelle angetrieben und fördert Drucköl zur Betätigung der Bremsbänder und Lamellenkupplungen sowie zur Füllung des hydraulischen Drehmomentwandlers. Fahrzeuge mit nur einer Ölpumpe (Primärölpumpe) können nicht angeschleppt werden.

Welche Drücke unterscheidet man bei der hydraulischen Steuerung?
1. Reglerdruck:
   vom Fliehkraftregler geschwindigkeitsabhängig geregelt
2. Modulierdruck:
   vom Drosselventil geregelt. Er regelt den Arbeitsdruck abhängig von der Motorbelastung
3. Steuerdruck:
   vom Modulierdruck abgeleitet
4. Arbeitsdruck:
   er betätigt die Bremsbänder und Lamellenkupplungen

Was versteht man unter Kick-down?
Wird das Fahrpedal über den deutlich spürbaren Druckpunkt hinaus durchgetreten, so schaltet das Getriebe in den nächstniedrigeren Gang zurück. Dieser Vorgang wird als „Kick-down“ bezeichnet. Die Steuerung kann elektrisch oder mechanisch erfolgen.

Wie prüft man den Ölstand bei vollautomatischen Getrieben?
Bei laufendem Motor und Betriebstemperatur des Getriebeöls. Der Wählhebel muß dabei aus Sicherheitsgründen auf Stellung P oder N sein.

3.6 Achsantrieb

Mit welchem Bauteil ist der Achsantrieb meist zusammengebaut?
Mit dem Ausgleichsgetriebe.

Welche Aufgaben hat der Achsantrieb?
1. Die Drehzahl durch eine konstante Übersetzung verringern und damit das Drehmoment erhöhen
2. Bei in Längsrichtung eingebauten Motoren die Richtung des Kraftflusses umlenken
3. Das Drehmoment auf die Antriebsräder verteilen
4. Unterschiedliche Drehzahlen der Antriebsräder in Kurven ausgleichen

Welche Arten von Achsantrieben unterscheidet man?
1. Kegelradantrieb
2. Schneckenradantrieb
3. Stirnradantrieb

Aus welchen Teilen besteht der Kegelradantrieb?
Aus Antriebskegelrad und Tellerrad.

Welche Verzahnung hat der Kegelradantrieb?
Bogenverzahnung.

Welche Vorteile hat die Bogenverzahnung?
1. Stets mehrere Zähne im Eingriff
2. Größeres übertragbares Drehmoment
3. Geräuschloser Lauf

Nennen Sie die Zahnformen des Kegelradantriebs!
1. Gleasonverzahnung
2. Klingelnbergverzahnung

Wie ist die Zahnform der Gleasonverzahnung?
Die Zahnform des Tellerrades entspricht dem Teil eines Kreisbogens. Die bogenförmigen Zähne werden von innen nach außen breiter.

Wie ist die Zahnform der Klingelnbergverzahnung?
Die Zahnform des Tellerrades entspricht dem Abschnitt einer Spirale. Der spiralförmige Zahnrücken ist innen und außen gleich breit.

Wie kann man den Kegelradantrieb nach dem Eingriff von Kegel- und Tellerrad unterscheiden?

1. Kegelräder mit versetzten Achsen (Hypoidantrieb)
2. Kegelräder ohne Achsversetzung

Wie erfolgt der Eingriff beim Hypoidantrieb?

Das Antriebskegelrad greift unterhalb der Achsmitte des Tellerrades ein.

Welche Eigenschaften hat der Hypoidantrieb?

1. Tief liegender Gelenkwellentunnel
2. Tiefer Wagenschwerpunkt
3. Geräuscharmer Antrieb
4. Größere Kraftübertragung möglich
5. Durch die gleitende Reibung zwischen den Zahnflanken entstehen sehr hohe Drücke. Die starke Zahnflankenbelastung macht Hypoidöl erforderlich

Weshalb werden Kegelrad und Tellerrad nur paarweise geliefert?

Weil sie bei der Fertigung auf ruhigen Lauf geprüft und mit einer Paarungsnummer versehen werden. Bei dieser Prüfung wird gleichzeitig das für ein einwandfreies Tragbild erforderliche Korrekturmaß ermittelt und neben der Radsatznummer aufgeschrieben.

Welche Angaben stehen auf dem Tellerrad?

Paarungsnummer, Korrekturmaß und Zahnflankenspiel.

Wie wird das Kegelrad eingestellt?

Durch Einlegen von Distanzscheiben unter Berücksichtigung des Korrekturmaßes. Dadurch wird das Kegelrad in Richtung Tellerradmitte fixiert.

Wie wird das Tellerrad eingestellt?

Durch Beilegen von Distanzscheiben, wobei das vorgeschriebene Zahnflankenspiel genau eingehalten werden muß. Das Zahnflankenspiel beträgt im allgemeinen 0,10 .. 0,18 mm.

Wie erfolgt eine Tragbildprüfung von Kegel- und Tellerrad?

Die Zahnflanken werden mit Tuschierpaste eingestrichen und der Radsatz ein- bis zweimal durchgedreht. Beim Durchdrehen muß vorwärts und rückwärts gedreht und gleichzeitig das Tellerrad abgebremst werden. Dadurch erhält man ein Tragbild auf beiden Seiten der Zähne.

Was kann man dem Tragbild entnehmen?

Die Lage des Zahnflankenkontakts. Bei richtiger Einstellung befindet sich der Zahnflankenkontakt in der Mitte des Zahnrads.

3.7 Ausgleichsgetriebe

Weshalb benötigen Kraftfahrzeuge ein Ausgleichsgetriebe?
Bei Kurvenfahrt müssen die äußeren Räder einen größeren Weg zurücklegen als die inneren. Das Ausgleichsgetriebe ermöglicht einen Ausgleich der unterschiedlichen Umfangsgeschwindgkeiten der Räder.

Wie ist die Wirkungsweise des Ausgleichsgetriebes?
Zwei oder vier Ausgleichsräder führen während des Umlaufs eine zusätzliche Drehbewegung aus und gleichen somit die Differenz der Wegstrecke aus. Deshalb nennt man das Ausgleichsgetriebe auch Differentialgetriebe.

Welche Aufgaben hat das Ausgleichsgetriebe?
1. Die unterschiedlichen Drehzahlen der Räder bei Kurvenfahrt ausgleichen
2. Das Drehmoment auf beide Räder verteilen

Welche Arten von Ausgleichsgetrieben unterscheidet man?
1. Kegelradausgleichsgetriebe
2. Stirnradausgleichsgetriebe
3. Schneckenausgleichsgetriebe (Torsen-Differential)

Wie ist der Aufbau des Kegelradausgleichsgetriebes?
Im Ausgleichsgehäuse sind zwei oder vier Ausgleichskegelräder gelagert, die mit den beiden Achswellenrädern im Eingriff stehen. Das Ausgleichsgehäuse ist mit dem Tellerrad verschraubt oder vernietet. Es werden vorwiegend Kegelradausgleichsgetriebe verwendet.

Wie ist der Aufbau des Stirnradausgleichsgetriebes?
Bei diesem Ausgleichsgetriebe verwendet man anstelle von Kegelrädern Stirnräder als Ausgleichsräder und Achswellenräder. Die im Ausgleichsgehäuse gelagerten Ausgleichsstirnräder sind paarweise miteinander im Eingriff.

Wie ist der Aufbau des Schneckenausgleichsgetriebes?
Das Schneckenausgleichsgetriebe, meist Torsen-Differential genannt, geht auf ein Patent des Amerikaners Gleasman zurück. Das Wort ist von den englischen Begriffen **tor**que = Drehmoment und **sen**sing = fühlen (d. h. Drehmoment- fühlend oder -abhängig) abgeleitet. Das Torsen-Differential hat anstelle der Ausgleichskegelräder und Achswellenkegelräder drei Schneckenpaare (Schnecke und Schneckenrad). Die Verbindung von einer Achswelle zur anderen erfolgt über Stirnräder.

Wie ist die Wirkungsweise des Ausgleichsgetriebes bei Geradeausfahrt?
Die zwei angetriebenen Hinterräder oder Vorderräder drehen sich gleich schnell und ebenso die mit ihnen verbundenen Achswellenräder. Die zwei oder vier Ausgleichsräder drehen sich nicht um ihre eigenen Achsen, sondern stehen still und kreisen mit dem Ausgleichsgehäuse. So wirken sie als starre Verbindung zwischen Ausgleichsgehäuse und Achswellenräder. Dadurch übertragen sie das Drehmoment zu gleichen Teilen auf die Achswellenräder.

Wie ist die Wirkungsweise des Ausgleichsgetriebes bei Kurvenfahrt?
Die angetriebenen Hinterräder oder Vorderräder drehen sich wegen der unterschiedlichen Radwege verschieden schnell, ebenso die mit ihnen verbundenen Achswellenräder. Die Ausgleichskegelräder bzw. Ausgleichsstirnräder drehen sich um ihre eigenen Achsen und gleichen den Drehzahlunterschied aus. Dabei wälzen sie sich auf den Achswellenrädern ab und übertragen gleichzeitig das Drehmoment. Das kurveninnere Achswellenrad (und damit auch das angetriebene Hinterrad oder Vorderrad) dreht sich um soviel langsamer, als sich das kurvenäußere schneller dreht.

Welche Folgen ergeben sich bei unterschiedlicher Bodenhaftung der Antriebsräder?
Es wird nur die Antriebskraft wirksam, die das Rad mit der geringsten Haftung übertragen kann.

Was geschieht, wenn ein Antriebsrad keine Bodenhaftung mehr hat?
Das durchrutschende Antriebsrad läuft mit doppelter Drehzahl des Tellerrads um, das andere Antriebsrad bleibt stehen. Eine Kraftübertragung ist nicht mehr möglich. Auf vereister oder verschmutzter Fahrbahn ist durch die selbsttätige Wirkung des Ausgleichsgetriebes das Anfahren schwierig oder nicht mehr möglich.

Wodurch kann man das einseitige Durchdrehen eines Antriebsrads verhindern?
Durch Einbau einer Ausgleichssperre.

Welche Arten von Ausgleichssperren unterscheidet man?
1. Differentialsperre
2. Selbstsperrendes Differential, auch Sperrdifferential genannt.

Bei welchen Fahrzeugen werden Differentialsperren verwendet?
Bei allradgetriebenen Nutzfahrzeugen, Abschleppfahrzeugen, Geländefahrzeugen, Sonderfahrzeugen und landwirtschaftlichen Schleppern.

Wie ist die Wirkungsweise der Differentialsperre?
Eine mechanisch oder pneumatisch schaltbare Klauenkupplung verbindet eine Achswelle formschlüssig mit dem Ausgleichsgehäuse. Dadurch ist die Achswelle auch mit dem Tellerrad starr verbunden. Da die Ausgleichsräder nicht mehr auf dem Achswellenrad abrollen können, ist damit auch das andere Achswellenrad starr mit dem Ausgleichsgehäuse verbunden. Der Ausgleich ist gesperrt.

Was ist bei Differentialsperren zu beachten?
Die Sperre muß bei normalen Fahrbedingungen sofort wieder gelöst werden, da sonst die Antriebsräder bei Kurvenfahrt radieren und der Achsantrieb zerstört werden kann.

Wie arbeitet das selbstsperrende Differential?
Beim selbstsperrenden Differential, auch Sperrdifferential genannt, wird ab einem bestimmten Drehzahlunterschied der Antriebsräder der Ausgleich selbsttätig gesperrt.

Bei welchen Fahrzeugen werden Sperrdifferentiale verwendet?
Bei geländegängigen Fahrzeugen, bei Personenwagen mit großer Motorleistung, bei Rennwagen und Sportwagen.

Welche Arten von Sperrdifferentialen unterscheidet man?
1. Selbstsperrendes Differential mit Lamellen
2. Selbstsperrendes Differential mit Gleitsteinen
3. Torsen-Differential
4. Visco-Kupplung

Wie ist ein selbstsperrendes Differential mit Lamellen aufgebaut?
Zwischen den Antriebskegelrädern und dem Gehäuse sind Lamellenkupplungen eingebaut. Die innenverzahnten Lamellen sind mit den Achswellenkegelrädern verbunden, die außenverzahnten mit dem Ausgleichsgehäuse.

Wie ist die Wirkungsweise des selbstsperrenden Differentials mit Lamellen?
Die Antriebskraft wird über die Ausgleichskegelräder auf die Achswellenräder übertragen. Bei guter Bodenhaftung und hohem Antriebsmoment werden die Achswellenräder durch Kräftezerlegung an den Zahnflanken axial gegen die Lamellen gedrückt. Dabei werden die Lamellenkupplungen zusammengepreßt und der Ausgleich ist teilweise gesperrt. Bei einer anderen Ausführung verschieben die Achsen der Ausgleichskegelräder die beiden Druckringe gegen die Lamellen und sperren so den Ausgleich. Dadurch wirkt man dem Schleudern beim Anfahren und beim Beschleunigen während der Fahrt entgegen.

Erklären Sie den Aufbau eines selbstsperrenden Differentials mit Gleitsteinen!
Bei dieser Ausführung werden zum Ausgleich der unterschiedlichen Drehzahlen der Antriebsrädern bei Kurvenfahrt Kurvenscheiben mit Gleitsteinen verwendet. Der Rollenkäfig ist mit dem Tellerrad fest verbunden. In ihm sind die Gleitsteine verschiebbar gelagert. Jede Kurvenscheibe ist jeweils mit einer der beiden Achswellen verbunden. Durch die Gleitsteine sind die Kurvenscheiben beweglich miteinander verbunden.

Wie ist die Wirkungsweise des selbstsperrenden Differentials mit Gleitsteinen?
Bei Geradeausfahrt dreht sich das Tellerrad und der mit ihm verbundene Rollenkäfig. Die Gleitsteine im Rollenkäfig nehmen die beiden Kurvenscheiben mit. Bei Kurvenfahrt bewegen sich die beiden Kurvenscheiben mit unterschiedlichen Drehzahlen. Die Gleitsteine übertragen die Kraft, indem sie sich abwechselnd an den beiden Kurvenscheiben abstützen. Bei großem Drehzahlunterschied verklemmen sich die Gleitsteine. Der Ausgleich ist gesperrt.

Wie ist die Wirkungsweise des Torsen-Differentials?
Das Torsen-Differential wird vorwiegend für den Längsausgleich bei allradgetriebenen Personenwagen verwendet. Am einen Ende der beiden Achswellen ist jeweils ein Schneckenrad befestigt. Dieses steht im Eingriff mit drei Schnecken. Die Verbindung der beiden Achswellen miteinander erfolgt über Stirnräder auf den Schneckenwellen. Durch Wahl des Steigungswinkels der Schnecke läßt sich eine automatische Sperrwirkung erzielen. Ein Schneckengetriebe läßt sich je nach Steigungswinkel von der einen Seite (Schneckenseite) gut und von der anderen Seite (Schneckenrad) nicht oder nur sehr schwer antreiben. Bei richtiger Wahl des Steigungswinkels ermöglicht das Torsen-Differential gewisse Drehzahlunterschiede der beiden Achswellen, um ein Verspannen des Antriebsstrangs zu verhindern.

Wie ist die Visco-Kupplung aufgebaut?
Die Visco-Kupplung wird vorwiegend in den Antriebsstrang zwischen Vorder- und Hinterachse bei allradgetriebenen Personenwagen eingebaut. Sie besteht aus einem nach außen völlig abgeschlossenem zylindrischem Gehäuse. Im Gehäuse befinden sich eine größere Anzahl von außen- bzw. innenverzahnten Lamellen. Die außenverzahnten Lamellen greifen in die Verzahnung des Gehäuses ein, die innenverzahnten Lamellen in die Verzahnung der Abtriebswelle. Das Gehäuse ist mit einer Silikonflüssigkeit gefüllt.

Wie arbeitet die Visco-Kupplung?
Bei geringen Drehzahlunterschieden zwischen Innen- und Außenlamellen entsteht ein leichter Schlupf zwischen Antrieb und Abtrieb. Bei größeren Drehzahlunterschieden wird die Silikonflüssigkeit infolge innerer Reibung erwärmt. Dies führt zu einem starken Druckanstieg im Gehäuse. Dabei nimmt das übertragbare Drehmoment bis zum schlupffreien Übertragen bei großer Drehzahldifferenz zu. Unter extremen Bedingungen wirkt die Visco-Kupplung wie ein starrer Durchtrieb. Somit ermöglicht die Visco-Kupplung einen Drehzahlausgleich zwischen Vorder- und Hinterachse und ist gleichzeitig Verteilergetriebe mit automatischer Differentialsperre.

Wie arbeitet das automatische Sperrdifferential?
Das automatische Sperrdifferential, auch ASD genannt, ist ein hydraulisch betätigtes Sperrdifferential. Im Differentialgehäuse sind zwei Lamellenkupplungen wie beim normalen Sperrdifferential eingebaut. Die Zahnkräfte der Ausgleichskegelräder pressen die beiden Lamellenpakete zusammen, wobei eine Sperrwirkung bis zu 35 % erzielt werden kann. Beim Durchdrehen eines Rades wird auf jeder Seite je ein Kolben mit Drucköl beaufschlagt. Dadurch werden die Seitenwellen der Antriebswellen und die beiden Achswellenräder nach außen gezogen und gegen die Lamellenpakete gepreßt. Dies ergibt eine Sperrwirkung bis zu 100 %. Das Durchdrehen eines Rades wird über Drehzahlsensoren ermittelt. Ein Steuergerät wertet die Impulse der Sensoren aus und steuert die Hydraulikeinheit an.

Wie arbeitet die Antriebs-Schlupf-Regelung?
Die Antriebs-Schlupf-Regelung, auch ASR genannt, ist eine Weiterentwicklung des Antiblockiersystems ABS. Es verhindert ein Durchdrehen der Antriebsräder beim Beschleunigen. Vier Drehzahlsensoren ermitteln die jeweilige Raddrehzahl. Ein zum Durchdrehen neigendes Antriebsrad wird über die normale Bremsanlage automatisch abgebremst. Die Energie zum Abbremsen des durchdrehenden Antriebsrades wird von einem Gaskolbenspeicher geliefert, der von einer elektrisch angetriebenen Pumpe gefüllt wird. Die Regelung des Radbremsmoments erfolgt von einem elektronischen Steuergerät. Zusätzlich ist eine elektromotorische Drosselklappenbetätigung (elektronisches Gaspedal) eingebaut. Dadurch wird das Antriebsmoment an den Antriebsrädern durch automatisches Stellen der Drosselklappe so begrenzt, daß ein Antriebsschlupf nur in den zulässigen Grenzen auftreten kann. Dies verhindert ein Ausbrechen des Fahrzeughecks bei zu heftigem Gasgeben, besonders bei Kurvenfahrt.

3.8 Wellen und Gelenke

Welche Aufgabe haben Wellen und Gelenke?
Das Drehmoment vom Wechselgetriebe auf die Antriebsräder übertragen.

Wie wird die Gelenkwelle beansprucht?
1. Auf Verdrehung (Torsion)
2. Auf Schwingung

Weshalb besitzt die Gelenkwelle ein Schiebestück?
Um Längenänderungen auszugleichen, die beim Ein- und Ausfedern auftreten.

Aus welchem Werkstoff besteht die Gelenkwelle?
Aus vergütetem, nahtlos gezogenem Stahlrohr.

Wodurch erreicht man einen einwandfreien Rundlauf der Gelenkwelle?
Durch statisches und dynamisches Auswuchten der Gelenkwelle. Die notwendigen Auswuchtplättchen werden an den hierbei ermittelten Stellen der Gelenkwelle elektrisch angepunktet. Sie dürfen nicht entfernt werden, sonst tritt eine Unwucht beim Fahren auf, die bei hoher Geschwindigkeit zur Zerstörung der Gelenkwelle führen kann.

Weshalb benötigt man Gelenke bei der Gelenkwelle?
Beim Ein- und Ausfedern der angetriebenen Räder ergeben sich Winkeländerungen. Diese müssen durch ein oder mehrere Gelenke ausgeglichen werden.

Welche Arten von Gelenken unterscheidet man?
1. Kreuzgelenk
2. Kugelgelenk
3. Trockengelenk

Wie ist das Kreuzgelenk aufgebaut?
Zwei Gelenkgabeln sind durch das Zapfenkreuz gelenkig miteinander verbunden. Die Zapfen sind in gut abgedichteten Nadellagern gelagert und somit wartungsfrei.

Aus welchen Werkstoffen werden Gelenkgabeln hergestellt?
1. Aus Vergütungsstahl, im Gesenk geschmiedet
2. Aus Temperguß
3. Aus Stahlguß

Wie groß ist der Beugungswinkel bei Kreuzgelenken?
Der Beugungswinkel beträgt ± 15 Grad.

Wie muß die Gelenkwelle mit den Kreuzgelenken eingebaut werden?
Die beiden Gelenkgabeln des vorderen und hinteren Kreuzgelenks müssen am Gelenkwellenteil jeweils in der gleichen Ebene liegen, sonst dreht sich die Gelenkwelle auf der anderen Seite ungleichförmig.

Was sind Doppelgelenke?
Doppelgelenke sind zwei Kreuzgelenke, die man zu einem Kreuzgelenk vereinigt hat.

Welche Vorteile haben Doppelgelenke?
Doppelgelenke ermöglichen große Beugungswinkel bis zu ± 50 Grad, ohne daß ungleichförmige Drehbewegungen auftreten. Sie werden bei Lkw und vereinzelt noch bei Pkw in Antriebswellen des Vorderradantriebs eingebaut.

Wie ist das Kugelgelenk aufgebaut?
Die Drehmomentübertragung erfolgt meistens durch 6 Kugeln, die in Kugelbahnen geführt sind und damit unabhängig vom Einschlagwinkel immer zur Gelenkmitte hin zentriert sind. Sie übertragen auch bei großen Beugungswinkeln die Drehbewegung gleichförmig. Längenänderungen, die beim Ein- und Ausfedern entstehen, gleichen sie ebenfalls aus.

Welche anderen Bezeichnungen haben Kugelgelenke?
Gleichlaufgelenke oder homokinetische Gelenke (wegen der gleichförmigen Drehmomentübertragung).

Wie groß ist der Beugungswinkel bei Kugelgelenken?
Der Beugungswinkel beträgt bis zu ± 50 Grad.

Was sind Trockengelenke?
Trockengelenke bestehen aus zwei- oder dreiarmigen Gabelstücken, die durch Gewebescheiben oder Gummikörper elastisch miteinander verbunden sind. Diese Gelenkscheiben, auch Hardyscheiben genannt, sind wartungsfrei.

Weshalb heißen diese Gelenke Trockengelenke?
Sie dürfen nicht geschmiert werden, sondern laufen trocken.

Wie groß ist der Beugungswinkel bei Trockengelenken?
Der Beugungswinkel beträgt bis zu ± 10 Grad.

4 Fahrwerk

4.1 Räder

Welche Aufgaben hat das Rad?

1. Die Fahrzeuglast tragen und die Stoßkräfte von der Fahrbahn aufnehmen
2. Die Antriebs-, Brems- und Seitenkräfte übertragen
3. Durch kleinen Halbmesser einen niederen Schwerpunkt des Fahrzeugs erreichen
4. Die im Reifen entstehende Wärme abführen
5. Für schlauchlose Reifen ein luftdichtes Felgenbett haben

Aus welchen Teilen besteht das Rad?

Scheibenrad	**Trilex-Speichenrad** (Lkw)	**Speichenrad** (Kraftrad)
1. Felge	1. Felge	1. Felge
2. Radschüssel	2. Radkörper	2. Stahlspeichen
		3. Radnabe

Wie unterscheidet man die Felge nach ihrer Form?

1. **Tiefbettfelge:** Normal-Felge, Hump-Felge, Flat-Hump-Felge, Ledge-Felge
2. **Flachbettfelge:** zwei-, drei- oder vierteilig
3. **Schrägschulterfelge:** ringgeteilt oder umfanggeteilt

Nennen Sie die wichtigsten Maße einer Felge!

1. Felgenmaulweite in Zoll
2. Felgendurchmesser in Zoll

Erklären Sie die Felgenbezeichnung 4 1/2 J × 13!

x: Tiefbettfelge
4 1/2: Felgenmaulweite 4 1/2 Zoll
J: Hornform J
13: Felgendurchmesser 13 Zoll

Erklären Sie die Felgenbezeichnung 7,5 – 20!

–: Schrägschulterfelge oder Flachbettfelge
7,5: Felgenmaulweite 7,5 Zoll
20: Felgendurchmesser 20 Zoll

Was ist eine Hump-Felge?
Eine Tiefbettfelge, die auf der Felgenschulter in der Nähe des Tiefbetts eine Erhöhung (= Hump) rundherum hat.

Welche Eigenschaften haben Hump-Felgen?
1. Sicherer Sitz des schlauchlosen Reifens auf der Felgenschulter
2. Verhindert ein plötzliches Entweichen der Luft bei scharfer Kurvenfahrt und bei zu niederem Luftdruck
3. Schwierige Reifendemontage

Was versteht man unter der Einpreßtiefe der Felge?
Die Einpreßtiefe ist das Maß von Felgenmitte bis zur Anlagefläche der Felge am Nabenflansch. Das Maß kann positiv oder negativ sein. Eine große positive Einpreßtiefe verkleinert die Spurweite des Fahrzeugs.

Wie sind Scheibenräder aufgebaut?
Radschüssel und Felge sind miteinander verschweißt oder vernietet. Durch Öffnungen in der Radschüssel wird ein geringes Gewicht des Scheibenrades und eine bessere Kühlung der Bremsen erreicht.

Bei welchen Fahrzeugen werden Scheibenräder verwendet?
Bei Personenwagen und leichten Lastkraftwagen

Welche Vorteile haben Scheibenräder?
1. Einfache Herstellung
2. Luftdichtes Felgenbett

Wie sind Gußräder aufgebaut?
Bei Gußrädern unterscheidet man:
1. Leichtmetallgußräder für Personenwagen
2. Stahlgußräder für schwere Lkw und Omnibusse

Leichtmetallräder können gegossen oder geschmiedet sein. Wegen ihres geringen Eigengewichts ist die ungefederte Masse des Fahrzeugs klein. Außerdem haben sie ein genau bearbeitetes Felgenbett mit äußerst geringem Höhen- und Seitenschlag.

Stahlgußräder haben eine hohe Festigkeit und ein genau bearbeitetes Felgenbett.

Wie sind Trilex-Speichenräder aufgebaut?
Das Trilex-Speichenrad, meist nur Trilex-Rad oder Trilex-Felge genannt, besteht aus dem Radkörper, der nach seinem sternförmigen Aussehen auch Radstern genannt wird und der dreigeteilten Felge. Der Radkörper besteht aus Stahlguß oder Temperguß. Die drei Felgenteile werden auf den Radstern aufgesetzt und verschraubt.

Welche Eigenschaften haben Trilex-Räder?
1. Äußerst stabile Radkonstruktion
2. Hohe Belastbarkeit
3. Leichter Reifenwechsel
4. Für schwere Lkw und Omnibusse geeignet

Wie sind Speichenräder aufgebaut?
Radnabe und Felge sind durch Stahlspeichen miteinander verspannt.

Welche Eigenschaften haben Speichenräder?

1. Hohe Festigkeit	4. Teure Herstellung
2. Geringes Eigengewicht	5. Aufwendige Reinigung
3. Gute Kühlung der Bremstrommel	6. Für Zweiradfahrzeuge

Bei welchen Rädern werden Tiefbettfelgen verwendet?
Bei Scheibenrädern und Leichtmetallrädern.

Welche Vorteile hat das Tiefbett?
1. Ermöglicht das Montieren der Reifen
2. Vergrößert das Luftvolumen

Wodurch erreicht man einen guten Sitz des schlauchlosen Reifens auf der Felgenschulter?
Durch Verwendung einer Sicherheitsfelge mit Hump- oder Flat-Hump-Schulter.

Welche Vorteile haben Flachbettfelgen?
Sie erlauben ein leichtes Montieren von großen, schweren Reifen. Sie sind zwei-, drei- oder vierteilig. Motorroller haben Flachbettfelgen, die in der Felgenmitte geteilt sind. Die beiden Radhälften werden miteinander verschraubt.

Wie erfolgt die Radlagerung?
Durch eine Radnabe, auf der das Rad mit Kugelbundschrauben oder Kugelbundmuttern befestigt wird. Die Radnabe ist mit Schrägrollenlager oder Kugellager auf dem Achsschenkelzapfen bzw. dem Achsrohr drehbar gelagert. Bei Speichenrädern von Krafträdern ist die Radnabe der innere Teil des Speichenrads.

Wie können Antriebsräder gelagert sein?
1. Halbfliegende Lagerung
2. Fliegende Lagerung (Losradlagerung)

4.2 Reifen

Welche Aufgaben hat der Reifen?
1. Die Fahrzeuglast tragen
2. Gute Straßenhaftung gewährleisten
3. Die Antriebs-, Brems- und Seitenkräfte übertragen
4. Durch gute Federung den Fahrkomfort verbessern
5. Große Laufleistung erzielen
6. Geringen Rollwiderstand aufweisen

Aus welchen Teilen besteht der Reifen?
1. Gewebeunterbau (Karkasse)
2. Wulst mit Drahtkern
3. Zwischenbau
4. Seitenwand und Scheuerleiste
5. Lauffläche mit Schulter
6. Innenseele und Wulstüberzug

Wie ist der Gewebeunterbau aufgebaut?
Der Gewebeunterbau, auch Karkasse genannt, ist der Festigkeitsträger des Reifens. Er besteht aus mehreren gummierten Cord-Gewebelagen, die je nach Reifentyp unter einem bestimmten Fadenwinkel gekreuzt übereinander liegen. Die Cord-Gewebelagen sind am Drahtkern des Wulstes befestigt.

Welche Aufgaben hat der Wulst mit Drahtkern?
Er dient zur Verankerung der Cord- Gewebelagen und gibt dem Reifen den festen Sitz auf der Felgenschulter.

Wie ist der Wulst mit Drahtkern aufgebaut?
Er besteht aus mehreren gummierten Stahldrähten und einer Gummikappe und ist mit gummiertem Vollgewebe ummantelt.

Welche Aufgaben hat der Zwischenbau?
Er schützt die Karkasse und dämpft die Fahrbahnstöße.

Wie ist der Zwischenbau aufgebaut?
Er ist die Verbindung zwischen Karkasse und Lauffläche und besteht aus Zwischenbaugewebe und Polstergummi.

Welche Aufgaben hat die Seitenwand?
Die Seitenwand ist der seitliche Gummiteil des Laufstreifens. Sie schützt das Cordgewebe und leitet die Wärme ab, die beim rollenden Reifen durch Walkarbeit entsteht.

Welche Angaben sind auf der Seitenwand angebracht?
Hier sind Montagekennlinien, Reifenabmessungen und weitere Angaben des Herstellers eingeprägt. Ferner kann an der Reifenaußenseite eine Scheuerleiste vorhanden sein.

Welche Aufgaben hat die Lauffläche?
Sie ist der mittlere Gummiteil des Laufstreifens (der auch Protektor genannt wird) und hat eine Profilierung zur Vergrößerung der Haftung bei nasser Fahrbahn. Sie stellt den Kraftschluß mit der Fahrbahn her und überträgt Antriebs-, Brems- und Seitenführungskräfte.

Wie groß ist die Profiltiefe bei Reifen?
Bei Neureifen je nach Abmessung (Pkw) 8 ... 10 mm
Mindestprofiltiefe nach StVZO 1 mm

Welche Aufgabe hat die Innenseite und der Wulstüberzug?
Sie ist eine luftundurchlässige, abdichtende, weiche Gummischicht unter dem Cordgewebe und über dem Wulst bei schlauchlosen Reifen.

Wie ist das Cord-Gewebe aufgebaut?
Es besteht aus vielen Cordfäden, die einzeln in Gummi eingebettet sind und so zusammengehalten werden.

Aus welchen Werkstoffen bestehen die Cordfäden?
1. Kunstseide
2. Nylon
3. Polyester
4. Feine Stahldrähte
5. Glasfasern

Welche Reifenarten unterscheidet man nach dem Fadenwinkel im Unterbau?
1. Diagonal-Reifen
2. Radial-Reifen (Gürtelreifen)

Wie groß ist der Fadenwinkel dieser Reifen?
Diagonal – Reifen: 25 ... 40° (Unterbau)
Radial – Reifen: 85 ... 90° (Unterbau); 0 ... 30° (Gürtel)

Erklären Sie die Bezeichnung Diagonalreifen!
Hier sind die Cordfäden der Karkasse diagonal unter einem Winkel von 25 ... 40° angeordnet.

Welche Eigenschaften haben Diagonal-Reifen?
1. Guter Fahrkomfort bei niederen Geschwindigkeiten
2. Größerer Rollwiderstand durch Rollwulstbildung
3. Mehr Walkarbeit und dadurch größere Erwärmung

Erklären Sie den Gewebeaufbau von Radial-Reifen!
Hier sind die Cordfäden der Karkasse radial im Winkel von 85 ... 90° angeordnet. Zwischen der Karkasse, die meist aus zwei Lagen besteht, und der Lauffläche wird ein zusätzlicher Gürtel aus mehreren Lagen eingebaut. Deshalb nennt man Radial-Reifen auch Gürtel-Reifen. Die Gürtellagen können aus Textilfasern oder aus feinen Stahlseilen hergestellt sein.

Welche Eigenschaften haben Radial-Reifen?

1. Hohe Laufleistung
2. Niederer Rollwiderstand
3. Gute Bodenhaftung
4. Gute Seitenführung
5. Sichere Spurhaltung
6. Gute Wintereigenschaften
7. Geringe Neigung zu Aquaplaning
8. Bei niederer Geschwindigkeit geringerer Fahrkomfort

Worin unterscheiden sich Sommer- und Winterreifen?

1. In der Profilgestaltung (enges Profil-grobes Stollenprofil)
2. In der Gummimischung der Lauffläche

Welche Eigenschaften haben Sommerreifen?
Sie haben ein enges Profil, um die Abrollgeräusche möglichst niedrig zu halten. Bei zu engem Profil und schlechter Wasserabfuhr steigt die Gefahr von Aquaplaning.

Welche Eigenschaften haben Winterreifen?

1. Grobes Stollenprofil
2. Gute Haftung auf Eis und Schnee durch entsprechende Gummimischung der Lauffläche

Was versteht man unter einem Lamellenreifen?
Der Lamellenreifen ist ein Winterreifen, der viele schmale Einschnitte („Lamellen") in den Profilklötzen hat. Dadurch erhält der Reifen mehr Greifkanten in der Aufstandsfläche und wird so auf Eisflächen griffiger.

Erklären Sie die Bezeichnung M+S!
M+S = Matsch und Schnee (für Winterreifen)

Woran erkennt man einen Reifen mit Schlauch (Schlauchreifen)?
An der Aufschrift „tubetype". In das Felgenbett muß zum Schutz des Schlauchs ein Gummischutzband eingelegt sein.

Woran erkennt man einen schlauchlosen Reifen?
An der Aufschrift „tubeless". Diese Reifen sind durch eine zusätzlich einvulkanisierte Gummischicht, die sog. Innenseite mit Wulstüberzug, abgedichtet.

Welche Eigenschaften haben schlauchlose Reifen?

1. Einfache Montage
2. Geringere Erwärmung durch Wegfall der Reibung zwischen Reifen und Schlauch
3. Kein Entweichen der Luft bei steckengebliebenem Fremdkörper
4. Langsames Entweichen der Luft bei herausgeschleudertem Fremdkörper
5. Besonders abgedichtete Felgen und Ventile erforderlich
6. Guter Sitz des Reifenwulstes auf der Felge notwendig
7. Sicherheitsfelgen erforderlich

Was versteht man unter dem Querschnittsverhältnis von Reifen?

Das Querschnittsverhältnis H/B ist das Verhältnis von Reifenhöhe zu Reifenbreite.

Welche Arten von Reifen unterscheidet man nach ihrer Querschnittsform?

	Querschnittsverhältnis H/B	Beispiel
1. Ballonreifen	≈ 1,0	6,50–16
2. Superballonreifen	≈ 0,95	6,70–13
3. Niederquerschnittsreifen	≈ 0,88	6,00–16
4. Super-Niederquerschnittsreifen	≈ 0,82	6,15–13
5. Serie 70	= 0,70	175/70 R 14
Serie 65	= 0,65	165/65 R 14
Serie 60	= 0,60	185/60 R 14
Serie 55	= 0,55	205/55 VR 16
Serie 50	= 0,50	225/50 VR 15
Serie 45	= 0,45	225/45 VR 16

Welche Angaben enthält die Reifenbezeichnung?

1. Reifenbreite in mm oder Zoll
2. Verhältnis von Reifenhöhe zu Reifenbreite (H/B)
3. Reifenbauart (Radial oder Diagonal)
4. Felgendurchmesser in Zoll
5. Kennzahl für Reifentragfähigkeit
6. Kennzeichnung der zulässigen Höchstgeschwindigkeit

Erklären Sie die Reifenbezeichnung 185/70 R 13 84 S!

185 : Reifenbreite 185 mm
70 : Verhältnis Reifenhöhe zu Reifenbreite = 70:100
R : Radialreifen
13 : Felgendurchmesser 13 Zoll
84 : Reifentragfähigkeit laut Tabelle 500 kg
S : Zulässige Höchstgeschwindigkeit laut Tabelle 180 km/h

Was versteht man unter der PR-Zahl?
Die PR-Zahl (Ply Rating) ist eine Kenngröße für die Karkassenfestigkeit. Früher gab sie die Anzahl der Lagen Baumwollcord in der Karkasse an. Heute ist sie eine Vergleichszahl für die Reifenbelastung.

Was ist Aquaplaning?
Bei nasser Fahrbahn bildet sich vor und unter dem rollenden Reifen ein Wasserkeil, der die Aufstandsfläche des Reifens verkleinert, weil das Wasser nicht mehr im Profil aufgenommen und abgeführt werden kann. Schwimmt der Reifen ganz auf dem Wasserkeil auf, spricht man von Aquaplaning. Das Fahrzeug läßt sich dann weder lenken noch bremsen. Aquaplaning tritt etwa ab 80 km/h auf.

Was versteht man unter Unwucht?
Eine ungleiche Massenverteilung bei drehenden Teilen.

Welche Arten von Unwucht unterscheidet man?
1. Statische Unwucht
2. Dynamische Unwucht

Wodurch kann Unwucht am Rad und am Reifen entstehen?
1. Ungleiche Massenverteilung im Reifen
2. Beschädigung der Felge
3. Fremdkörper oder Schmutz an Felge oder Reifen
4. Ungleichmäßig abgefahrener Reifen
5. Falsch montierte Ausgleichsgewichte

Wie kann man die Reifenunwucht beseitigen?
Durch dynamisches Auswuchten auf einer Radauswuchtmaschine mit Auswuchtgewichten.

Welche Arten von Radauswuchtmaschinen unterscheidet man?
1. Stationäre Radauswuchtmaschinen
2. Transportable Radauswuchtmaschinen

Was bedeutet der rote Punkt am Reifen?
Die leichteste Stelle des Reifens ist mit einem roten Punkt am Wulst gekennzeichnet. Dieser rote Punkt muß beim Montieren des Reifens am Ventil sein. Dadurch soll das zusätzliche Gewicht des Ventils ausgeglichen werden.

Dürfen Reifen nachgeschnitten werden?
Pkw-Reifen: aus Sicherheitsgründen und wegen der geringeren Profiltiefe verboten.
Lkw-Reifen: erlaubt, jedoch darf die Karkasse nicht beschädigt werden.

4.3 Federung

Welches Bauteil stellt die Verbindung zwischen der Radaufhängung mit Rad und dem Fahrzeugaufbau her?
Die Federung

Welche Bauteile des Fahrzeugs nehmen die Fahrbahnstöße auf?
1. Die Federung
2. Die Reifen
3. Die Polsterung

Welche Schwingungen wirken auf den Fahrzeugaufbau?
1. Hubschwingungen
2. Nickschwingungen
3. Wankschwingungen

Welche Aufgaben hat die Federung?
1. Die Gewichtskräfte des Fahrzeugs aufnehmen
2. Die dynamischen Massenkräfte auf die Räder übertragen
3. Die Fahrbahnstöße auffangen und in weiche, langsame Schwingungen umwandeln
4. Die Kipp- und Nickbewegungen vermindern und ausgleichen
5. Eine gute Bodenhaftung der Räder gewährleisten
6. Das Fahrzeugniveau und die Bodenfreiheit regulieren
7. Möglichst kleines Eigengewicht haben

Was versteht man unter der ungefederten Masse eines Fahrzeugs?
Sie ist die Masse des Fahrzeugs, die die Fahrbahnstöße direkt aufnimmt und über Federungselemente an den Aufbau weitergibt.

Welche Teile gehören zur ungefederten Masse?
Räder, Radaufhängung, Bremsen und Teile der Achse.

Welche Eigenschaften haben kleine ungefederte Massen?
1. Sichere Straßenhaftung der Räder
2. Guter Federungskomfort

Was versteht man unter der gefederten Masse?
Sie ist die Masse des Fahrzeugs, die die Fahrbahnstöße nicht direkt, sondern durch Federungselemente und Stoßdämpfer in gedämpfter Form aufnimmt.

Welche Teile gehören zur gefederten Masse?
Der Fahrzeugaufbau und die Zuladung

Was versteht man unter einer linearen Federkennlinie?
Der Federweg nimmt in gleichem Maß zu wie die Belastung. Bei doppelter Belastung steigt die Durchfederung auf das Doppelte, bei dreifacher Belastung auf das Dreifache. Dies ergibt im Federdiagramm eine gerade Linie. Deshalb spricht man von einer linearen Federkennlinie.

Was versteht man unter einer progressiven Federkennlinie?
Die Belastung nimmt im Verhältnis zum Federweg stärker zu, d. h. mit zunehmender Belastung wird der Federweg immer kleiner. Die Feder wird also mit zunehmender Belastung immer härter. Dies verhindert das Durchschlagen der Feder.

Welche Arten von Federn werden verwendet?
1. Stahlfederung a) Blattfeder
   b) Schraubenfeder
   c) Drehstabfeder
2. Gummifederung
3. Luftfederung
4. Hydropneumatische Federung
5. Hydrolastik-Federung

Wie werden Blattfedern beansprucht?
Auf Biegung.

Wie teilt man die Blattfedern nach der Ausführung der Federblätter ein?
1. Vollelliptikfeder
2. Halbelliptikfeder
3. Viertelelliptikfeder

Erklären Sie die Bezeichnung Elliptikfeder!
Die Anordnung der Federblätter gleicht einer Ellipse. Im Kraftfahrzeug werden nur noch Halbelliptikfedern, manchmal auch Viertelelliptikfedern verwendet.

Wie unterscheidet man die Blattfedern nach der Querschnittsform?
1. Trapezfeder
2. Parabelfeder

Wie ist die Trapezfeder aufgebaut?
Sie besteht aus trapezförmig übereinanderliegenden Federblättern gleicher Dicke und Breite.

Wie ist die Parabelfeder aufgebaut?
Die Federblattdicke ist unterschiedlch, sie nimmt parabelförmig zu.

Welche Eigenschaften haben Blattfedern?

1. Übertragen Antriebs-, Brems- und Seitenkräfte
2. Niedrige Bauhöhe
3. Großes Eigengewicht
4. Kleine Federwege
5. Bei Mehrblattfedern große Eigendämpfung durch Reibung zwischen den Federblättern
6. Verändern je nach Einbau Spurweite, Sturz oder Radstand
7. Erfordern je nach Ausführung Wartung
8. Lineare oder progressive Federkennlinie je nach Bauart
9. Erneuerung einzelner Federblätter möglich

Wie werden Schraubenfedern beansprucht?

Auf Verdrehung (Torsion).

Welche Arten von Schraubenfedern unterscheidet man?

1. Zylindrische Schraubenfeder mit Kreisquerschnitt
2. Kegelfeder mit Kreis- oder Rechteckquerschnitt
3. Federn mit gleicher oder unterschiedlicher Steigung
4. Ineinanderliegende Schraubenfedern als Federsatz

Welche Federkennlinien haben Schraubenfedern?

1. Lineare Federkennlinie bei gleicher Steigung und bei gleichem Durchmesser
2. Progressive Federkennlinie bei unterschiedlicher Steigung oder konisch verjüngtem Stabdurchmesser

Welche Eigenschaften haben Schraubenfedern?

1. Wartungsfrei
2. Keine Gelenke an der Federaufnahme erforderlich
3. Keine Aufnahme von Längs- und Querkräften möglich
4. Große Federwege
5. Leicht
6. Keine Eigendämpfung

Wie werden Drehstabfedern beansprucht?

Auf Verdrehung (Torsion).

Welche Querschnittsformen haben Drehstäbe?

1. Kreisquerschnitt, massiv
2. Rohrquerschnitt
3. Rechteckquerschnitt, z. T. mehrere Stäbe als Federpaket

Welche Eigenschaften haben Drehstabfedern?
1. Wartungsfrei
2. Übertragen Längs- und Querkräfte
3. Einstellung einer Federvorspannung möglich
4. Große Baulängen
5. Leicht
6. Kerbempfindlich
7. Lineare Federkennline
8. Keine Eigendämpfung

Was ist ein Drehstabstabilisator?
Ein U-förmig abgewinkelter Federstab, der der Kurvenneigung des Fahrzeugaufbaus entgegenwirkt. Die beiden Enden sind an der Radaufhängung befestigt, das Mittelstück ist am Aufbau drehbar gelagert.

Wo werden Gummifedern verwendet?
1. Bei Anhängern als reine Gummifeder
2. Bei Personenwagen nur als Zusatzfeder

Wie können Gummifedern beansprucht werden?
Auf Zug, Druck und Verdrehung.

Welche Eigenschaften haben Gummifedern?
1. Wartungsfrei
2. Übertragen Längs- und Querkräfte
3. Kleine Federwege
4. Leicht
5. Temperatur-, öl- und benzinempfindlich
6. Progressive Federkennlinie
7. Hohe Eigendämpfung

In welchen Fahrzeugen wird die Luftfederung eingebaut?
In teuren Personenwagen, Lastkraftwagen, Omnibussen und Anhängern.

Wodurch erfolgt die Federung?
Durch Zusammenpressen und Entspannen der in die Federbälge eingepumpten Luft.

Aus welchen Bauteilen besteht die Luftfederung?
1. Luftpresser
2. Druckregler
3. Luftbehälter
4. Ventileinheit
5. Niveauregelventil
6. Federelement

Wie hoch ist der Förderdruck des Luftpressers?
12 ... 18 bar.

Wie hoch ist der Arbeitsdruck der Luftfederung?
Vorn 4 ... 10 bar, hinten bis 16 bar je nach Anlage.

Wodurch wird bei Druckluftbremsanlagen erreicht, daß die Bremse nicht durch die Luftfederung beeinflußt wird?
Bremsanlage und Luftfederung haben je einen gesonderten Luftbehälter. Ein Überströmventil sichert die bevorrechtigte Druckluftversorgung der Bremse.

Wie ist die Wirkungsweise der Niveauregelventile?
Jedes Niveauregelventil steht über eine Verbindungsstange mit der Radaufhängung in Verbindung. Senkt sich der Aufbau auf Grund höherer Fahrzeuglast, läßt das Lufteinlaßventil so lange Luft in den Federbalg einströmen, bis das Fahrzeug wieder auf Mittelstellung steht. Beim Entladen des Fahrzeugs wird so lange Luft abgelassen, bis das Normalniveau wieder erreicht ist.

Welche Federelemente unterscheidet man?
1. Rollbalg
2. Rund- oder Faltenbalg

Wie ist der Federbalg aufgebaut?
Er besteht aus Gummi mit einvulkanisiertem Cordgewebe.

Wie arbeitet der Rollbalg?
Er rollt sich beim Ein- und Ausfedern über den dazugehörenden Federkolben ab.

Welche Schaltstufen können an der Ventileinheit eingestellt werden?
N - Normales Niveau
H - Höheres Niveau
S - Sperrstellung

Welche Eigenschaften hat die Luftfederung?
1. Sehr aufwendige Federung
2. Besondere Drucklufterzeugung erforderlich
3. Keine Übertragung von Antriebs, -Brems- und Seitenkräften möglich
4. Veränderliche Bodenfreiheit durch handgesteuertes Ventil
5. Niveauregulierende Federung
6. Progressive Federung
7. Keine Änderung der Radstellung
8. Kein nennenswerter Verschleiß

Was versteht man unter einer hydropneumatischen Federung?
Die hydropneumatische Feder ist eine Gasfeder mit hydraulischer Kraftübertragung und hydraulischer Niveauregulierung.

Welches Gas wird hierbei verwendet?
Meist Stickstoff.

Wodurch erfolgt die Federung?
Durch Zusammenpressen und Entspannen des im Federspeicher unter Druck stehenden Stickstoffgases.

Wie hoch ist der Gasdruck des Stickstoffs?
Vorn 60 bar, hinten 32 bar.

Aus welchen Bauteilen besteht die hydropneumatische Federung?
1. Hochdrucköipumpe
2. Druckregler
3. Niveauregelventil
4. Federelement

Wie groß ist der Öldruck der Hochdruckpumpe?
150 ... 175 bar.

Welches Öl wird verwendet?
Spezialhydrauliköl

Wie ist die Wirkungsweise der Niveauregelventile?
Die Niveauregelventile sind am Fahrzeugaufbau befestigt und stehen mit der Radaufhängung über eine Zugstange in Verbindung. Sinkt das Fahrzeug durch größere Belastung ab, wird das Niveauregelventil durch die Zugstange auf Füllen gestellt und zusätzliches Öl wird so lange in den Arbeitsraum des Federelements gepumpt, bis das Normalniveau erreicht ist. Beim Entladen des Fahrzeugs wird durch das Niveauregelventil so lange Öl abgelassen, bis wieder das Normalniveau erreicht ist.

Wie ist das Federelement aufgebaut?
Im kugelförmigen Federelement befindet sich das unter einem Druck von 60 bzw. 32 bar stehende Stickstoffgas. Es ist durch eine Membran vom Hydrauliköl getrennt.

Wie erfolgt die Niveauregulierung?
Durch Zupumpen oder Ablassen von Öl aus dem Arbeitsraum zwischen Kolben und Membran des Federelements. Das Niveauregelventil steuert das Zu- und Abströmen des Öls.

Welche Eigenschaften hat die hydropneumatische Federung?

1. Besondere Druckölerzeugung erforderlich
2. Keine Nachfüllmöglichkeit für das Gas
3. Veränderliche Bodenfreiheit durch handgesteuertes Ventil
4. Niveauregulierende Federung
5. Progressive Federung
6. Kann zugleich als Stoßdämpfer ausgelegt sein

Was versteht man unter einer Hydrolastik-Federung?

Bei der Hydrolastik-Federung ermöglicht eine Gummischubfeder das Einfedern. Sie wird deshalb auch Gummikissenfeder genannt.

Weshalb wird diese Federung auch Verbundfeder genannt?

Weil die vorderen und hinteren Federelemente einer Fahrzeugseite über eine Rohrleitung hydraulisch miteinander verbunden sind. Dadurch wird die Federkraft von vorn nach hinten übertragen und umgekehrt.

Aus was besteht die Flüssigkeit in der Rohrleitung?

Sie ist eine Mischung aus Wasser (ca. 70 %), Alkohol und Korrosionsschutz.

Wie ist die Wirkungsweise der Hydrolastik-Federung?

Beim Einfedern eines Rades wird die Flüssigkeit von der unteren Kammer in die obere Kammer des Federelements gefördert. Dort wird der Flüssigkeitsdruck auf die Gummischubfeder übertragen, wodurch diese zusammengedrückt wird. Ein Teil der Flüssigkeit strömt gleichzeitig über die Verbindungsleitung zu dem anderen Federelement und hebt dort den Aufbau etwas an.

Welche Eigenschaften hat die Hydrolastik-Federung?

1. Einfaches Nachfüllen der Flüssigkeit möglich
2. Besondere Flüssigkeit erforderlich
3. Vermindert Nickschwingungen durch Druckausgleich der beiden miteinander verbundenen Federelemente
4. Progressive Federung
5. Dämpfendes Federelement
6. Keine Verschleißteile

Wie ist die Hydragas-Federung aufgebaut?

Die Hydragas-Federung ist ebenfalls eine Verbundfeder wie die Hydrolastik-Federung. Als Federelement wird anstelle der Gummischubfeder ein unter Druck stehendes Stickstoffgas verwendet. Der Stickstoffdruck beträgt ca. 18 bar. Eine Membran trennt den Stickstoffraum vom Hydraulikraum wie bei der hydropneumatischen Fedcrung.

4.4 Stoßdämpfer

Wie lautet die richtige Bezeichnung für Stoßdämpfer?
Schwingungsdämpfer, trotzdem wird meist der Name Stoßdämpfer verwendet.

Welche Aufgaben haben Stoßdämpfer?
1. Schwingungen der gefederten und ungefederten Massen rasch abklingen lassen
2. Straßenkontakt der Räder verbessern
3. Aufschaukeln des Aufbaus verhindern
4. Kurvenstabilität und Spursicherheit erhöhen
5. Verschleiß von Reifen, Radaufhängung und Lenkungsteilen verringern

Welche Arten von Stoßdämpfern unterscheidet man?
1. Reibungsstoßdämpfer
2. Hebelstoßdämpfer
3. Zweirohr-Teleskopstoßdämpfer
4. Einrohr-Teleskopstoßdämpfer
5. Federbeine
6. Stoßdämpfer mit Luftfederung
7. Stoßdämpfer mit hydropneumatischer Feder
8. Stoßdämpfer mit hydropneumatischer Feder und Ölpumpe

Reibungsstoßdämpfer und Hebelstoßdämpfer werden nur noch selten verwendet.

Welche Bauarten gibt es bei Zweirohr-Teleskopstoßdämpfern?
1. Zweirohr-Teleskopstoßdämpfer ohne Gasdruck (drucklos)
2. Zweirohr-Teleskopstoßdämpfer mit Gasdruck

Der drucklose Zweirohr-Teleskopstoßdämpfer wird am meisten verwendet.

Wie ist die Wirkungsweise des Zweirohr-Stoßdämpfers?
Druckstufe: Die Kolbenstange mit Kolben bewegt sich nach innen. Das Öl strömt vom unteren Arbeitsraum durch das geöffnete Kolbenventil in den oberen Arbeitsraum. Der Strömungswiderstand dämpft die Kolbenbewegung. Das durch die einfahrende Kolbenstange verdrängte Öl strömt durch das Bodenventil in den Vorratsraum.

Zugstufe: Der Kolben bewegt sich nach außen. Das Öl im oberen Arbeitsraum strömt durch das Kolbenventil in den unteren Arbeitsraum. Der Strömungswiderstand dämpft die Kolbenbewegung. Der ausfahrende Kolben saugt das Öl vom Vorratsraum in den unteren Arbeitsraum zurück.

Welche Eigenschaften hat der Zweirohr-Stoßdämpfer?

1. Gute Dämpfung
2. Lange Lebensdauer
3. Größere Dämpfung in der Zugstufe und bei größerem Hub sowie bei größerer Kolbengeschwindigkeit
4. Unerwünschte Schaumbildung möglich
5. Lageempfindlich

Wie ist der Zweirohr-Stoßdämpfer mit Gasdruck aufgebaut?

Dieser ist wie ein normaler Zweirohr-Stoßdämpfer ausgeführt. Zusätzlich steht das im Vorratsraum des äußeren Rohres vorhandene Öl unter einem Stickstoffgasdruck von 6 ... 8 bar.

Wie ist der Einrohr-Stoßdämpfer aufgebaut?

Der Einrohr-Stoßdämpfer, auch Gasdruck-Stoßdämpfer genannt, ist mit Stoßdämpferöl und Stickstoff gefüllt. Der Gasdruck beträgt 20 ... 30 bar. Das Gas ist durch einen Trennkolben oder eine Prallscheibe vom Öl getrennt.

Wie ist die Wirkungsweise des Einrohr-Stoßdämpfers?

Druckstufe: Der Kolben bewegt sich nach innen. Das Öl strömt vom unteren Arbeitsraum durch das geöffnete Kolbenventil in den oberen Arbeitsraum. Der Strömungswiderstand dämpft die Kolbenbewegung. Das von der Kolbenstange verdrängte Öl drückt das Gaspolster zusammen, das Gasvolumen wird kleiner und der Gasdruck steigt.

Zugstufe: Der Kolben bewegt sich nach außen. Das Öl im oberen Arbeitsraum strömt durch das Kolbenventil in den unteren Arbeitsraum. Der Strömungswiderstand dämpft die Kolbenbewegung. Das Gas entspannt sich um das Volumen der ausfahrenden Kolbenstange.

Welche Eigenschaften haben Einrohr-Stoßdämpfer?

1. Sehr gute Dämpfung
2. Gute Wärmeabfuhr
3. Arbeiten in jeder Einbaulage
4. Keine Hohlraumbildung (Kavitation) hinter dem Kolben
5. Größere Dämpfung in der Zugstufe und bei höherem Hub sowie bei größerer Kolbengeschwindigkeit

Was versteht man unter einem Federbein?

Beim Federbein bilden Stoßdämpfer, Feder und Radaufhängung eine Baueinheit. Beim Lenken dreht sich der verstärkte Einrohr- oder Zweirohr-Stoßdämpfer um seine Längsachse. Die Kolbenstange ist am Aufbau befestigt.

Welche Eigenschaften haben Federbeine?

1. Geringer Platzbedarf
2. Kleine ungefederte Massen
3. Kurze Federwege
4. Große Querkräfte an der Kolbenstangenführung

Wie ist ein Stoßdämpfer mit Luftfederung aufgebaut?

Stoßdämpfer und Luftfeder bilden eine Einheit. Diese Einheit kann auch als Zusatzfeder eingebaut werden.

Welche Eigenschaften haben Stoßdämpfer mit Luftfederung?

1. Einfache, regulierbare Federung
2. Besondere Luftpumpe oder Druckluftanschluß zur Druckregulierung erforderlich
3. Für nachträglichen Einbau geeignet

Wie ist ein Stoßdämpfer mit hydropneumatischer Feder aufgebaut?

Dieser Stoßdämpfer kann als einzelnes Federelement oder als Zusatzfeder eingebaut werden. Der Gasraum des Einrohr-Stoßdämpfers ist in einem separaten Kugelspeicher untergebracht. Entsprechend der Achslast wird Öl in das Federelement hineingepumpt oder abgelassen.

Welche Eigenschaften haben Stoßdämpfer mit hydropneumatischer Feder?

1. Regulierbarer Federweg
2. Kleine ungefederte Massen
3. Lange Lebensdauer durch die Nachfüllmöglichkeit von Dämpferöl am Vorratsbehälter
4. Hohe Öltemperatur im Dämpfer

Wie ist der Stoßdämpfer mit hydropneumatischer Feder und Ölpumpe aufgebaut?

Bei dieser Stoßdämpferausführung wird durch die hin- und hergehende Bewegung der Kolbenstange beim Ein- und Ausfedern Hydrauliköl vom Niederdruckraum in den Hochdruckraum gepumpt. Dadurch kann man dieses hydropneumatische, selbstpumpende Federungselement zur Niveauregulierung verwenden.

Welche Eigenschaften haben Stoßdämpfer mit hydropneumatischer Feder und Ölpumpe?

1. Niveauregulierendes Federelement
2. Keine Motorkraft zum Antrieb der Pumpe erforderlich
3. Keine Nachfüllmöglichkeit für das Öl
4. Keine Reparaturmöglichkeit
5. Begrenzte Lebensdauer

4.5 Radaufhängung

Was versteht man unter der Radaufhängung?
Die Radaufhängung ist das Bindeglied zwischen dem Fahrzeugaufbau und den Rädern. Die Verbindung erfolgt durch die Achsen, die Führung durch Längslenker, Querlenker oder Schräglenker.

Welche Aufgaben hat die Radaufhängung
1. Räder exakt führen
2. Ein- und Ausfedern der Räder ermöglichen
3. Lenkbarkeit der Räder sicherstellen
4. Alle Längs-, Quer- und Vertikalkräfte aufnehmen
5. Fahrzeuglast auf alle Räder im gewünschten Verhältnis verteilen
6. Ungefederte Massen klein halten
7. Fahrbahnkontakt der Räder erhalten
8. Sichere Straßen- und Kurvenlage ermöglichen
9. Fahrbahn- und Abrollgeräusche vom Aufbau fernhalten

Nennen Sie die verschiedenen Arten der Radaufhängung!

Starrachsen
1. Faustachse
2. Gabelachse
3. Banjoachse
4. Deichselachse
5. De-Dion-Achse
6. Schwebeachse
7. Koppellenkerachse
8. selbstlenkende Nachlaufachse

Einzelradaufhängung
1. Zweigelenk-Pendelachse
2. Eingelenk-Pendelachse
3. Schräglenkerachse
4. Raumlenkerachse
5. Querfederachse
6. Querlenkerachse
7. Längslenkerachse
8. Mc Pherson-Federbein

Weshalb werden Achsen manchmal an einem Fahrschemel befestigt?
1. Günstige Bandmontage
2. Einfachere Reparaturmöglichkeit
3. Bessere Einstellmöglichkeit
4. Günstigere Geräuschisolation durch Gummielemente

Welche Eigenschaften haben Starrachsen?
1. Keine Sturz- und Spurweitenänderung bei beidseitigem Einfedern
2. Sturzänderung bei einseitigem Einfedern
3. Großer Platzbedarf beim Einfedern
4. Große ungefederte Massen
5. Bei unebener Fahrbahn schlechter Fahrbahnkontakt der Räder
6. Keine Gelenke zur Übertragung der Antriebskraft erforderlich
7. Geringer Reifenverschleiß

Wie sind Faust- bzw. Gabelachsen aufgebaut?
Sie werden als Lenkachsen bei Lkw und Omnibussen eingebaut. Der Achsträger besteht meist aus einem Schmiedestück mit I-förmigem Querschnitt. Die Aufnahme des Achsschenkels ist faust- oder gabelförmig ausgebildet. Die teurere Gabelachse wird selten verwendet.

Woher stammt der Name Banjoachse?
Die Achse gleicht in ihrer Form einem Musikinstrument, dem Banjo.

Wie ist die Banjoachse aufgebaut?
Der Achskörper kann aus einem Stück gegossen sein oder es werden in das gegossene Achsmittelstück Stahlrohre eingeschweißt. Auch kann der Achskörper aus zwei Stahlblechteilen zusammengeschweißt sein.

Welche Vorteile hat die Banjoachse?
Es kann der gesamte Achskopf mit Ausgleichsgetriebe ausgebaut und in ausgebautem Zustand instandgesetzt und eingestellt werden. Die Banjoachse wird deshalb bei vielen Fahrzeugen als Antriebsachse verwendet.

Was versteht man unter einer Deichselachse?
Die Deichselachse, auch Zentralgelenkachse genannt, stützt die Anfahr- und Bremsmomente durch den weit nach vorn gerückten Befestigungspunkt sicher und zuverlässig ab. Man erhält dadurch eine exakte Führung der Achse und eine weiche Federung.

Welche Eigenschaften hat die Trichterachse?
Die Trichterachse, auch Flanschachse gananntt, läßt sich einfach herstellen und hat ein geringes Gewicht, Einstell- und Montagearbeiten sind jedoch schwieriger.

Wie ist die De-Dion-Achse aufgebaut?
Beide Räder sind durch ein Achsrohr starr miteinander verbunden. Das Ausgleichsgetriebe ist direkt am Fahrzeugaufbau befestigt, um die ungefederten Massen klein zu halten. Die Verbindung der Räder mit dem Ausgleichsgetriebe erfolgt über Antriebswellen mit Gleichlaufgelenken.

Welche Eigenschaft hat die Schwebeachse?
Sie hat ein hochliegendes Momentanzentrum (Punkt, um den sich der Aufbau beim Angreifen einer Seitenkraft neigt).

Wie ist die Koppellenkerachse aufgebaut?
Diese Achse besteht aus zwei Längslenkern, die etwa in der Mitte der Lenker durch ein Rohr oder einen Profilstab miteinander verbunden sind. Dadurch erreicht man eine gute Radführung bei kleinen ungefederten Massen.

Wie ist die Wirkungsweise der selbstlenkenden Nachlaufachse?
Diese Achse führt die Räder an Achsschenkeln, deren Drehpunkte vor der Achse angeordnet sind. Die Räder sind über Lenkspurhebel, Spurstangen und Umlenkhebel miteinander verbunden. Bei Kurvenfahrt werden die Räder durch die Seitenkräfte ausgelenkt. Die Rückstellung in die Geradeausfahrt wird durch den großen Nachlauf der Räder erreicht. Der maximale Lenkeinschlag beträgt 20°

Welche Eigenschaften haben Achsen mit Einzelradaufhängung?
1. Alle Räder federn unabhängig voneinander
2. Große Federwege
3. Kleiner Platzbedarf beim Einfedern
4. Kleine ungefederte Massen
5. Guter Fahrbahnkontakt der Räder

Wie ist die Zweigelenk-Pendelachse aufgebaut?
Das Ausgleichsgehäuse ist am Fahrzeugaufbau befestigt. Die Achsrohre mit den Rädern sind über Gelenke mit dem Ausgleichsgehäuse verbunden und führen beim Einfedern eine pendelnde Bewegung aus.

Welche Eigenschaften haben Zweigelenk-Pendelachsen?
1. Kleine ungefederte Massen
2. Guter Federungskomfort
3. Gute Seitenführung des kurvenäußeren Rades durch den auftretenden größeren negativen Sturz
4. Große Sturz- und Spurweitenänderung beim Einfedern
5. Höherer Reifenverschleiß

Wie ist die Eingelenk-Pendelachse aufgebaut?
Hier ist der Drehpunkt, um den die beiden Achshälften pendeln, in die Fahrzeugmitte gelegt. Das Ausgleichsgehäuse bildet mit dem Achsrohr eine Einheit und pendelt beim Einfedern mit.

Welche Eigenschaften haben Eingelenk-Pendelachsen?
1. Kleine ungefederte Massen
2. Große Federwege
3. Guter Federungskomfort
4. Kleine Sturz- und Spurweitenänderung beim Einfedern
5. Nur ein Gelenk zur Übertragung des Antriebsdrehmoments erforderlich

Erklären Sie den Aufbau der Schräglenkerachse!
Die Schräglenker dieser Achskonstruktion sind als Dreieckslenker ausgeführt. Die Drehachse der beiden Anlenklager verläuft schräg zur Fahrzeug-Querachse. Es handelt sich um eine Mischbauart zwischen einer Querlenker- und einer Längslenkerachse.

Welche Eigenschaften haben Schräglenkerachsen?
1. Nur geringe Sturz-, Spurweiten-und Radstandsänderung beim Einfedern
2. Gute Radführung bei Geradeaus- und Kurvenfahrt
3. Sehr guter Fahrbahnkontakt der Räder
4. Antriebswellen mit zwei Gelenken und einem Längenausgleich erforderlich

Was versteht man unter einer Raumlenkerachse?
Bei der Raumlenkerachse wird das Rad an fünf Lenkern geführt. Durch Abstimmung von Kinematik (Bewegungslehre) und elastischer Aufhängung werden unerwünschte Lenkbewegungen unterbunden.

Welche Eigenschaften hat die Raumlenkerachse?
1. Keine Spuränderung bei Lastwechsel und beim Einfedern
2. Hoher Federungskomfort
3. Hohe Anfahr- und Bremsnickabstützung
4. Antriebswellen mit zwei Gelenken und einem Längenausgleich erforderlich

Wie ist die Querfederachse aufgebaut?
Hier sind Blattfedern quer zur Fahrzeuglängsachse angeordnet.
Einfache Querfederachse: 1 Blattfeder und 2 Querlenker
Doppel – Querfederachse: 2 Blattfedern

Welche Eigenschaften haben Querfederachsen?
1. Gute Parallelführung der Räder
2. Geringe Spurweitenänderung beim Einfedern
3. Keine Sturz- und Nachlaufänderung beim Einfedern

Wie ist die Querlenkerachse aufgebaut?
Bei der Querlenkerachse sind die Lenker quer zur Längsachse des Fahrzeugs angeordnet. Es werden ausschließlich Doppelquerlenker in Trapezform gebaut. Die Trapezform wird dadurch erreicht, daß der untere Querlenker stets länger ist als der obere. Die Querlenker werden meist als Dreieckslenker gebaut und sind am Fahrgestell mit zwei Lagern befestigt. Die Verbindung der Querlenker mit dem Achsschenkel erfolgt vorwiegend über Kugelgelenke.

Welche Eigenschaften haben Querlenkerachsen?
1. Sehr gute Radführung
2. Große Federwege bei geringem Platzbedarf
3. Kleine Einbauhöhe
4. Gute Anpassung an die Fahrzeugkonstruktion möglich
5. Kleine Spurweitenänderung

Wie ist die Längslenkerachse aufgebaut?
Die Längslenkerachse hat auf jeder Fahrzeugseite parallel zur Fahrzeuglängsachse angeordnete Längslenker. Diese sind drehbar am Aufbau gelagert. Sie können kurbelartig gekröpft sein und werden dann Kurbellenker genannt. **Einfache Längslenker** werden meist nur als Hinterradaufhängung verwendet. **Doppellängslenker** können auch als Vorderradaufhängung verwendet werden. Beim Einfedern ergeben diese keine Nachlaufänderung.

Welche Eigenschaften haben Längslenkerachsen?
1. Keine Sturz- und Spurweitenänderung beim Einfedern
2. Bei Kurvenneigung des Aufbaues Sturzänderung
3. Zur Aufnahme von großen Querkräften besondere Abstützung erforderlich

Was versteht man unter einem Mc Pherson-Federbein?
Das Mc Pherson-Federbein ist eine Weiterentwicklung der Doppelquerlenkerachse. An Stelle des oberen Querlenkers wird ein Federbein, d. h. ein verstärkter Stoßdämpfer mit Schraubenfeder verwendet. Das Stoßdämpferrohr ist mit dem Achsschenkel zusammengebaut und bildet eine Einheit. Die Kolbenstange des Stoßdämpfers ist am Fahrzeugaufbau befestigt. Zwischen diesem Befestigungspunkt und dem Federteller am Stoßdämpferrohr befindet sich die Schraubenfeder. Das Federbein muß die Brems-, Beschleunigungs- und Seitenkräfte aufnehmen. Deshalb werden Kolbenstange und Kolbenstangenführung verstärkt ausgeführt.

Die **Dämpferbeinachse** ist ähnlich aufgebaut. Bei ihr wirkt die Schraubenfeder jedoch nicht auf das Federbein, sondern auf den Querlenker. Dadurch werden die Radführungsteile und die Karosserie an den Abstützpunkten geringer belastet.

Welche Eigenschaften hat das Mc Pherson-Federbein?
1. Kleiner Platzbedarf
2. Kleine ungefederte Massen
3. Große Federwege
4. Bei Kurvenfahrt Sturzänderung durch Aufbauneigung
5. Gute Aufnahme von Längs- und Querkräften

Was versteht man unter einer Radaufhängung in Hülsenführung?
Die Hülsenführung wird vorwiegend nur noch bei Motorrädern verwendet. Hülsenführungen müssen sorgfältig gewartet werden. Deshalb wurden sie bei Personenwagen von dem wartungsfreien Mc Pherson-Federbein abgelöst.

4.6 Radstellung

Was bewirkt eine richtige Radstellung am Fahrzeug?
1. Einwandfreier Geradeauslauf
2. Gutes Fahrverhalten bei Kurvenfahrt
3. Gute Haftung der Reifen bei Kurvenfahrt
4. Geringer Reifenverschleiß

Wodurch wird die Radstellung bestimmt?
1. Radstand
2. Spurweite
3. Spur
4. Sturz
5. Spreizung
6. Nachlauf
7. Lenkrollhalbmesser
8. Spurdifferenzwinkel
9. Lenktrapez

Was versteht man unter dem Radstand?
Der Radstand wird von Mitte Vorderachse bis Mitte Hinterachse gemessen. Ein **langer Radstand** erlaubt, Fahrgäste und Nutzlast günstig zwischen den Achsen unterzubringen. Dies ergibt kurze Karosserieüberhänge vorn und hinten und geringe Nickschwingungen.
Ein **kurzer Radstand** erleichtert das Befahren enger Kurven.

Was versteht man unter der Spurweite?
Die Spurweite ist das Maß von Reifenmitte zu Reifenmitte einer Achse. Große Spurweite ermöglicht höhere Geschwindigkeiten in Kurven. Tritt beim Ein- und Ausfedern eine Spurweitenänderung auf, wird der Rollwiderstand und der Reifenverschleiß erhöht.

Was versteht man unter der Spur?
Die Spur ist die Schrägstellung der Radebene zur Fahrtrichtung. Sie wird in Winkelgrad oder durch den Unterschied des Felgenhornabstandes vorn zu hinten in Höhe der Radmitte in mm gemessen.
Bei Fahrzeugen mit Hinterradantrieb wird meist positive Spur (Vorspur) eingestellt, bei Fahrzeugen mit Vorderradantrieb meist negative Spur (Nachspur).

Welche Aufgaben hat die Spur?
1. Räder während der Fahrt möglichst parallel stellen
2. Das Gelenkspiel beseitigen
3. Die Spurhaltung verbessern
4. Das Flattern der Räder verhindern

Was versteht man unter dem Sturz?
Der Sturz ist die Schrägstellung der Radebene zur Senkrechten. Es gibt positiven Sturz (Rad oben nach außen geneigt) und negativen Sturz (Rad oben nach innen geneigt). Vorderräder haben häufig positiven Sturz, Hinterräder negativen Sturz.

Welche Aufgaben hat der Sturz?
1. Die Seitenführung bei Kurvenfahrt verbessern (negativer Sturz)
2. Den Lenkrollhalbmesser verkleinern (positiver Sturz)
3. Das Radlagerspiel beseitigen (positiver Sturz)
4. Durch Schräglauf den Geradeauslauf verbessern (positiver Sturz)

Was versteht man unter der Spreizung?
Die Spreizung ist die Schrägstellung des Achsschenkelbolzens zur Senkrechten in Richtung der Fahrzeugquerachse. Sie bewirkt ein Anheben des Fahrzeugs beim Lenkeinschlag.

Welche Aufgaben hat die Spreizung?
1. Den Lenkrollhalbmesser verkleinern
2. Die Lenkung nach der Kurvenfahrt selbsttätig zurückstellen
3. Das Flattern verhindern

Was versteht man unter dem Nachlauf?
Der Nachlauf ist die Schrägstellung des Achsschenkelbolzens zur Senkrechten in Richtung der Fahrzeuglängsachse bzw. der Abstand Mitte Radaufstandsfläche bis zum Durchstoßpunkt der verlängerten Lenkungsdrehachse auf der Fahrbahn. Es gibt positiven Nachlauf (Nachlauf) und negativen Nachlauf (Vorlauf).

Welche Aufgaben hat der Nachlauf?
1. Den Geradeauslauf stabilisieren
2. Die Lenkung nach der Kurvenfahrt zurückstellen
3. Das Flattern verhindern

Was ist der Lenkrollhalbmesser?
Der Lenkrollhalbmesser ist der Abstand von Mitte Radaufstandsfläche bis zum Durchstoßpunkt der verlängerten Lenkungsdrehachse auf der Fahrbahn. Es gibt positiven und negativen Lenkrollhalbmesser sowie Lenkrollhalbmesser null.

Welche Aufgaben hat der Lenkrollhalbmesser?
1. Die erforderliche Lenkkraft verkleinern
2. Das Flattern der Räder verhindern
3. Den Geradeauslauf stabilisieren

Positiver Lenkrollhalbmesser ergibt stabilen Geradeauslauf, erfordert aber bei ungleichmäßiger Bremswirkung ein Gegenlenken des Fahrers.

Negativer Lenkrollhalbmesser stellt bei ungleichmäßiger Bremswirkung die Lenkung automatisch auf Gegenlenken ein, sodaß der Fahrer die Lenkung nur noch festhalten muß.

Lenkrollhalbmesser null verhindert die Übertragung der Störkräfte bei einseitigem Ziehen der Bremsen und bei Reifendefekt auf die Lenkung.

Was ist der Spurdifferenzwinkel?
Der Spurdifferenzwinkel ist die Winkeldifferenz, um die das kurveninnere Rad gegenüber dem kurvenäußeren Rad mehr eingeschlagen wird. Die Messung erfolgt bei einem Einschlagwinkel von 20° des kurveninneren Rades.

Welche Aufgaben hat der Spurdifferenzwinkel?
Durch den Spurdifferenzwinkel sollen
1. die Räder in der Kurve einwandfrei abrollen
2. die Spurkreise der Vorder- und Hinterräder einen gemeinsamen Mittelpunkt haben (Ackermann'sches Prinzip)

Aus welchen Bauteilen besteht das Lenktrapez?
1. Vorderachse
2. Lenkspurhebel
3. Spurstangen

Welche Aufgaben hat das Lenktrapez?
1. Die Räder während der Fahrt führen
2. Die Vorspur bei Bedarf verstellen
3. Den Lenkeinschlag auf die Räder übertragen
4. Den Spurdifferenzwinkel gewährleisten, d. h. das kurveninnere Rad stärker einschlagen als das kurvenäußere

Wie ist das Lenktrapez bei Einzelradaufhängung aufgebaut?
Das Lenktrapez der Starrachse wird bei der Einzelradaufhängung in zwei Lenkvierecke aufgeteilt mit zweiteiliger oder dreiteiliger Spurstange. Dadurch verhindert man eine unerwünschte Lenkbewegung der Räder beim Einfedern.

Wie kann die Radstellung überprüft werden?
1. Mit mechanischen Achsmeßgeräten
2. Mit optischen Achsmeßgeräten

Was ist der Schräglaufwinkel?
Der Schräglaufwinkel ist der Winkel, der sich bei Kurvenfahrt zwischen Reifenlängsachse und tatsächlicher Bewegungsrichtung des Fahrzeugs einstellt. Der Reifen wird also schräg zur Bewegungsrichtung des Fahrzeugs gestellt und rollt nicht mehr geradeaus ab. Dabei treten am Reifen Kräfte auf, die seine Seitenwände verformen und ihn durch Walkarbeit erwärmen. Diese Kräfte bewirken die Seitenführungskraft, die das Fahrzeug in der Fahrbahn hält.

Wovon ist der Schräglaufwinkel abhängig?

1. Von der Fahrgeschwindigkeit
2. Von der Radbelastung
3. Von der Reifenbauart
4. Von den Fliehkräften
5. Vom Kurvenradius
6. Vom Reifendruck

An welchen Rädern tritt der Schräglaufwinkel auf?
Er tritt an Vorderrädern und Hinterrädern auf. Er ist für das Übersteuern und Untersteuern des Fahrzeugs entscheidend.

Was versteht man unter Übersteuern?
Bei Kurvenfahrt ist ein kleinerer Lenkeinschlag notwendig, als es der Kurvenkrümmung entspricht. Das Fahrzeug ist kurvenwillig und wird in die Kurve hineingezogen. Übersteuern tritt auf, wenn der Schwerpunkt weiter hinten liegt und die Hinterachse stark belastet ist. Im Grenzbereich brechen zuerst die Hinterräder seitlich aus. Die Schräglaufwinkel der Hinterräder sind größer als die der Vorderräder.

Was versteht man unter Untersteuern?
Bei Kurvenfahrt ist ein größerer Lenkeinschlag notwendig als es der Kurvenkrümmung entspricht. Das Fahrzeug ist kurvenunwillig. Untersteuern tritt auf, wenn der Schwerpunkt des Fahrzeugs weiter vorn liegt und die Vorderachse stark belastet ist. Im Grenzbereich brechen zuerst die Vorderräder seitlich aus. Die Schräglaufwinkel der Vorderräder sind größer als die der Hinterräder.

Wann liegt neutrales Fahrverhalten vor?
Neutrales Fahrverhalten (auch neutrales Eigenlenkverhalten genannt) eines Fahrzeugs bei Kurvenfahrt liegt vor, wenn der Einschlag der Vorderräder genau der jeweiligen Kurvenkrümmung entspricht. Die vorderen und hinteren Schräglaufwinkel sind gleich groß, Lenkkorrekturen sind nicht erforderlich. Der Schwerpunkt des Fahrzeugs liegt in der Fahrzeugmitte.

Wovon ist die Seitenführungskraft eines Reifens abhängig?

1. Vom Schräglaufwinkel
2. Von der Radbelastung
3. Von der Reifenbauart
4. Vom Reifendruck

4.7 Lenkung

Welche Arten von Lenkungen unterscheidet man?
1. Drehschemellenkung
2. Achsschenkellenkung

Was ist eine Drehschemellenkung?
Bei der Drehschemellenkung dreht sich beim Lenkeinschlag die gesamte Vorderachse einschließlich der Räder um einen Mittelzapfen (Königszapfen). Der Platzbedarf ist sehr groß, der Schwerpunkt liegt hoch, es besteht Kippgefahr. Anwendung nur bei Anhängern.

Wie ist die Achsschenkellenkung aufgebaut?
Bei der Achsschenkellenkung werden die gelenkten Räder mit ihren Achsschenkeln um die Achsschenkelbolzen geschwenkt. Dadurch bleibt der Radstand annähernd gleich. Die Achsschenkellenkung wird bei allen Kraftfahrzeugen sowie bei einigen Spezialanhängern verwendet.

Nennen Sie die Hauptteile der Lenkung!
Lenkrad, Lenksäule, Lenkgetriebe, Lenkstockhebel, Spurstange, Lenkhebel, Achsschenkel

Welche Aufgaben hat das Lenkgetriebe?
1. Die Drehbewegung des Lenkrades in eine Schwenkbewegung der Vorderräder umwandeln
2. Übersetzung der Drehbewegung ins Langsame

Wie groß ist das Übersetzungsverhältnis des Lenkgetriebes?
Bei Personenwagen: 15:1 bis 25:1
bei Lkw und Omnibussen: 25:1 bis 40:1

Was versteht man unter einem Übersetzungsverhältnis von 15:1?
Bei 15 Lenkradumdrehungen würde sich das gelenkte Vorderrad 1 mal, d. h. um 360° drehen.

Welche Arten von Lenkgetrieben unterscheidet man?
1. Zahnstangenlenkung
2. Schneckenlenkung mit Schneckenrad oder Lenksegment
3. Schneckenlenkung mit Lenkrolle
4. Schneckenlenkung mit Lenkfinger
5. Schraubenlenkung mit Lenkmutter
6. Schraubenlenkung als Kugelumlauflenkung
7. Servolenkung a) als Kugelmutter-Hydrolenkung
   b) als Zahstangen-Hydrolenkung

Wie ist die Zahnstangenlenkung aufgebaut?
Das Antriebsritzel steht mit der Zahnstange über eine Schrägverzahnung im Eingriff. Die Zahnstange wird von einem federbelasteten Druckstück an das Ritzel gedrückt. Dadurch erhält man einen spielfreien Eingriff des Ritzels und auftretende Schwingungen werden gedämpft. Eine Zahnstange mit unterschiedlichem Modul ermöglicht eine veränderliche Übersetzung. So kann die erforderliche Lenkkraft bei großem Lenkradeinschlag wie z. B. beim Einparken verringert werden.

Welche Eigenschaften hat die Zahnstangenlenkung?
1. Direkte Lenkung
2. Selbstnachstellend
3. Veränderliche Übersetzung möglich
4. Flache Bauweise und einfacher Aufbau
5. Preisgünstig

Wie sind Schneckenlenkungen aufgebaut?
Schneckenlenkungen bestehen aus einer Lenkschnecke und einem Schneckenrad, die miteinander im Eingriff stehen. Die Lenkschnecke kann mit gleichbleibender oder veränderlicher Steigung gebaut werden. Dadurch erhält man eine gleichbleibende oder veränderliche Übersetzung.

Wie kann die Lenkbewegung von der Lenkspindel zum Lenkstockhebel übertragen werden?
1. Mit Schneckenrad oder Lenksegment
2. Mit Lenkrolle als Zweizahn- oder Dreizahnrolle (Gemmerlenkung)
3. Mit Lenkfinger (Roßlenkung)

Wie sind Schraubenlenkungen aufgebaut?
Hier besteht die Lenkspindel aus einer Schraube, auf die die Lenkmutter aufgeschraubt ist. Dreht man die Schraube, wird die Lenkmutter axial verschoben. Der Lenkstockhebel steht über die Lenkwelle und eine Gabel mit der Lenkmutter im Eingriff. Dadurch wird die axiale Bewegung der Lenkmutter in eine Schwenkbewegung des Lenkstockhebels umgewandelt. Schraubenlenkungen mit Lenkmutter werden wegen der höheren Reibung nicht mehr verwendet.

Wie ist die Kugelumlauflenkung aufgebaut?
Lenkspindel und Lenkmutter haben außen bzw. innen Kugellaufbahnen. Die in diesen Bahnen befindlichen Kugeln stellen die Verbindung zwischen Lenkspindel und Lenkmutter her. Wird die Lenkspindel verdreht, verschiebt sich die Lenkmutter entsprechend der Gewindesteigung axial. Die dabei belasteten Kugeln rollen in ihren Laufbahnen ab. Es tritt nur eine kleine Rollreibung auf. Die axiale Bewegung der Lenkmutter wird über ein Lenksegment auf die Lenkwelle übertragen.

Was versteht man unter einer Servolenkung?
Eine Servolenkung ist eine Hilfskraftlenkung, bei der die Lenkkraft des Fahrers durch Öldruck, Druckluft, oder elektromagnetisch verstärkt wird. Bei Kraftfahrzeugen wird ausschließlich Öldruck zur Verstärkung verwendet. Deshalb nennt man diese Lenkungen auch Hydrolenkungen.

Welche Arten von Hydrolenkungen werden vorwiegend verwendet?
1. Kugelmutter-Hydrolenkung
2. Zahnstangen-Hydrolenkung

Wie ist die Kugelmutter – Hydrolenkung aufgebaut?
Eine vom Motor angetriebene Hochdruckpumpe erzeugt einen Öldruck von 60 ... 100 bar. Das mechanische Lenkgetriebe ist mit dem kompletten Hydraulikteil (Arbeitszylinder, Steuerventil) in Blockbauweise zusammengebaut.

Wie ist die Wirkungsweise der Kugelmutter – Hydrolenkung?
Lenkspindel und Lenkschraube sind durch einen Drehstab miteinander verbunden. Bei Betätigung des Lenkrades tritt eine Verdrehung der beiden Teile zueinander auf. Dadurch leiten Ventilkolben Drucköl zur Lenkkraftunterstützung in den Arbeitszylinder. Bei Ausfall der Hydraulikanlage ist ein Lenken noch möglich, jedoch muß vom Fahrer mehr Kraft aufgebracht werden.

Wie ist die Zahnstangen-Hydrolenkung aufgebaut?
Die Zahnstangen-Hydrolenkung arbeitet ähnlich wie die Kugelmutter-Hydrolenkung, hat jedoch ein Zahnstangenlenkgetriebe als mechanischen Teil.

Weshalb werden ausschließlich Sicherheitslenkungen eingebaut?
Bei einem schweren Aufprall auf die Vorderpartie kann die Lenksäule in den Fahrgastraum gestoßen werden und den Fahrer schwer verletzen. Die Sicherheitslenkung soll dies zuverlässig verhindern.

Welche Arten von Sicherheitslenkungen werden verwendet?
1. Lenksäule mit Wellrohr oder Gitterrohr
2. Lenksäule in Teleskopausführung
3. Zweiteilige, stark abgewinkelte Lenksäule mit Kreuzgelenken

Welche Arten von Sicherheitslenkrädern gibt es?
Zur Verhinderung einer Verletzung des Fahrers bei einem Unfall kann man folgende Lenkräder verwenden:
1. Lenkrad mit versenkter Nabe
2. Lenkrad mit Pralltopf

5 Bremsen

Welche Aufgaben haben die Bremsen?
1. Die Geschwindigkeit des Fahrzeugs verringern
2. Eine ungewollte Beschleunigung bei Talfahrt verhindern
3. Das stehende Fahrzeug gegen Wegrollen sichern
4. Den gesetzlichen Bestimmungen genügen

Was geschieht mit der Bewegungsenergie beim Abbremsen?
Die Bewegungsenergie des Fahrzeugs wird beim Abbremsen in Wärmeenergie umgewandelt.

Wie unterscheidet man die Bremsen nach der Art der Energieumwandlung?
1. Reibungsbremse — 3. Elektromagnetische Bremse
2. Auspuffbremse — 4. Hydrodynamische Bremse

Wie unterscheidet man die Bremsen nach den Aufgaben?
1. Betriebsbremse — 3. Hilfsbremse
2. Feststellbremse — 4. Dauerbremse

Wie unterscheidet man die Bremsen nach der Betätigung?
1. Muskelkraftbremse
   a) mechanische Bremse
   b) hydraulische Bremse
2. Hilfskraftbremse
   a) mit Stützkraft
   b) mit Bremsgerät
3. Fremdkraftbremse
   a) Druckluftbremse
   b) Saugluftbremse

Wie unterscheidet man die Bremsen nach Bremskreisen?
1. Einkreisbremse
2. Zweikreisbremse

Wie unterscheidet man die Bremsen nach der Bauart?
1. Trommelbremse — 2. Scheibenbremse

5.1 Trommelbremse

Aus welchen Teilen besteht die Trommelbremse?
1. Bremstrommel — 4.Rückholfeder
2. Bremsbacken mit Bremsbelägen — 5. Bremsträger
3. Spannvorrichtungen (Bremsnocken oder Radzylinder)

Welche Eigenschaften haben Trommelbremsen?

1. Schmutz- und wassergeschützt durch die Bremstrommel
2. Schlechte Abfuhr von Abrieb
3. Felgengröße bestimmt Größe der Bremstrommel
4. Schlechte Wärmeabfuhr
5. Neigung zu Bremsfading
6. Bei starker Erwärmung Verziehen der Bremstrommel möglich
7. Lange Standzeit der Bremsbeläge
8. Aufwendiger Bremsbelagwechsel
9. Z. T. Selbstverstärkung der Anpreßkraft je nach Bauart
10. Für Feststellbremse gut geeignet
11. Nachstellen der Bremsbacken erforderlich bzw. aufwendige selbsttätige Nachstellvorrichtung

Aus welchen Werkstoffen bestehen die Bremstrommeln?

1. Sondergußeisen	4. Stahlguß
2. Sphäroguß	5. Leichtmetall-Legierung mit eingegossenen Schleudergußringen
3. Temperguß	

Weshalb haben Bremstrommeln teilweise außen Kühlrippen?

Damit die entstehende Reibungswärme rasch abgeleitet werden kann.

Aus welchen Werkstoffen bestehen die Bremsbacken?

1. Aus Stahlblech geschweißt	4. Stahlguß
2. Sphäroguß	5. Leichtmetall-Legierung
3. Temperguß	

Die Bremsbacken haben wegen der Versteifung ein T-Profil.

Woraus besteht der Bremsbelag?

1. Asbestfreier Belag aus Kohlefasern, Glasfasern, Metallfasern, mineralische Zusätze in Pulverform und Kunstharzbindung
2. Kombinationswerkstoffe aus organischem und gesintertem Material
3. Sintermetallbelag

Welche Eigenschaften muß der Bremsbelag haben?

1. Hohe mechan. Festigkeit	4. Hoher gleichbleibender Reibwert
2. Hohe Warmfestigkeit	5. Hohe Verschleißfestigkeit
3. Gute Wärmeleitfähigkeit	6. Unempfindl. gegen Wasser

Wie wird der Bremsbelag auf dem Bremsbacken befestigt?

1. Aufgenietet mit Hohlnieten aus Kupfer, Weicheisen oder Messing
2. Aufgeklebt mit Warmkleber

Welche Aufgaben hat der Bremsträger?
1. Lagerung der Spreizvorrichtung für die Bremsbacken
2. Befestigung der Bremsbacken
3. Aufnahme und Weiterleitung der Bremskräfte
4. Abdeckung der Bremstrommel

Welche Arten von Spreizvorrichtungen unterscheidet man?
1. Bremsnocken mit Evolventen- oder S-Form
2. Spreizkeil
3. Spreizhebel, meist für die Feststellbremse
4. Radzylinder, hydraulisch betätigt

Was ist eine auflaufende Bremsbacke?
Werden die Bremsbacken durch die Spreizvorrichtung an die Bremstrommel gepreßt, will die Bremstrommel die Bremsbacken in Drehrichtung mitnehmen. Dadurch entsteht eine auflaufende Bremsbacke mit Selbstverstärkung der Anpreßkraft und eine ablaufende Bremsbacke. Die auflaufende Bremsbacke nennt man auch Primärbacke.

Was ist eine ablaufende Bremsbacke?
Die ablaufende Bremsbacke, auch Sekundärbacke genannt, wird von der Bremstrommel gegen die Spreizvorrichtung gepreßt. Dadurch wird die Anpreßkraft der Bremsbacke gegen die Bremstrommel abgeschwächt.

Nennen Sie die verschiedenen Arten von Trommelbremsen!
1. Simplex-Bremse
2. Duplex-Bremse
3. Duo-Duplex-Bremse
4. Servo-Bremse
5. Duo-Servo-Bremse

Erklären Sie den Aufbau einer Simplex-Bremse!
Die Simplex-Bremse hat als Spreizvorrichtung einen nach beiden Seiten wirkenden Radzylinder oder einen Doppelnocken. Die Bremsbacken sind in einem oder zwei Drehpunkten abgestützt. Sowohl bei Vorwärts- als auch bei Rückwärtsfahrt ergibt sich eine auflaufende Bremsbacke mit Selbstverstärkung und eine ablaufende Backe. Die Simplex-Bremse wird meist an der Hinterachse eingebaut.

Wie ist die Duplex-Bremse aufgebaut?
Die Duplex-Bremse hat zwei einfachwirkende Radzylinder oder zwei einseitige Nocken. Dadurch erhält man bei Vorwärtsfahrt zwei auflaufende Bremsbacken mit Selbstverstärkung. Bei Rückwärtsfahrt werden beide zu Sekundärbacken. Die Duplex-Bremse wird meist an der Vorderachse eingebaut.

Was ist eine Duo-Duplex-Bremse?
Sie ist im Prinzip gleich aufgebaut wie die Duplex-Bremse. Als Spreizvorrichtung werden zwei nach beiden Seiten wirkende Radzylinder oder zwei Doppelnocken eingebaut. Dadurch erhält man in beiden Fahrtrichtungen zwei auflaufende Bremsbacken mit Selbstverstärkung.

Wie ist die Servo-Bremse aufgebaut?
Sie hat schwimmend gelagerte Bremsbacken und nur eine Spreizvorrichtung. Bei Vorwärtsfahrt wird die Abstützkraft der Primärbacke über einen Druckbolzen auf die Sekundärbacke übertragen. Dadurch erhält man zwei auflaufende Bremsbacken mit großer Selbstverstärkung. Bei Rückwärtsfahrt ist die Bremswirkung schlecht.

Erklären Sie den Aufbau einer Duo-Servo-Bremse!
Diese ist im Aufbau der Servo-Bremse ähnlich. Die Spreizvorrichtung und die Bremsbacken sind schwimmend gelagert. Abhängig von der Drehrichtung stützt sich die zweite Bremsbacke an einem Stützlager ab. Somit erhält man bei Vorwärts- und Rückwärtsfahrt jeweils zwei auflaufende Bremsbacken mit großer Selbstverstärkung.

Nennen Sie Nachstellvorrichtungen für Trommelbremsen!
1. Nachstellkappe mit Druckschraube am Radzylinder
2. Nachstellschraube mit zwei Kegelrädern
3. Exzenter
4. Selbsttätige Nachstellvorrichtung stufenlos oder in Stufen

Wie muß das Nachstellen der Bremsbacken erfolgen?
1. Einstellung nur bei kalter Bremstrommel
2. Zuerst die Betriebsbremse, dann die Feststellbremse nachstellen
3. Jede Bremsbacke einzeln nachstellen

Wie können Bremstrommeln instandgesetzt werden?
Bremstrommeln, die unrund sind oder Riefen aufweisen, können bis zum vom Hersteller vorgeschriebenen Maximalmaß ausgedreht werden. Sie sollen nach dem Ausdrehen eine möglichst glatte Oberfläche haben. Dies kann durch Feindrehen oder Nachschleifen erzielt werden. Anschließend müssen Bremsbeläge mit Übergröße eingebaut werden.

Was versteht man unter Bremsfading (Bremsschwund)?
Durch langanhaltende Bremsung wird bei Trommelbremsen so viel Reibungswärme erzeugt, daß diese nicht rasch genug abgeführt werden kann. Dadurch erwärmt sich die Bremstrommel, verformt sich und dehnt sich aus. Die Bremsbeläge kommen nicht mehr mit ihrer ganzen Fläche zur Anlage. Dies bewirkt ein Absinken der Reibungszahl und damit der Bremskraft. Beides zusammen ergibt einen Bremskraftschwund, auch Bremsschwund oder Bremsfading genannt.

5.2 Scheibenbremse

Welche Arten von Scheibenbremsen unterscheidet man?

1. Festsattel-Scheibenbremse
2. Schwimmsattel-Scheibenbremse
3. Faustsattel-Scheibenbremse
4. Pendelsattel-Scheibenbremse

Welche Eigenschaften haben Scheibenbremsen?

1. Gute Kühlung, daher kaum Bremsfading
2. Unempfindlich gegen Reibwertschwankungen, daher kein Schiefziehen des Fahrzeugs beim Bremsen
3. Selbstreinigende Wirkung der Bremsscheibe durch Fliehkraft
4. Keine Selbstverstärkung
5. Höhere Betätigungskraft erforderlich
6. Meist Bremskraftverstärker erforderlich
7. Selbsttätige Nachstellung der Bremse
8. Kurze Standzeit der Bremsbeläge
9. Bei Wartungsarbeiten besser zugänglich
10. Rascher Belagwechsel
11. Als Feststellbremse nicht gut geeignet

Aus welchen Teilen besteht die Festsattel-Scheibenbremse?

1. Bremsscheibe
2. Bremssattel, bestehend aus Flansch- u. Deckelgehäuse
3. Bremskolben
4. Gummidichtring
5. Staubschutzkappe mit Klemmring
6. Bremsbeläge
7. Kreuzfeder
8. Haltestifte

Wie ist die Wirkungsweise der Festsattel-Scheibenbremse?

Im Flanschgehäuse und im Deckelgehäuse des Bremssattels befindet sich je ein Kolben. Beim Bremsvorgang pressen die beiden Kolben je einen Bremsbelag gegen die Bremsscheibe.

In Zweikreis-Bremsanlagen hat der Festsattel je zwei Zylinder mit Kolben. Die gegenüberliegenden Zylinderpaare sind hydraulisch miteinander verbunden und an je einen Bremskreis angeschlossen. Bei Ausfall eines Bremskreises bleibt so die Hälfte der möglichen Bremskraft an einem Rad erhalten.

Aus welchen Teilen besteht die Schwimmsattel-Scheibenbremse?

1. Halter
2. Bremszylinder mit Kolben
3. Schwimmrahmen mit Führungsfeder
4. Bremsbeläge
5. Kreuzfeder
6. Haltestifte

Wie ist die Wirkungsweise der Schwimmsattel-Scheibenbremse?
Die Schwimmsattel-Scheibenbremse, auch Schwimmrahmen-Scheibenbremse genannt, hat nur einen Bremszylinder mit Kolben. Der Schwimmrahmen mit Bremszylinder ist im Halter axial verschiebbar gelagert. Beim Bremsen drückt der Kolben den Bremsbelag gegen die Bremsscheibe. Die Reaktionskraft verschiebt den Bremszylinder mit Schwimmrahmen in die Gegenrichtung und drückt dadurch den gegenüberliegenden Bremsbelag gegen die Bremsscheibe.

Welche Eigenschaften hat die Schwimmsattel-Scheibenbremse?
1. Kleine Bauweise und geringe Bautiefe, dadurch negativer Lenkrollhalbmesser an Vorderachse möglich
2. Gefahr der Dampfblasenbildung verringert, da nur **ein** Bremszylinder Wärme aufnimmt
3. Bei Instandsetzungsarbeiten nur **ein** Bremszylinder vorhanden

Wie ist die Faustsattel-Scheibenbremse aufgebaut?
Die Faustsattel-Scheibenbremse ist eine Weiterentwicklung der Schwimmsattel-Scheibenbremse. Im Gehäuse, nach seinem Aussehen Faustsattel genannt, sind der Kolben, der Gummidichtring und die Staubschutzkappe montiert. Das Gehäuse ist im Halter verschiebbar gelagert.

Wie ist die Wirkungsweise der Faustsattel-Scheibenbremse?
Beim Bremsvorgang wird der innere Bremsbelag durch den Kolben gegen die Bremsscheibe gepreßt. Das Gehäuse verschiebt sich im Halter und zieht den äußeren Bremsbelag gegen die Bremsscheibe.

Welche Eigenschaften haben Faustsattel-Scheibenbremsen?
1. Noch kleinere Bauweise als die Schwimmsattel-Scheibenbremse
2. Negativer Lenkrollhalbmesser an Vorderachse möglich
3. Nur ein Bremskolben vorhanden
4. Größerer Kolbendurchmesser möglich
5. Wesentlich größere Bremsbeläge möglich

Wie ist die Pendelsattel-Scheibenbremse aufgebaut?
Diese Scheibenbremse arbeitet wie die Faustsattel-Scheibenbremse nur mit einem Kolben und einem Gehäuse. Jedoch schwenkt die gesamte Bremse um eine Drehachse, die sog. Pendelachse. Dadurch ergibt sich bei Bremsbelagabnützung ein Schrägverschleiß, der im Endzustand wieder in einen Parallelverschleiß übergeht.

Wie groß ist das Lüftspiel bei Scheibenbremsen?
Etwa 0,1 mm.

Wodurch wird der Bremskolben der Scheibenbremse zurückgezogen?
Der Gummidichtring im Bremszylinder verformt sich beim Bremsvorgang elastisch. Beim Lösen des Bremspedals wird das Hydrauliksystem drucklos, der Gummidichtring geht wieder in seine Ruhelage zurück und nimmt den Kolben mit.

Um wieviel wird der Bremskolben beim Lösen zurückgezogen?
Um das Lüftspiel, d. h. ca. 0,1 mm.

Wodurch erfolgt die selbsttätige Nachstellung der Scheibenbremse?
Ist der Weg des Kolbens durch Belagabnützung größer geworden als das Lüftspiel, rutscht der Kolben beim Bremsvorgang um diesen Betrag durch den Dichtring. In Lösestellung wird er aber nur um das Lüftspiel zurückgezogen. Dadurch wird die Bremse stufenlos nachgestellt.

Aus welchen Werkstoffen bestehen Bremsscheiben?

1. Sondergußeisen	3. Temperguß
2. Sphäroguß	4. Stahlguß

Wie groß ist der zulässige Seitenschlag von Bremsscheiben?
0,1 ... 0,2 mm.

Wie ist die Feststellbremse bei Scheibenbremsanlagen gebaut?
1. Trommelbremse in der hinteren Scheibenbremse
2. Scheibenbremse mit kombinierter Feststellbremse
3. Mechanische Zangenfeststellbremse

Wie ist die Scheibenbremsanlage mit Trommelbremse gebaut?
Die hinteren Bremsscheiben sind topfförmig als Bremstrommeln gebaut. Im Innern der Bremstrommel befindet sich die mechanisch betätigte Feststellbremse als Duo-Servo-Bremse. Diese Bremsanlage wird meist verwendet.

Wie ist die Wirkungsweise der Scheibenbremse mit kombinierter Feststellbremse?
Bei Betätigung der Feststellbremse wird ein Stößel mechanisch gegen den Bremskolben gedrückt. Dadurch wird der Kolben mit Bremsbelag gegen die Bremsscheibe gepreßt.

Wie ist die mechanische Zangenfeststellbremse gebaut?
Bei dieser Bremse sind zwei zusätzliche Bremsbeläge neben den Bremsbelägen der Betriebsbremse eingebaut. Diese werden bei Betätigung der Feststellbremse gegen die Bremsscheibe gepreßt.

5.3 Hydraulische Bremse

Nach welchem physikalischen Gesetz arbeitet die hydraulische Bremse?
Nach dem Pascal'schen Gesetz: Der auf eine eingeschlossene Flüssigkeit ausgeübte Druck pflanzt sich in dieser nach allen Richtungen gleichmäßig fort. Die Flüssigkeit wird dabei nicht zusammengedrückt.

Welche Eigenschaften haben hydraulische Bremsen?
1. Hoher Wirkungsgrad bei der Kraftübertragung
2. Gleichmäßige Bremswirkung an allen Rädern
3. Verschleißarm
4. Geringe Wartung und Pflege
5. Geringes Gewicht
6. Einfaches Einstellen der Bremsanlage
7. Günstige Einbaumöglichkeit

Weshalb werden Einkreisbremsanlagen nicht mehr verwendet?
Bei Undichtheit im Bremskreis fällt die gesamte Bremsanlage aus.

Was geschieht, wenn bei der Zweikreisbremsanlage ein Kreis ausfällt?
Der andere Kreis ist noch voll wirksam. Mit diesem kann gebremst werden.

Wie können bei der Zweikreisbremsanlage die Bremskreise aufgeteilt sein?

	1. Kreis	**2. Kreis**
1.	Vorderachse	Hinterachse
2.	Linkes Vorderrad + rechtes Hinterrad	rechtes Vorderrad + linkes Hinterrad
3.	Vorderachse + Hinterachse	Vorderachse
4.	Vorderachse + rechtes Hinterrad	Vorderachse + linkes Hinterrad
5.	Vorderachse + Hinterachse	Vorderachse + Hinterachse

Aus welchen Teilen ist die hydraulische Bremse aufgebaut?
1. Bremspedal
2. Tandem-Hauptzylinder
3. Ausgleichsbehälter
4. Bremsleitungen u. Bremsschläuche
5. Bremszange oder Radzylinder
6. Bremsflüssigkeit

Wie ist die Wirkungsweise der hydraulischen Bremse?
Bei der Betätigung des Bremspedals wird der Kolben des Hauptzylinders verschoben und drückt die Bremsflüssigkeit zu den Radzylindern. Die Radzylinderkolben werden ebenfalls verschoben und pressen die Bremsbeläge nach Überwindung des Lüftspiels gegen die Bremstrommel oder Bremsscheibe.

Welche Aufgaben hat der Hauptzylinder?

1. Die Bremsflüssigkeit blasenfrei zu den Radzylindern fördern
2. Die Fußkraft des Fahrers in hydraulischen Druck umwandeln
3. Beim Loslassen des Bremspedals den Leitungsdruck rasch abbauen
4. Im hydraulischen System einer Trommelbremse einen Vordruck von 0,5 ... 1,2 bar aufrechterhalten
5. Den Volumenausgleich der Bremsflüssigkeit bei Erwärmung und Abkühlung ermöglichen

Weshalb ist ein Volumenausgleich der Bremsflüssigkeit bei Erwärmung und Abkühlung erforderlich?

Bei Erwärmung dehnt sich die Bremsflüssigkeit aus. Sie muß deshalb aus dem Bremskreis in den Ausgleichsbehälter überströmen können, damit im Bremskreis kein Überdruck entsteht und die Bremsbeläge nicht gegen die Bremstrommel gedrückt werden. Beim Abkühlen muß sie wieder nachströmen können, damit kein Unterdruck entsteht und evt. Luft angesaugt wird.

Welche Arten von Hauptzylindern unterscheidet man?

1. Tandem-Hauptzylinder
2. Tandem-Hauptzylinder mit gefesselter Kolbenfeder
3. Gestufter Tandem-Hauptzylinder

Aus welchen Teilen besteht der Tandem-Hauptzylinder?

1. Tandemzylinder
2. Druckstangenkolben (auch Primärkolben genannt)
3. Zwischenkolben (auch Sekundärkolben genannt)
4. Füllscheiben
5. Primärmanschette
6. Sekundärmanschette
7. Kolbenfeder
8. Spezialbodenventil oder Bodenventil
9. Ausgleichsbehälter mit getrennten Kammern

Wie ist der Tandem-Hauptzylinder aufgebaut?

Für die gesetzlich vorgeschriebene Zweikreisbremsanlage ist ein Tandem-Hauptzylinder erforderlich. In einem Gehäuse werden zwei Hauptzylinder hintereinander angeordnet. Jeder ist mit einem Bremskreis verbunden. Im Zylinder befinden sich zwei Kolben, nämlich der Druckstangenkolben, auch Primärkolben genannt und der schwimmende Zwischenkolben, auch Sekundärkolben genannt. Der Zwischenkolben trennt die beiden Bremskreise voneinander. Jeder Bremskreis hat ein Bodenventil und einen Ausgleichsbehälter. Die beiden Ausglcichsbehälter bilden meist eine Einheit mit zwei getrennten Kammern.

Welche Aufgaben hat die Ausgleichsbohrung im Hauptzylinder?
1. Den Druckraum vor dem Kolben mit Bremsflüssigkeit gefüllt halten
2. Den Ausgleich für die Bremsflüssigkeit bei Erwärmung herstellen, d. h. das Rückströmen der Bremsflüssigkeit in den Ausgleichsbehälter ermöglichen
3. Den Ausgleich für die Bremsflüssigkeit bei Abkühlung herstellen, d. h. das Nachströmen der Bremsflüssigkeit aus dem Ausgleichsbehälter in den Hauptzylinder ermöglichen

Wie groß ist der Durchmesser der Ausgleichsbohrung?
0,5 ... 0,8 mm

Wodurch kann die Ausgleichsbohrung verschlossen sein?
1. Durch Schmutz
2. Durch falsche Kolbenstellung in Ruhelage

Welche Folgen hat eine verschlossene Ausgleichsbohrung?
Beim Bremsen erwärmt sich die Bremsflüssigkeit und dehnt sich aus. Da ein Ausgleich in den Ausgleichsbehälter nicht mehr möglich ist, werden die Bremsbacken an die Bremstrommel gepreßt und es wird fortwährend gebremst bis zur Überhitzung der Bremsanlage.

Welche Aufgabe hat die Nachlaufbohrung im Hauptzylinder?
Die verhältnismäßig große Nachlaufbohrung verbindet den Ausgleichsbehälter mit dem Ringraum zwischen Kolben und Zylinder. Der Ringraum wird von der Primärmanschette gegen den Druckraum und von der Sekundärmanschette nach außen gegen die Atmosphäre abgedichtet. Beim Zwischenkolben wird der Ringraum von den Manschetten gegen die beiden Druckräume abgedichtet. Wird der Kolben nach dem Bremsen in Lösestellung bewegt, strömt aus dem Ringraum Bremsflüssigkeit durch die Füllbohrungen des Kolbens. Die federnde Füllscheibe und die Primärmanschette weichen aus und die Bremsflüssigkeit gelangt in den Druckraum. Dadurch wird bei raschem Kolbenrückgang Blasenbildung und Ansaugen von Luft verhindert.

Welche Aufgaben hat die Füllscheibe?
1. Sie verhindert, daß die Primärmanschette in die Füllbohrungen des Kolbens gedrückt und dadurch beschädigt wird
2. Sie sorgt dafür, daß sich die Primärmanschette beim Druckabbau sofort vom Kolben löst und nicht festklebt

Welche Aufgaben hat die Primärmanschette?
1. Den Druckraum des Hauptzylinders gegen den Kolben abdichten
2. Bei Bremsbetätigung die Verbindung des Hauptzylinders mit dem Ausgleichsbehälter unterbrechen

Womit wird der Hauptzylinder nach außen abgedichtet?
Durch die Sekundärmanschette.

Welche Aufgaben hat das Bodenventil bei Trommelbremsen?
1. Einen Vordruck von 0,5 ... 1,2 bar im Leitungssystem bei Lösestellung aufrechterhalten
2. Sofortige Bremswirkung bei geringster Druckerhöhung ermöglichen
3. Leerweg am Bremspedal verringern
4. Dichtlippen der Radzylindermanschetten mit größerer Kraft an die Zylinderwand drücken
5. Eindringen von Luft und Schmutz verhindern

Welche Aufgaben hat das Bodenventil bei Scheibenbremsen?
1. Vollkommener Druckabbau durch Drosselbohrung im Spezialbodenventil
2. Ermöglicht durch „Pumpen" das Entlüften der Bremsanlage mit dem Hauptzylinder

Wie ist das Bodenventil aufgebaut?
Es ist als Doppelventil gebaut und besteht aus einem federbelasteten Tellerventil, das den Vordruck hält und einem in der Mitte angeordneten Kegelventil, das beim Bremsen öffnet und Bremsflüssigkeit in die Bremsleitungen strömen läßt.

Wie ist die Wirkungsweise des Bodenventils?
Beim Verschieben des Hauptzylinderkolbens öffnet die verdrängte Bremsflüssigkeit das innere Kegelventil und strömt in die Bremsleitungen. Beim Lösen der Bremse schließt das innere Ventil, die Bremsflüssigkeit öffnet das Tellerventil und strömt zurück in den Druckraum. Die Druckfeder preßt das Tellerventil auf seinen Sitz, sobald in den Leitungen nur noch der Vordruck herrscht.

Was geschieht bei Temperaturschwankungen der Bremsflüssigkeit?
Erwärmt sich die Bremsflüssigkeit, öffnet das Tellerventil und die Bremsflüssigkeit kann in den Ausgleichsbehälter strömen. Kühlt sich die Bremsflüssigkeit ab, öffnet das Kegelventil und die Bremsflüssigkeit strömt vom Ausgleichsbehälter in die Bremsanlage.

Was ist ein Spezialbodenventil?
Dies ist ein Bodenventil mit einer kleinen Drosselbohrung im Kegelventil. Dies ermöglicht einen vollständigen Druckabbau.

Wo ist das Spezialbodenventil eingebaut?
Im Hauptzylinder von Scheibenbremsanlagen.

Weshalb darf bei Scheibenbremsanlagen kein Vordruck herrschen?
Scheibenbremsen haben keine Rückzugfedern für die Bremsbeläge. Deshalb würden die Bremskolben bei der geringsten Druckerhöhung die Bremsbeläge gegen die Bremsscheibe drücken und das Fahrzeug fortwährend abbremsen.

Wodurch erreicht man einen vollständigen Druckabbau bei Scheibenbremsen?
1. Durch Einbau eines Spezialbodenventils mit Drosselbohrung
2. Durch Einbau einer Drosselbohrung ohne Bodenventil

Wie erfolgt der Druckaufbau beim Tandem-Hauptzylinder?
Verschiebt man beim Bremsvorgang den Druckstangenkolben, so überfährt seine Primärmanschette nach ganz kurzem Kolbenweg die Ausgleichsbohrung. Damit ist die Verbindung zum Ausgleichsbehälter unterbrochen und der Druckraum verschlossen. Der im Druckraum entstehende Überdruck verschiebt den Zwischenkolben. Nach ganz kurzem Kolbenweg verschließt dessen Primärmanschette die dazugehörende Ausgleichsbohrung. Somit herrscht in beiden Druckräumen und in beiden Bremskreisen der gleiche Druck. Die Übertragung des Drucks vom ersten Kolben auf den zweiten Kolben erfolgt also nicht mechanisch, sondern hydraulisch.

Was geschieht, wenn Bremskreis I defekt ist?
Beim Bremsvorgang wird der Druckstangenkolben gegen den Zwischenkolben verschoben. Die Bremsflüssigkeit entweicht an der Leckstelle drucklos ins Freie. Sobald der Druckstangenkolben den Zwischenkolben berührt, werden beide miteinander weiterbewegt. Damit wird im intakten Bremskreis II der hydraulische Druck aufgebaut.

Was geschieht, wenn Bremskreis II defekt ist?
Beim Bremsvorgang entweicht die Bremsflüssigkeit an der Leckstelle im Bremskreis II so lange ins Freie, bis der Zwischenkolben am Boden des Hauptzylinders ansteht. Erst dann kann der Druck im Bremskreis I aufgebaut werden.

Wie kann man den Ausfall eines Bremskreises feststellen?
1. Der Pedalweg wird größer
2. Die Bremswirkung ist schwächer
3. Z. T. an einem eingebauten Warnsignal

Wie ist der Tandem-Hauptzylinder mit gefesselter Kolbenfeder aufgebaut?
Die Druckfeder des Druckstangenkolbens wird durch die Fesselhülse und die Fesselschraube vorgespannt. Dies wirkt wie eine starre Verbindung und hält dadurch den Abstand zwischen Druckstangenkolben und Kolben konstant.

Welche Eigenschaften hat der Tandem-Hauptzylinder mit gefesselter Kolbenfeder?

1. Durch die fast starre Verbindung überfahren die Primärmanschetten beider Kolben gleichzeitig ihre Ausgleichsbohrungen und verschließen diese. Der Druckaufbau erfolgt in beiden Bremskreisen gleichzeitig.
2. In Ruhestellung kann die Feder des Druckstangenkolbens den Zwischenkolben nicht so weit verschieben, daß seine Ausgleichsbohrung verschlossen wird und damit im Bremskreis II kein Druckausgleich erfolgen kann.
3. Beim Lösen der Bremse überfahren beide Kolben mit den Primärmanschetten gleichzeitig ihre Ausgleichsbohrungen und geben diese frei, so daß ein Druckausgleich sofort stattfinden kann.

Wie ist der gestufte Tandem-Hauptzylinder aufgebaut?

Hier hat der Zwischenkolben einen besonderen Druckkolben mit kleinerem Durchmesser als der Druckstangenkolben. Dadurch wird in diesem Bremskreis ein höherer Leitungsdruck und damit eine größere Spannkraft erzielt.

Wo werden gestufte Tandem-Hauptzylinder eingebaut?

Bei Fahrzeugen, die an der Vorderachse Scheibenbremsen und an der Hinterachse Trommelbremsen haben.

Wie sind die beiden Bremskreise angeschlossen?

Zum Bremskreis der Scheibenbremse gehört der kleinere Zwischenkolben mit dem höheren Leitungsdruck, zum Bremskreis der Trommelbremse gehört der größere Druckstangenkolben mit dem niedereren Leitungsdruck.

Welche Eigenschaften hat der gestufte Tandem-Hauptzylinder?

1. Verschiedene Leitungsdrücke möglich
2. Gute Abbremsung auch bei Ausfall eines Bremskreises

Welche Aufgaben hat der Radzylinder?

1. Beim Bremsvorgang die Bremsbeläge möglichst rasch an die Bremstrommel anlegen
2. Den Druck der Bremsflüssigkeit in Spannkraft umsetzen

Welche Arten von Radzylindern unterscheidet man?

1. Beidseitig wirkende Radzylinder
2. Einseitig wirkende Radzylinder
3. Stufenradzylinder

Aus welchen Teilen besteht der Radzylinder?
1. Zylinder
2. Kolben
3. Topfmanschette
4. Druckfeder mit Teller oder Füllstück
5. Staubkappe
6. Druckbolzen
7. Entlüftungsventil

Wie werden die Kolben der Radzylinder abgedichtet?
1. Durch Topfmanschetten
2. Durch Nutringmanschetten

Wo werden beidseitig wirkende Radzylinder eingebaut?
1. Bei Simplex-Bremsen
2. Bei Duo-Duplex-Bremsen
3. Bei Servo-Bremsen

Wo wird der einseitig wirkende Radzylinder eingebaut?
Bei Duplex-Bremsen.

Wie ist der Stufenradzylinder aufgebaut?
Er besitzt zwei verschieden große Kolben. Der große Kolben erzeugt eine größere Anpreßkraft und wirkt auf die ablaufende Bremsbacke.

Welche Vorteile hat der Stufenradzylinder?
Durch den Stufenradzylinder kann man die Wirkung der auf- und ablaufenden Bremsbacken ausgleichen und annähernd gleich große Bremskräfte auf beiden Bremsbacken erreichen.

Wie groß ist der Leitungsdruck bei hydraulischen Bremsen?
Trommelbremse: 25 ... 50 bar
Scheibenbremse: 50 ... 80 bar

Wie ist die Zusammensetzung der Bremsflüssigkeit?
Bremsflüssigkeit besteht aus Polyethylenglykol und Polyglykolether mit geringen anderen Zusätzen. Sie kann zur Kennzeichnung gefärbt sein.

Welche Eigenschaften hat die Bremsflüssigkeit?
1. Hoher Siede- und Flammpunkt
2. Schmierfähig auch bei hohen und tiefen Temperaturen
3. Neutral gegen Gummi, Kunststoffe und Metalle
4. Chemisch stabil, auch unter extremen Bedingungen
5. Frostsicher
6. Hygroskopisch, nimmt Wasser auf
7. Greift die Lackierung an
8. Gesundheitsschädlich

Weshalb muß die Bremsflüssigkeit jährlich gewechselt werden?
Bremsflüssigkeit ist hygroskopisch und nimmt Wasser aus der Umgebungsluft auf. Dadurch sinkt ihre Siedetemperatur von 260 ... 290 °C erheblich und es können sich bei hoher Bremsbeanspruchung Dampfblasen bilden. Das Bremspedal läßt sich weit durchtreten, die Bremse wird unwirksam.

Wo kann Wasser in die Bremsflüssigkeit gelangen?
1. Durch die Bremsschläuche
2. Durch die Manschetten der Radzylinder
3. Durch die Be- und Entlüftungsbohrung im Ausgleichsbehälter

Wie wird die hydraulische Bremsanlage entlüftet?
1. Mit dem Füll- und Entlüftergerät:
   Gerät am Ausgleichsbehälter oder an einem Entlüfterventil anschließen und dann sämtliche Stellen entlüften.
2. Mit dem Hauptzylinder:
   durch „Pumpen“ sämtliche Stellen entlüften, dabei immer wieder den Ausgleichsbehälter mit Bremsflüssigkeit auffüllen.

Wehalb verwendet man häufig Bremskraftregelgeräte?
Mit zunehmender Bremsverzögerung wird durch die Achslastverlagerung die Vorderachse belastet und die Hinterachse entlastet. Um ein vorzeitiges Blockieren der Hinterräder zu verhindern, baut man zwischen Hauptzylinder und hintere Radzylinder vielfach Bremskraftregelgeräte ein.

Welche Arten von Bremskraftregelgeräten unterscheidet man?
1. Bremskraftbegrenzer
2. Bremskraftregler
3. Lastabhängiger Bremskraftregler

Wie arbeitet der Bremskraftbegrenzer?
Er arbeitet mit einem fest eingestellten Abschaltdruck. Erreicht der Bremsdruck an der Hinterachse diesen Abschaltdruck, wird ein weiterer Druckanstieg verhindert.

Wie arbeitet der Bremskraftregler?
Er arbeitet mit einem fest eingestellten Umschaltdruck. Erreicht der Bremsdruck an der Hinterachse diesen Umschaltdruck, vermindert der Bremskraftregler den weiteren Druckanstieg.

Wie arbeitet der lastabhängige Bremskraftregler?
Er arbeitet mit einem veränderlichen Umschaltdruck je nach Beladungszustand des Fahrzeugs.

5.4 Hilfskraft-Bremsanlage

Was ist eine Hilfskraft-Bremsanlage?
Sie ist eine Bremsanlage, bei der die Muskelkraft des Fahrers durch eine Fremdkraft als Hilfskraft unterstützt wird. Bei Ausfall der Hilfskraft muß das Fahrzeug mit der Muskelkraft allein noch gebremst werden können, jedoch mit geringerer Bremswirkung trotz erhöhter Betätigungskraft. Hilfskraft-Bremsanlagen werden nach ihrem Hauptbauteil häufig auch als Bremskraftverstärker bezeichnet.

Weshalb werden Bremskraftverstärker eingebaut?
1. Zur Unterstützung der Fußkraft des Fahrers
2. Zur Erreichung der gesetzlich vorgeschriebenen Bremsverzögerung

Welche Arten von Hilfskraft-Bremsanlagen unterscheidet man?
1. Saugluft-Bremskraftverstärker
2. Hydraulischer Bremskraftverstärker

Wie ist der Saugluft-Bremskraftverstärker aufgebaut?
Der Hauptzylinder der Bremsanlage ist meist direkt an das Saugluftbremsgerät angeflanscht. Die Betätigung erfolgt unmittelbar über die Druckstange des Bremspedals. Ein Arbeitskolben teilt den Vakuumzylinder in zwei Kammern, die Vakuumkammer und die mit Außenluft belüftbare Kammer. Ein Steuerventil öffnet und schließt den Außenluftdurchgang zur zweiten Kammer, wodurch das Vakuum abgebaut wird und die Unterdruckverstärkung wirksam wird.

Welcher Unterdruck herrscht im Saugluft-Bremskraftverstärker?
Maximal 0,8 bar

Wer liefert den Unterdruck?
1. Bei Viertakt-Ottomotoren: Der Unterdruck im Ansaugrohr.
2. Bei Diesel- und Zweitaktmotoren: Eine Vakuumpumpe.

Bei welchen Fahrzeugen kann ein hydraulischer Bremskraftverstärker eingebaut werden?
1. Fahrzeuge mit einer Hochdruckpumpe für Servolenkung
2. Fahrzeuge mit einer Zentralhydraulik-Anlage

Wie ist der hydraulische Bremskraftverstärker aufgebaut?
Ein Kugeldruckspeicher ist durch eine Membran in einen Gas- und einen Ölraum unterteilt. Der Gasraum enthält Stickstoff mit einem Fülldruck von ca. 25 bar. Der Öldruck beträgt ca. 50 bar. Der hydraulische Bremskraftverstärker ist an den Tandem- Hauptzylinder angeflanscht. Bei Betätigung des Bremspedals wird die Pedalkraft durch die Hydraulikeinheit verstärkt.

5.5 Druckluftbremse

Welche Fahrzeuge haben Druckluftbremsen?
Mittelschwere und schwere Nutzfahrzeuge haben Druckluftbremsen, weil die Spannkräfte zur Abbremsung der Fahrzeugmasse sehr groß sind.

Warum ist die Druckluftbremse eine Fremdkraftbremsanlage?
Das Fahrzeug wird ausschließlich durch Fremdkraft gebremst. Die Muskelkraft des Fahrers dient nur noch zum Steuern der Anlage. Dadurch wird die Zufuhr der Druckluft zu den Radzylindern des Fahrzeugs geregelt. Der Fahrer kann bei vollständigem Ausfall der Energie keine Bremskräfte erzeugen.

Welche Arten von Druckluftbremsen unterscheidet man nach der Art der Übertragungseinrichtung zum Anhänger?
1. Einleitungs-Bremsanlage
2. Zweileitungs-Bremsanlage

Wie ist bei der Einleitungs-Bremsanlage die Verbindung zum Anhänger?
Der Motorwagen ist mit dem Anhänger durch **eine** Leitung, die Anhängersteuerleitung, verbunden. Durch diese Leitung wird der Luftbehälter des Anhängers gefüllt. Beim Betätigen des Motorwagen-Bremsventils wird die Anhängersteuerleitung abstufbar entlüftet und durch den Druckabbau das Anhängerbremsventil betätigt.

Welche Nachteile hat die Einleitungs-Bremsanlage?
Während des Bremsvorgangs kann keine Vorratsluft zum Anhänger strömen. Ständiges Bremsen auf langen Bergabfahrten kann den Druckluftvorrat des Anhängers erschöpfen. Deshalb sind Einleitungs-Bremsanlagen für Neufahrzeuge ab 1. 4. 1974 verboten.

Welche Druckluftbremse erfüllt die EG-Richtlinien?
Die Zweikreis-Zweileitungs-Bremsanlage.

Aus welchen Gerätegruppen besteht die Zweikreis-Zweileitungs-Druckluftbremsanlage?
1. Druckluftversorgung (Drucklufterzeugung und -speicherung)
2. Betriebsbremsanlage im Motorwagen
3. Zweileitungs-Bremsanlage im Anhänger
4. Feststell- und Hilfsbremsanlage
5. Anhängersteuerung
6. Dauerbremse

Aus welchen Grundbestandteilen setzt sich jede Bremsanlage zusammen?

1. Energieversorgung
2. Betätigungseinrichtung
3. Übertragungseinrichtung
4. Bremse (Trommel- oder Scheibenbremsen)

Wie groß ist der Betriebsdruck bei der Druckluftbremse?

Dieser ist vom Fahrzeughersteller frei wählbar. Folgende Werte sind üblich:

Niederdruckanlage bei Zugfahrzeugen: 7 ... 10 bar
Hochdruckanlage bei Zugfahrzeugen: 14 ... 20 bar
Verbindungsleitungen zum Anhänger: 6 ... 8 bar
Nach den EG-Richtlinien sind für Zweileitungs-Bremsanlagen vorgeschrieben: Vorratsleitung zum Anhänger: 6,5 ... 8,0 bar
Bremsleitung zum Anhänger: 6,0 ... 7,5 bar

Nennen Sie die Einzelgeräte der Druckluftversorgung!

1. Luftpresser, auch Luftkompressor genannt
2. Druckregler mit Luftfilter, Sicherheitsventil, Rückschlagventil und Reifenfülleinrichtung
3. Frostschutzpumpe
4. Vierkreisschutzventil
5. Luftbehälter
6. Zweikreis-Warndruckanzeiger und Doppelmanometer
7. Luftdruck-Kontrollschalter

Wie arbeitet die Druckluftversorgung?

Der Luftpresser saugt über den Motorluftfilter Luft an, verdichtet sie und drückt sie über den Druckregler, der den Betriebsdruck der Anlage regelt, zum Vierkreisschutzventil. Das Vierkreisschutzventil verteilt die Druckluft in vier getrennte, gegenseitig gegen Druckverlust abgesicherte Druckluftkreise und speichert sie in den Luftbehältern. Sind die Luftbehälter gefüllt und der Betriebsdruck der Anlage erreicht, schaltet der Druckregler den Luftpresser auf Nullförderung. Sinkt der Vorratsdruck durch Luftentnahme auf den Einschaltdruck, fördert der Luftpresser wieder Luft in den Luftbehälter.

Wie ist der Luftpresser aufgebaut?

Der Luftpresser ist als Ein- oder Zweizylinder-Kolbenverdichter gebaut und ist meist luftgekühlt. Er wird vom Fahrzeugmotor über Keilriemen oder Zahnräder angetrieben und ist an die Druckumlaufschmierung des Motors angeschlossen.

Welche Aufgaben hat der Druckregler?
1. Den Betriebsdruck im Vorratsbehälter steuern
2. Die vom Luftpresser geförderte Luft reinigen
3. Zusätzliche Druckluftentnahme ermöglichen
4. Als Sicherheitsventil wirken

Weshalb benötigt man die Frostschutzpumpe?
In der angesaugten Luft befindet sich Wasserdampf, der sich als Kondenswasser niederschlägt. Um die Bremsanlage auch bei Temperaturen unter dem Gefrierpunkt betriebssicher zu erhalten, wird der Luft ein Frostschutzmittel, meist Spiritus, zugesetzt. Es können jedoch auch Lufttrockner eingebaut werden.

Wie arbeitet die Frostschutzpumpe?
Schaltet der Druckregler den Luftpresser auf Förderung um, wird eine bestimmte Frostschutzmenge in die vorbeiströmende Druckluft eingespritzt. Die Frostschutzpumpe kann durch einen Drehknopf abgeschaltet werden.

Welche Aufgaben hat das Vierkreisschutzventil?
Das Vierkreisschutzventil dient in Zweikreis-Druckluftbremsanlagen zur Druckluftversorgung und Druckabsicherung von
1. Betriebsbremskreis 1
2. Betriebsbremskreis 2
3. Feststellbremskreis und Anhängerkreis
4. Nebenverbraucherkreis

Was geschieht bei Ausfall eines Kreises?
Das Vierkreisschutzventil sichert die nicht defekten Kreise ab und verhindert ein Abströmen der Druckluft in das Leck des defekten Kreises. Dadurch ist sichergestellt, daß mit mindestens einem Bremskreis noch gebremst werden kann.

Wie kann das Kondenswasser aus dem Luftbehälter abgelassen werden?
1. Durch ein handbetätigtes Entwässerungsventil
2. Durch ein automatisches Entwässerungsventil

Welche Aufgabe hat der Zweikreis-Warndruckanzeiger?
Er zeigt durch ein optisches Signal an, wenn der Mindestdruck in einem oder in beiden Betriebsbremskreisen unterschritten wird. Hierbei wird ein Warnzeiger in das Blickfeld des Fahrers geschwenkt.

Welche Aufgabe hat der Luftdruck-Kontrollschalter?
Er löst ein optisches oder akustisches Warnsignal aus, wenn in einem Druckluftkreis der Mindestdruck unterschritten wird.

Nennen Sie die Einzelgeräte der Betriebsbremsanlage!

1. Betriebsbremsventil
2. Bremskraftregler
3. Bremszylinder für die Vorderachse
4. Kombibremszylinder für die Hinterachse

Welche Art von Betriebsbremsventilen werden eingebaut?

Aus Sicherheitsgründen werden nur noch Zweikreis-Betriebsbremsventile eingebaut. Bei Ausfall eines Bremskreises kann das Fahrzeug mit dem intakten Bremskreis fein abstufbar abgebremst werden.

Welche Aufgaben hat das Zweikreis-Betriebsbremsventil?

1. Zwei voneinander unabhängige Bremskreise im Zugfahrzeug ansteuern
2. Die Druckluftzufuhr zu den Bremszylindern regeln
3. Eine feine Abstufung der Bremskraft ermöglichen
4. Die Betriebsbremsanlage des Anhängers über das Anhängersteuerventil betätigen

Welche Bremsventilstellungen unterscheidet man?

1. Fahrstellung (Ruhelage)
2. Teilbremsung
3. Vollbremsung

Weshalb werden Bremskraftregler eingebaut?

Bei Nutzfahrzeugen treten abhängig von der Ladung große Schwankungen der Achsbelastung und somit auch Unterschiede in der Haftreibung auf. Um diese auszugleichen werden Bremskraftregler eingebaut.

Welche Aufgaben haben Bremskraftregler?

1. Den Bremsdruck abhängig vom jeweiligen Beladungszustand auf eine bestimmte Höhe begrenzen
2. Ein Überbremsen im leeren oder teilbeladenen Zustand des Fahrzeugs verhindern
3. Gleiche Pedalkraft und Pedalstellung unabhängig vom Beladungszustand ermöglichen

Welche Art von Bremskraftreglern wird verwendet?

Der automatisch-lastabhängige Bremskraftregler (ALB).

Welche Arten von Bremszylindern unterscheidet man?

1. Kolben-Bremszylinder
2. Membran-Bremszylinder
3. Federspeicher-Bremszylinder
4. Kombibremszylinder

Welche Aufgabe haben Federspeicher-Bremszylinder?
Federspeicher-Bremszylinder betätigen in Feststellbremsanlagen die Radbremsen.

Weshalb werden Federspeicher-Bremszylinder in Feststellbremsanlagen verwendet?
Die Spannkraft für die Bremse wird durch Federn aufgebracht. In der Lösestellung wirkt die Druckluft der Federkraft entgegen, die Feder ist zusammengedrückt. Wird der Zylinder ganz oder teilweise entlüftet, wird die Federenergie freigesetzt und die Bremse betätigt. Der Bremszylinder ist also auch bei druckloser Anlage voll wirksam.

Wie ist der Kombibremszylinder aufgebaut?
In dem Zylindergehäuse sind hintereinander ein Federspeicher-Bremszylinder und ein Membran- bzw. ein Kolben-Bremszylinder angeordnet.

Wie ist die Wirkungsweise des Kombibremszylinders?
Der **Federspeicher-Bremszylinder** wird von der Feststellbremsanlage betätigt. In Fahrstellung ist der Zylinder belüftet und die Feder zusammengedrückt; in Bremsstellung ist der Zylinder entlüftet und die nun entlastete Druckfeder betätigt die Radbremse.
Der **Membran- bzw. Kolben-Bremszylinder** wird von der Betriebsbremsanlage betätigt. Hierbei strömt Druckluft hinter die Membran oder den Kolben, schiebt die Kolbenstange in Richtung Bremsstellung und betätigt so die Radbremse.

Welche Aufgabe hat die Feststellbremsanlage?
Die Feststellbremsanlage soll das Fahrzeug im Stand festhalten, auch auf geneigter Fahrbahn und in Abwesenheit des Fahrers.

Bis zu welcher Fahrbahnneigung muß die Feststellbremsanlage das Fahrzeug halten?
1. Fahrzeug ohne Anhänger: bis zu 18 %
2. Fahrzeugkombinationen: bis zu 12 %, jedoch vom Zugfahrzeug allein

Wie ist die Wirkungsweise des Feststellbremsventils?
Mit dem abstufbaren oder nicht abstufbaren Feststellbremsventil wird der Bremsdruck in der Feststellbremsanlage gesteuert. Durch Entlüften der Federspeicherbremszylinder werden die Radbremsen der Hinterachse festgebremst.

Welche Eigenschaft hat das abstufbare Feststellbremsventil?
Mit ihm kann die Feststellbremsanlage bei Ausfall der Betriebsbremsanlage als Hilfsbremsanlage wirken.

5.6 Dauerbremse, auch Dritte Bremse genannt

Was versteht man unter einer Dauerbremsanlage?
Eine Bremsanlage, die ein Fahrzeug auf einem langen Gefälle auf gleichbleibende oder geringere Geschwindigkeit abbremst.

Welche Fahrzeuge müssen mit einer Dauerbremse ausgestattet sein?
1. Omnibusse über 5,5 t zulässigem Gesamtgewicht
2. Lastkraftwagen, Anhänger und Sattelanhänger über 9 t zulässigem Gesamtgewicht.

Weshalb müssen diese Fahrzeuge mit einer Dauerbremse ausgerüstet sein?
Bei langanhaltender Benutzung der Betriebsbremse z. B. bei Bergabfahrten wird die Bremse thermisch überlastet. Dies bewirkt ein Nachlassen der Bremskraft. Es tritt Bremsfading auf. Im Extremfall kann dabei die Bremsanlage völlig ausfallen.

Wie groß muß die Bremsleistung der Dauerbremse sein?
Die Dauerbremse muß mindestens eine Leistung aufweisen, die der Bremsbeanspruchung beim Befahren eines Gefälles von 7 % und 6 km Länge durch das vollbeladene Fahrzeug mit einer Geschwindigkeit von 30 km/h entspricht.

Was sind Retarder?
Retarder (= Verlangsamer) sind reibungsfreie Dauerbremsen.

Welche Aufgaben haben Dauerbremsen?
1. Die Betriebsbremse bei längeren Talfahrten entlasten
2. Stufenlose und ruckfreie Teilbremsungen ermöglichen

Welche Arten von Dauerbremsen unterscheidet man?
1. Auspuffbremse
2. Wirbelstrombremse
3. Strömungsbremse

Wie ist die Wirkungsweise der Auspuffbremse?
Die Auspuffbremse, auch Auspuff-Verlangsamer oder Motorstaudruckbremse genannt, wird vorwiegend als Dauerbremse im Motorwagen verwendet. Die Bremswirkung wird durch eine Drosselklappe in der Auspuffleitung erzeugt. Bei Betätigung der Auspuffbremse schließt ein Arbeitszylinder die Drosselklappe im Auspuff. Gleichzeitig wird die Regelstange der Einspritzpumpe auf Nullförderung verschoben. Der Motor wirkt dadurch als Kompressor und das Fahrzeug wird, je nach eingelegtem Gang, mehr oder weniger stark verzögert.

Welche Eigenschaften hat die Auspuffbremse?

1. Preisgünstigste Dauerbremse
2. Geringer Bauaufwand
3. Motor wird bei längerer Bremsung unterkühlt

Wie ist die Wirkungsweise der Wirbelstrombremse?

Die Wirbelstrombremse, auch elektromagnetische Bremse oder elektrodynamischer Retarder genannt, kann am Getriebe, an der Hinterachse oder am Fahrzeugrahmen zwischen Getriebe und Hinterachse eingebaut sein. Am Stator sind kreisförmig eine Anzahl von Elektromagneten angeordnet. Die Magnetspulen werden über einen Schalter abstufbar mit Strom aus dem Bordnetz versorgt. Die maximale Stromaufnahme beträgt etwa 100 A. In geringem Abstand drehen sich die von den Rädern über die Kardanwelle angetriebenen Rotoren. Beim Bremsvorgang wird von den Elektromagneten ein Magnetfeld erzeugt, das in den Rotoren Wirbelströme induziert und die Fahrzeugräder abbremst.

Welche Eigenschaften hat die Wirbelstrombremse?

1. Die entstehende Wärme wird direkt an die Luft abgeführt
2. Geringer Bauaufwand
3. Hohes Gewicht
4. Ruckfreies, verschleißfreies Abbremsen

Wie ist die Wirkungsweise der Strömungsbremse?

Die Strömungsbremse auch hydrodynamischer Retarder oder Turbobremse genannt, kann mit dem Schaltgetriebe zusammengebaut oder bei automatischem Getriebe in das Getriebe integriert sein. Sie ist wie eine hydraulische Kupplung aufgebaut. Beim Bremsvorgang wird Öl mit einem Druck bis zu 6 bar in den Retarder gefördert und dort von den sich drehenden Rotorschaufeln gegen die feststehenden Schaufeln des Stators gepumpt und dort umgelenkt. Durch den entstehenden Strömungswiderstand wird das Fahrzeug abgebremst.

Welche Eigenschaften hat die Strömungsbremse?

1. Hoher Bauaufwand
2. Geringes Gewicht
3. Motor wird auch bei längerer Bremsung nicht unterkühlt (Kühlwasser wird durch Retarderöl erwärmt)
4. Lüfterverluste auch bei abgeschaltetem Retarder
5. Ruckfreies, verschleißfreies Abbremsen

Wie ist die Wirkungsweise der Dauerbremse im Anhänger?

Die vorhandene, verstärkte Bremsanlage wird als Dauerbremse verwendet, betätigt durch ein elektromagnetisches Belüftungsventil.

6 Fahrzeugaufbau

6.1 Allgemeine Fahrzeugabmessungen nach DIN 70 020

Was versteht man unter der Fahrzeuglänge?
Dies ist die gesamte Länge des Fahrzeugs über alles gemessen einschließlich Stoßfänger.

Was ist die Fahrzeugbreite?
Die Breite des Fahrzeugs wird über alles gemessen. Fahrtrichtungsanzeiger, Rückspiegel und Reifen dürfen die Fahrzeugbreite überragen.

Was ist die Fahrzeughöhe?
Die Höhe des Fahrzeugs über alles einschließlich Verdeck, Dachgepäckträger usw. bei Leergewicht gemessen.

Was versteht man unter der Überhanglänge?
Die **vordere Überhanglänge** ist der Abstand des äußersten vorderen Punkts des Fahrzeugs von der Radmitte der Vorderachse.
Die **hintere Überhanglänge** ist der Abstand des äußersten hinteren Punkts des Fahrzeugs von der Radmitte der letzten Achse.

Was ist die Rahmenhöhe?
Der Abstand der Oberkanten des Rahmens von der Standebene des Fahrzeugs, gemessen über den Radmitten der Vorderachse bzw. der Hinterachse.

Was versteht man unter der Bodenfreiheit?
Die **Bodenfreiheit vor, zwischen und hinter den Achsen** ist der kleinste Abstand zwischen der Standebene und dem tiefsten festen Punkt des Fahrzeugs.
Die **Bodenfreiheit unter einer Achse** wird durch die Scheitelhöhe eines Kreisbogens bestimmt, der durch die Mitte der Auflagefläche der Räder einer Achse geht und der die tiefste Stelle des Fahrzeugs berührt.

Was ist der kleinste Spurkreisdurchmesser?
Der Durchmesser des Kreises, den die Reifenmitte des äußeren gelenkten Rades beim größten Lenkeinschlag umschreibt.

Was ist der kleinste Wendekreisdurchmesser?
Der kleinste Wendekreisdurchmesser ist der Durchmesser, den das Fahrzeug bei größtem Lenkeinschlag befahren kann.

6.2 Sicherheit im Straßenverkehr

Wovon hängt die Sicherheit im Straßenverkehr ab?
1. Von der Straße
2. Vom Fahrzeug
3. Vom Menschen

Wer stellt den größten Unsicherheitsfaktor im Straßenverkehr dar?
Der Mensch

Wie kann man die Fahrzeugsicherheit unterteilen?
1. Aktive Sicherheit
2. Passive Sicherheit

Was versteht man unter aktiver Sicherheit?
Aktive Sicherheit ist Fahrzeugtechnik, die Unfälle vermeiden hilft. Dies betrifft also alle Maßnahmen an einem Fahrzeug, die zur Verhinderung von Unfällen getroffen werden.

Was versteht man unter passiver Sicherheit?
Passive Sicherheit ist Fahrzeugtechnik, die im Falle eines Unfalls ein Höchstmaß an Schutz bietet. Die passive Sicherheit soll während eines Unfalls die Insassen des Fahrzeugs und andere Verkehrsteilnehmer schützen bzw. die Verletzungen von Verkehrsteilnehmern auf ein Mindestmaß verringern. Sie dient der Verhinderung oder Minderung von Unfallfolgen.

Woraus setzt sich die aktive Sicherheit zusammen?
1. Fahrsicherheit
2. Konditionssicherheit
3. Wahrnehmungssicherheit
4. Bedienungssicherheit

Was gehört zur Fahrsicherheit?
1. Dem Fahrzeug angepaßte Motorleistung
2. Gut funktionierende Bremsen, ggf. ABS-Bremssystem
3. Gute Radführung mit möglichst kleiner ungefederter Masse
4. Gute Haftung der Reifen
5. Gutmütige Reaktion auf Lenkeinschläge und äußere Störeinflüsse

Welche Aufgabe hat die Konditionssicherheit?
Sie soll ein möglichst ermüdungsfreies Fahren sicherstellen. Dies ist wichtig für die Reaktionsfähigkeit des Fahrers und das Wohlbefinden der Fahrgäste.

Wodurch erreicht man die Konditionssicherheit?
1. Gute Geräuschisolierung (Dämmatten, Motorkapselung usw.)
2. Gute Belüftung und Klimatisierung der Fahrgastzelle
3. Ermüdungsfreies Sitzen
4. Anordnung der Bedienungselemente nach ergonomischen Gesichtspunkten
5. Gute Federung und Schwingungsdämpfung

Welche Aufgaben hat die Wahrnehmungssicherheit?
Sie soll das Sehen und das Gesehenwerden gewährleisten.

Was ist für die Wahrnehmungssicherheit erforderlich?
1. Gute Rundumsicht, Verglasung mit großem Sichtfeld
2. Gute Scheibenwischer- und Entfrosteranlage
3. Gute Beleuchtung, Leuchtweitenregelung, Scheinwerfer-Reinigungsanlage, verschmutzungssichere Schlußleuchten
4. Verwendung von gut erkennbaren Fahrzeugfarben

Welche Aufgabe hat die Bedienungssicherheit?
1. Sicheres Bedienen von Schaltern, Hebeln usw. ermöglichen
2. Fehlbedienung der Schalter durch Symbole und Unterbringung an den gleichen Stellen im Fahrzeug verhindern

Wie unterteilt man die passive Sicherheit?
1. Äußere Sicherheit
2. Innere Sicherheit

Wodurch erreicht man die äußere Sicherheit?
Durch entsprechende Formgebung des Fahrzeugaufbaus.

Nennen Sie wesentliche Maßnahmen für die äußere Sicherheit!
1. Vermeiden von scharfkantigen Karosserieteilen
2. Unterfahrschutz bei Lastkraftwagen

Durch welche Maßnahmen wird die innere Sicherheit erreicht?
1. Gestaltfeste Fahrgastzelle („Sicherheitskarosserie")
2. Energieverzehrende Front- und Heckpartien, um Stoßenergie aufzunehmen
3. Gegen Aufspringen gesicherte Türschlösser
4. Sicherheitsglas rundum
5. Gepolsterter Innenraum
6. Gepolstertes Armaturenbrett
7. Sicherheitsgurt, Gurtstrammer, Airbag
8. Kopfstützen
9. Schwerentflammbares Polster- und Dämm-Material
10. Sicherheitslenkrad und Sicherheitslenkung
11. Schlag- und druckfester Kraftstoffbehälter

6.3 Rahmen

Welche Aufgaben hat der Rahmen?

1. Übertragen und Verteilen der Gewichtskraft auf die Unterstützungspunkte (Federauflagen, Anlenkpunkte der Radaufhängung)
2. Aufnahme von Radaufhängung, Aggregaten und Aufbau
3. Aufnahme und Übertragung der Längskräfte und Querkräfte
4. Aufnahme der Deichselkräfte beim Mitführen eines Anhängers

Welche Vorteile bietet der Rahmen?

1. Es können beliebige Aufbauten verwendet werden
2. Der Aufbau wird nur gering beansprucht
3. Für kleine Stückzahlen ist die Konstruktion mit Rahmen wesentlich wirtschaftlicher

Wie kann der Rahmen nach der Beanspruchungsart ausgeführt sein?

1. Verwindungsweich
2. Verwindungssteif

Welche Arten von Rahmen unterscheidet man?

1. Leiterrahmen
2. Leiterrahmen mit X-Versteifung
3. Zentralrohrrahmen
4. Doppelrohrrahmen
5. Gitterrahmen
6. Rahmen-Bodenanlage

Wie ist der Leiterrahmen aufgebaut?

Der Leiterrahmen, auch Parallel- oder Standardrahmen genannt, besteht aus zwei Rahmenlängsträgern mit U-Profil. Die Querträger sind mit den Längsträgern vernietet oder verschweißt.

Welche Eigenschaften hat der Leiterrahmen?

1. Biegesteif
2. Verwindungsweich

Wo wird der Leiterrahmen verwendet?

Für Lastkraftwagen und Anhänger.

Wie ist der Leiterrahmen mit X-Versteifung aufgebaut?

Dies ist ein Leiterrahmen mit eingeschweißter X-förmiger Versteifung.

Welche Eigenschaften hat der Leiterrahmen mit X-Versteifung?

1. Biegesteif
2. Verwindungssteif

Wo wird der Leiterrahmen mit X-Versteifung verwendet?
Für Geländewagen und z. T. auch für Pkw, wobei der Aufbau aufgesetzt und verschraubt wird.

Wie ist der Zentralrohrrahmen aufgebaut?
Er besteht aus einem in der Mitte des Fahrzeugs angeordneten Längsrohr, an das Querträger, Querbleche, Rahmengabeln oder sonstige Querversteifungen angeschweißt sind. Ist das Zentralrohr kastenförmig ausgeführt, spricht man von einem Zentralkastenrahmen.

Beschreiben Sie den Doppelrohrrahmen!
Der Doppelrohrrahmen besteht aus zwei Rohren, die durch eingeschweißte Rohrquerträger miteinander verbunden sind.

Welche Rahmenprofile können für den Doppelrohrrahmen verwendet werden?
1. Rundrohr
2. Ovalrohr
3. Vierkantrohr
4. Geschlossenes Kastenprofil
5. Geschlossenes Hutprofil

Welche Eigenschaften hat der Doppelrohrrahmen?
1. Biegesteif
2. Verwindungssteif

Wie ist der Gitterrahmen aufgebaut?
Der Gitterrahmen besteht aus einem Netz von dünnen Hohlprofilen, die miteinander verschweißt sind. Als Hohlprofile werden meist Vierkantrohre oder Rechteckrohre verwendet.

Welche Eigenschaften hat der Gitterrahmen?
1. Durch die dünnwandigen Rohre äußerst leicht.
2. Verwindungssteif
3. Bildet das Gerippe für den Aufbau
4. Für Omnibusse, Renn- und Sportwagen geeignet.

Wie ist die Rahmen-Bodenanlage aufgebaut?
Bei der Rahmen-Bodenanlage wird der Rahmen in Form von relativ dünnwandigen Rahmenlängsträgern mit dem profilierten Karosserieboden verschweißt. So entsteht aus dem Karosserieboden eine Plattform.

Welche Eigenschaften hat die Rahmen-Bodenanlage?
1. Hohe Festigkeit der Bodengruppe
2. Aufbau wird auf die Plattform aufgesetzt und verschraubt
3. Preisgünstiger Modellwechsel mit neuem Aufbau und alter Bodengruppe möglich

6.4 Aufbau

Wie kann der Aufbau des Fahrzeugs ausgeführt sein?
1. Nichttragender Aufbau (wird nicht mehr gebaut)
2. Mittragender Aufbau (mit der Rahmen-Bodenanlage verschraubt)
3. Selbsttragender Aufbau (vorwiegend verwendet)

Wie ist der selbsttragende Aufbau ausgeführt?
Blechpreßteile, profilierte Bleche und Blechhohlkörper werden auf Vorrichtungen zu einer Einheit, dem selbsttragenden Aufbau, zusammengeschweißt.

Welche Eigenschaften hat der selbsttragende Aufbau?
1. Alle Karosserieteile wie Türsäulen, Kotflügel, Dach usw. sind mittragende Teile.
2. Alle mittragenden Teile sind durch Schweißung miteinander verbunden.
3. Es ist kein reiner Rahmen mehr vorhanden.

Welche Fahrzeuge haben einen selbsttragenden Aufbau?
Fast alle Personenwagen und Omnibusse.

Welche Vorteile hat der selbsttragende Aufbau?
1. Geringes Gewicht
2. Hohe Biege- und Verdrehfestigkeit
3. Kann als Sicherheitskarosserie gebaut werden
4. Günstige Raumausnutzung

Wie erfolgt die Instandsetzung des selbsttragenden Aufbaus?
Die Instandsetzung wird meist auf einer Richtbank vorgenommen. Auf dieser Richtbank können die Achsaufnahmepunkte genau fixiert werden. Gleichzeitig wird die Karosserie an den noch passenden Aufnahmepunkten mit der Richtbank verschraubt, so daß ein Abstützen der Richtkräfte sichergestellt wird.

Wie ist eine Sicherheitskarosserie aufgebaut?
1. Besonders gestaltfeste Fahrgastzelle zum Schutz der Insassen
2. Front- und Heckpartie als Knautschzone ausgebildet
3. Festigkeit der Front- und Heckpartie nimmt zu den Enden hin ab, so daß die Stoßenergie progressiv in Verformungsarbeit umgewandelt wird.
4. Bei seitlichem Aufprall genügend Schutz durch die Türen
5. Kein ungewolltes Aufspringen der Türen beim Unfall
6. Einfaches Öffnen der Türen nach dem Unfall
7. Gut gepolsterter Innenraum
8. Schwer entflammbares Dämm- und Verkleidungsmaterial

7 Ausstattung

7.1 Türen

Welche Aufgaben haben die Türen?

1. Ein bequemes Ein- und Aussteigen ermöglichen
2. Ein gutes Be- und Entladen ermöglichen
3. Den Fahrzeuginnenraum gut verschließen
4. Den Fahrzeuginnenraum gegen Wasser und Staub abdichten
5. Bei Unfällen die Insassen schützen.

Welche Arten von Türen unterscheidet man?

1. Drehtür
2. Klapptür
3. Schiebetür
4. Außenschwingtür
5. Falttür

Welche Aufgaben haben Türschlösser?

1. Die Türen fest verschlossen halten
2. Leichtes Öffnen und Schließen ermöglichen
3. Bei einem Unfall nicht von selbst aufspringen
4. Sich nach dem Unfall noch öffnen lassen
5. Einen guten Schutz gegen unbefugtes Öffnen bieten

Welche Aufgabe hat die Zentralverriegelung?

Sie soll das Verschließen aller Türen, des Kofferraumschlosses und der Tankklappe beim Verschließen der Fahrertür ermöglichen.

Wie ist die Wirkungsweise der Zentralverriegelung?

Bei der **unterdruckgesteuerten Zentralverriegelung** wird der erforderliche Unterdruck vom Saugrohr des Motors entnommen und in einem kleinen Vorratsbehälter gespeichert. Ein mit dem Türschloß der Fahrertüre gekoppelter Unterdruckschalter steuert die Unterdruckelemente an den Türen, am Kofferraumschloß und an der Tankklappe. Die Unterdruckelemente sind doppelseitig wirkend, so daß die Türschlösser ver- und entriegelt werden können.

Die **Bidruck-Zentralverriegelung** arbeitet beim Verriegeln des Fahrzeugs mit Unterdruck und beim Entriegeln mit Überdruck. Der Überdruck und Unterdruck wird von einer elektrisch angetriebenen Pumpe erzeugt. Diese erzeugt bei Rechtslauf des Elektromotors Überdruck und bei Linkslauf des Motors Unterdruck.

7.2 Verglasung

Welche Vorschriften bestehen für die Verglasung am Kraftfahrzeug?
Alle Scheiben am Kraftfahrzeug müssen aus Sicherheitsglas sein.

Wie sind die Scheiben im Kraftfahrzeug befestigt?
Windschutzscheiben, Heckscheiben und festmontierte Seitenscheiben sind in Gummirahmen befestigt oder eingeklebt, Kurbelfenster sind in gepolsterten Fensterrahmen geführt.

Welche Eigenschaften haben geklebte Scheiben?
1. Glatter Übergang zur Karosserie möglich, dadurch besserer c_w-Wert
2. Erhöhte Formstabilität der Karosserie
3. Material- und Gewichtsersparnis
4. Vereinfachte Neumontage
5. Größerer Zeitaufwand für Auswechseln der Scheibe
6. Längere Wartezeit beim Aushärten des Klebers

Was ist beim Erneuern der Windschutzscheibe zu beachten?
Bei **in Gummirahmen befestigten Scheiben** Profilgummi miterneuern.
Eingeklebte Scheiben müssen ausgesägt und die neue Scheibe mit dem Spezialkleber eingeklebt werden.

Wie kann die eingeklebte Scheibe ausgesägt werden?
1. Mit einem Stahldraht (Klaviersaite)
2. Mit einem elektrisch angetriebenen Schneidmesser
3. Mit einem elektrisch beheizten Schneidmesser und Druckluft
4. Mit einem Heizdraht, der in die Dichtmasse eingelegt ist und mit der 12 Volt Batterie beim Ausbau und Einbau erwärmt wird

Welche Arten von Sicherheitsglas gibt es?
1. Einscheiben-Sicherheitsglas
2. Verbund-Sicherheitsglas

Wie sind die beiden Arten von Sicherheitsglas aufgebaut?
Das **Einscheiben-Sicherheitsglas** ist ein vorgespanntes Glas und zerspringt bei einer Beschädigung in viele kleine stumpfe Splitter.
Das **Verbund-Sicherheitsglas** besteht aus 2 Scheiben, die durch eine Kunststoff-Folie unlösbar miteinander verbunden sind. Dieses Glas bekommt bei einer Beschädigung weitmaschige spinnennetzartige Sprünge und gibt dem Fahrer noch genügend Sicht. Die Folie bindet die einzelnen Bruchstücke und Splitter und verringert so die Verletzungsgefahr.

7.3 Sicherheitsgurt

Welche Vorschriften besteht für Sicherheitsgurte?
Personenwagen müssen an jedem Sitzplatz einen Sicherheitsgurt haben. Es besteht Anlegepflicht.

Welcher Sicherheitsgurt wird fast ausschließlich eingebaut?
Der Dreipunktgurt mit automatischer Aufrollvorrichtung und automatischer Rollensperre. Deshalb wird dieser Gurt auch Automatikgurt genannt.

Wie ist die Wirkungsweise des Automatikgurtes?
Beim Anlegen des Gurts wird dieser über die Verankerung an der Türsäule von der Rolle abgerollt. Nach dem Einrasten des Gurtschlosses legt sich der Gurt durch die beim Anlegen vorgespannte Rückholfeder an. In dieser Stellung kann sich der Fahrer bzw. Beifahrer in begrenztem Umfang auf seinem Sitz bewegen. Wird das Fahrzeug plötzlich stark abgebremst, rastet die Gurtsperre durch die Bewegung des an der Sperre angebrachten Pendels ein.

Welche Aufgabe hat der Gurtstrammer?
Er soll im Gefahrenmoment den Sicherheitsgurt zusätzlich anspannen, sodaß der Fahrgast noch früher an der Verzögerung des Fahrzeugs teilnimmt und somit geringere Verzögerungswerte aufnehmen muß. Gleichzeitig wird die Gefahr eines Kopfaufpralls auf das Lenkrad bzw. auf das Armaturenbrett verringert.

Wie ist die Wirkungsweise des Gurtstrammers?
Der Gurtstrammer wird durch einen Verzögerungsmesser gesteuert. Dabei wird über einen elektrischen Kontakt ein pyrotechnischer Treibsatz gezündet. Der entstehende hohe Druck preßt eine Flüssigkeit auf die Schaufeln einer Turbine. Die Turbine dreht die Welle der Gurtaufrollvorrichtung rückwärts und strafft dabei den Gurt.

7.4 Airbag

Welche Aufgabe hat der Airbag?
Der Airbag, auch Luftsack genannt, soll den Fahrer bei Unfällen vor Verletzungen schützen.

Wie ist die Wirkungsweise des Airbags?
Wird das Fahrzeug stark verzögert, zündet wie beim Gurtstrammer ein elektrischer Sensor einen pyrotechnischen Treibsatz. Das dabei freiwerdende Gas füllt innerhalb weniger Millisekunden den Luftsack.

7.5 Tachometer

Was sind Tachometer?
Geschwindigkeitsmesser mit Wegstreckenzähler für Kraftfahrzeuge.

Welche Arten von Tachometern unterscheidet man?
1. Mechanisch angetriebene Tachometer
2. Elektrisch angetriebene Tachometer

Wie ist der mechanisch angetriebene Tachometer aufgebaut?
Über eine biegsame Welle wird ein Magnet im Tachometer von der Getriebeabtriebswelle oder von einem Rad angetrieben. Der Magnet läuft in einer Aluminiumglocke mit Eisenring und erzeugt dort Wirbelströme. Durch das dabei entstehende Drehmoment verdreht sich die Glocke gegen die Kraft einer Spiralfeder. Das Drehmoment ist proportional zur Drehzahl des Magneten. Damit erhält man eine genaue Geschwindigkeitsangabe. Der Wegstreckenzähler wird über die gleiche Welle angetrieben.

Wie arbeitet der elektrisch angetriebene Tachometer?
Der elektrisch angetriebene Tachometer arbeitet fast geräuschlos. Durch Wegfall der biegsamen Welle ist keine Geräuschübertragung vom Getriebe zum Fahrgastraum über die Welle möglich.

Wie ist die Wirkungsweise des elektrisch angetriebenen Tachometers?
Anstelle des Antriebsrades für die biegsame Welle ist im Getriebe eine Impulsscheibe eingebaut. Im Getriebegehäuse ist ein Impulsgeber befestigt. Er ist so angeordnet, daß die Impulsscheibe dicht am Impulsgeber umläuft. Beim Umlaufen der Impulsscheibe wird im Impulsgeber eine Wechselspannung induziert. Die Frequenz der Wechselspannung ist von der Drehzahl abhängig. diese Spannung wird über ein Kabel an den Tachometer angelegt. Ein Drehspulinstrument zeigt proportional zur Frequenz die Fahrgeschwindigkeit an. Ein Schrittmotor treibt den Wegstreckenzähler an.

Was ist ein Tachograph?
Ein Tachograph ist ein schreibender Tachometer. Dieser registriert die gefahrenen Geschwindigkeiten und Wegstrecken auf einer Diagrammscheibe.

Wo sind Tachographen eingebaut?
Sie sind bei Lastkraftwagen und Omnibussen vorgeschrieben.

Wie ist die Wirkungsweise des Tachographen?
Eine im Tachometer befindliche Zeituhr dreht die Diagrammscheibe. Eine Schreibspitze ritzt eine Kurve auf die Diagrammscheibe. Ferner werden Wegstrecke, Fahr- und Haltezeiten registriert

Wie erfolgt die Regelung der Wasserheizung?

1. Durch Öffnen und Schließen der Wasserventile
2. Durch Mischen der erwärmten Luft mit Frischluft
3. Durch elektrisch gesteuerte Wasserventile bei automatisch geregelten Wasserheizungen. Temperaturfühler im Fahrgastraum übernehmen die Temperaturregelung.

Womit werden Heizungen mit eigenem Verbrennungssystem betrieben?

1. Mit Benzin
2. Mit Dieselkraftstoff oder Heizöl
3. Mit Gas, z. B. Propangas

Welche Arten von Heizungen mit eigenem Verbrennungssystem gibt es?

1. Warmluftheizgeräte
2. Vorwärm- und Heizgeräte, auch Warmwasserheizgeräte genannt

Wie arbeiten Warmluftheizgeräte?

Sie führen durch ein Gebläse frische Luft über ihren Wärmeaustauscher zum Fahrgastraum und heizen diesen auf.

Wie arbeiten Vorwärm- und Heizgeräte?

Diese heizen in ihrem Wärmeaustauscher das Motorkühlwasser auf, das dann über die Wasserheizung den Fahrgastraum beheizt.

Welche Vorteile haben Vorwärm- und Heizgeräte?

Durch die Aufheizung des Kühlwassers wird gleichzeitig der Motor erwärmt. Dadurch besserer Kaltstart mit kleinerem Motorverschleiß.

Wie ist die Wirkungsweise der Heizungen mit eigenem Verbrennungssystem?

Eine elektrische Kraftstoffpumpe fördert Kraftstoff vom Vorratsbehälter in die Verbrennungskammer. Dort wird der feinzerstäubte Kraftstoff mit der angesaugten Frischluft vermischt und durch eine Zündkerze gezündet. Diese Fremdzündung ist nur zur ersten Zündung erforderlich. Die weitere Verbrennung erfolgt von selbst. Bei Dieselkraftstoff wird eine Glühkerze verwendet. Die heißen Abgase werden über den Wärmeaustauscher ins Freie geführt.

Welche Eigenschaften haben Heizungen mit eigenem Verbrennungssystem?

1. Von der Motorwärme unabhängige Heizung
2. Auch bei stehendem Motor betriebsfähig
3. Hohe Heizleistung
4. Durch Vorwählschalter kann der Heizbeginn mehrere Stunden vorher festgelegt werden.
5. Zusätzlicher Kraftstoffverbrauch

7.8 Klimaanlage

Was sind Klimaanlagen?
Dies sind Kühlanlagen, die in Personenwagen und Omnibussen neben der Lüftungs- und Heizanlage die Temperatur im Fahrgastraum regulieren.

Für welche Lkw-Fahrzeuge werden Kühlanlagen ebenfalls verwendet?
Für Kastenwagen (Transport von leichtverderblichem Ladegut)

Wozu dient hier die Kühlanlage?
Zur Kühlung der Laderäume.

Welche Maßnahmen werden zur Wärmedämmung des Fahrzeugs durchgeführt?
1. Einbau von wärmedämmendem Glas (bei Pkw und Omnibussen)
2. Ausschäumen der Zwischenwände bei Kastenwagenaufbauten

Wie groß ist die Kühlleistung der Kühlmaschinen?
1. Bei Personenwagen 3 ... 5 kW   2. Bei Omnibussen 20 ... 30 kW

Welche Temperaturabsenkung erreicht man durch die Klimaanlage?
1. Bei Personenwagen und Omnibussen beträgt die Temperaturabsenkung im Fahrgastraum 10 ... 15 °C, abhängig von der Außentemperatur.
2. Bei Kastenwagen wird eine Temperatur unter dem Gefrierpunkt erreicht.

Weshalb ist die Bezeichnung Klimaanlage unkorrekt?
Weil hier eine Regulierung der Luftfeuchtigkeit nicht erfolgt.

Aus welchen Teilen besteht die Klimaanlage?
1. Kompressor
2. Kondensator (Verflüssiger)
3. Expansionsventil
4. Verdampfer

Wie arbeitet die Klimaanlage?
In der Kühlanlage findet ein Wärmekreislauf statt, bei dem das Kältemittel (meist Freon) teils gasförmig, teils flüssig zirkuliert.

Erklären Sie den Wärmekreislauf der Klimaanlage!
Der Kompressor saugt das im Verdampfer befindliche gasförmige Kältemittel an und drückt dieses unter hohem Druck in den Verflüssiger. Diese Drucksteigerung ergibt einen hohen Temperaturanstieg. Durch Abkühlen des Kältemittels im Verflüssiger wird dem Kältemittel Wärme entzogen. Es wird flüssig. Das unter Druck stehende Kältemittel gelangt über das Expansionsventil in den Verdampfer, wo es verdampft. Bei diesem Vorgang entzieht das Kältemittel seiner Umgebung Wärme.

7.9 Fahrzeughydraulik

Wo findet die Fahrzeughydraulik Anwendung?

1. Bei Kipperfahrzeugen
2. Bei Ladebordwänden
3. Bei Kranen
4. Bei Montage- und Rettungskörben
5. Bei Feuerwehrleitern usw.

Welche Arten von Druckölpumpen unterscheidet man?

1. Handpumpen
2. Elektromotorisch angetriebene Pumpen
3. Vom Nebenantrieb des Fahrzeugmotors angetriebene Pumpen.

Wie ist die Handpumpe aufgebaut?

Sie ist eine einfache Kolbenpumpe, die von Hand betätigt wird.

Wo wird die Handpumpe verwendet?

1. Bei leichten Kipperfahrzeugen bis zu 2 t Gesamtgewicht
2. Zum Kippen des Fahrerhauses

Wie ist die elektromotorisch angetriebene Pumpe aufgebaut?

Der von der Fahrzeugbatterie angetriebene Elektromotor ist mit der Pumpe und dem Vorratsbehälter zu einer Einheit zusammengefaßt. Die Pumpen sind meist Zahnradpumpen, die Drücke bis zu 120 bar erzeugen. Durch den geschlossenen Kreislauf und gute Filterung des Öls erreicht man lange Laufzeiten der Pumpen. Diese Pumpen sind vom Fahrzeugmotor unabhängig.

Wo werden elektromotorisch angetriebene Pumpen verwendet?

1. Bei leichten Kipperfahrzeugen
2. Bei kleinen Ladekranen
3. Bei Ladebordwänden

Wie sind die vom Nebenantrieb des Fahrzeugmotors angetriebene Pumpen gebaut?

Es sind Hochdruckpumpen. Meist verwendet man Mehrkolben-Axialpumpen, die nach dem Taumelscheibenprinzip arbeiten. Sie erzeugen hohe Drücke und große Fördermengen.

Wie muß die Einspritzpumpe des Dieselmotors hierfür ausgeführt sein?

Die Einspritzpumpe muß einen Verstellregler haben. Dieser ermöglicht eine exakte Einstellung der erforderlichen Motordrehzahl und somit auch eine konstante Pumpenleistung der Ölpumpe.

7.10 Anhängerkupplung

Welche Vorschriften bestehen für Anhängerkupplungen?
Anhängerkupplungen müssen bauartgeprüft und in den Fahrzeugpapieren eingetragen sein.

Welche Aufgaben haben die Anhängerkupplungen?
1. Ein sicheres Befestigen des Anhängers am Zugfahrzeug gewährleisten
2. Eine Mindestbeweglichkeit der Anhängerdeichsel beim Kurvenfahren und beim Einfedern sicherstellen
3. Ein gefahrloses Ankuppeln des Anhängers ermöglichen

Welche Arten von Anhängerkupplungen unterscheidet man?
1. Kugelkupplung
2. Abschleppkupplung
3. Selbsttätige Bolzenkupplung
4. Sattelkupplung
5. Drehkranz für Gliederbusse

Für welche Fahrzeuge werden Kugelkupplungen verwendet?
Für einachsige Anhänger bis maximal 1 500 kg Gesamtgewicht und einer maximalen Deichsellast von 50 kg (mit Sondergenehmigung 75 kg).

Wozu verwendet man die Abschleppkupplung?
Die Abschleppkupplung wird nur an der Fahrzeug-Vorderseite montiert und dient für Rangier- und Abschlepparbeiten. Bei dieser Kupplung muß der Vorsteckbolzen beim Anhängen von Hand eingesteckt werden und mit der zugehörenden Sicherung aus Federstahl gesichert werden.

Welche Vorschrift besteht für die selbsttätige Bolzenkupplung?
Anhänger mit mehreren Achsen und über 2 000 kg Gesamtgewicht müssen mit einer selbsttätigen Bolzenkupplung mit dem Zugwagen gekuppelt werden.

Wie ist die Wirkungsweise der selbsttätigen Bolzenkupplung?
Die selbsttätige Bolzenkupplung ermöglicht ein Ankuppeln des Anhängers, ohne daß sich jemand zwischen Zugwagen und Anhänger befindet. Dazu wird der Handhebel auf Kupplungsbereitschaft gestellt und der Kupplungsbolzen geht nach oben. Stößt die Zugöse der Anhängerdeichsel in das Fangmaul, drückt eine Feder den Kupplungsbolzen nach unten und der Anhänger ist angekuppelt.

Wozu dient die Sattelkupplung?
Die Sattelkupplung ist eine lösbare, mechanische Verbindung zwischen Sattelzugmaschine und Sattelanhänger.

7.11 Lackierung

Welche Aufgaben hat die Lackierung?
1. Sie dient der Werterhaltung des Fahrzeugs
2. Sie verleiht dem Fahrzeug eine dekorative Wirkung

Wie werden die Lacke auch noch genannt?
Anstrichstoffe.

Aus welchen Grundbaustoffen bestehen die Lacke?
1. Pigmente
2. Bindemittel
3. Lösemittel
4. Hilfsstoffe

Was sind Pigmente?
Pigmente sind Farbkörper. Sie werden ausschließlich synthetisch hergestellt. Die Farbstoffe bestehen aus Pigmenten und Füllstoffen.

Welche Aufgaben haben die Bindemittel?
Sie sollen die Pigmente zu einem Anstrichstoff zusammenhalten. Die Bindemittel bestimmen sehr stark die Eigenschaften wie Lebensdauer, Chemikalienbeständigkeit, Abriebfestigkeit, Glanz und Trocknung der Anstrichstoffe. Die Bindemittel bilden nach dem Beschichtungs- und Trockenprozeß den eigentlichen Lackfilm. Weichmacher setzen den Schmelzbereich des Bindemittels herab.

Welche Arten von Bindemitteln gibt es?
1. Physikalisch trocknende Bindemittel
2. Oxidativ trocknende Bindemittel
3. Chemisch durch Härterzusatz trocknende Bindemittel

Wie erfolgt die physikalische Trocknung?
Die physikalische Trocknung erfolgt durch Verdunsten der Lösemittel und Verdünnungsmittel. Der getrocknete Lackfilm hat sich dabei gegenüber dem flüssigen Produkt nicht verändert. Er kann deshalb durch entsprechende Lösemittel wieder aufgelöst werden. Die physikalische Trocknung wird bei Nitrozelluloselacken und thermoplastischen Acryllacken angewendet.

Wie erfolgt die oxidative Trocknung?
Sie erfolgt ohne Härterzusatz durch Aufnahme von Sauerstoff aus der Luft. Oxidativ härtende Bindemittel sind in Alkydharzlacken (Kunstharzlacken) enthalten. Diese Lacke werden als lufttrocknende Lacke und als ofentrocknende Lacke verwendet.

Wie sind chemisch durch Härterzusatz trocknende Bindemittel aufgebaut?
Dies sind Zweikomponentenmaterialien, die nach dem Mischen von Stammlack und Härter durch chemische Reaktion trocknen. Die Reaktion kann durch Wärme beschleunigt werden.

Welche Aufgaben haben Lösemittel?
Lösemittel lösen die festen und zähflüssigen Bestandteile der Bindemittel auf, ohne mit diesen chemisch zu reagieren. Man verwendet sie, um die erforderliche Viskosität der Lacke zum Spritzen einzustellen.

Was sind Hilfsstoffe?
Hilfsstoffe sind Zusatzstoffe, die die Trocknung beeinflussen und die Filmbildung verbessern.

Welches ist die erste Korrosionsschutzschicht der Fahrzeugkarosserie?
Die Phosphatierung. Diese erfolgt meist im Tauchverfahren.

Wie erfolgt die Grundierung der Karosserie?
Sie erfolgt als Elektrotauchlackierung, auch Elektrophorese-Lackierung genannt. Hierbei wird die an Gleichstrom angeschlossene Karosserie in das Tauchbecken eingesetzt. Der elektrische Strom transportiert die Lackteilchen so lange zur Karosserie, bis die ganze Karosserieoberfläche vollständig beschichtet ist.

Welche Arten unterscheidet man bei der Elektrophorese-Lackierung?
1. Anaphorese-Lackierung
2. Kataphorese-Lackierung

Beschreiben Sie die Anaphorese-Lackierung!
Die Karosserie liegt als Anode am Pluspol der Gleichstromanlage. Die Lackteilchen sind negativ geladen. Die Spannung beträgt 100 ... 300 V.

Beschreiben Sie die Kataphorese-Lackierung!
Die Karosserie liegt als Katode am Minuspol der Gleichstromanlage. Die Lackteilchen sind positiv geladen. Die Spannung beträgt 200 ... 400 V. Der Korrosionsschutz ist besser als bei der Anaphorese.

Was versteht man unter der Autophorese-Lackierung?
Dies ist eine Tauchlackierung ohne elektrischen Strom. Es können jedoch nur dunkle Farben verwendet werden ohne anschließenden Decklack.

Wie unterscheidet man die Lackierung nach dem Schichtaufbau?
1. Dreischicht-Lackierung
2. Vierschicht-Lackierung

8 Elektrische Anlage

Welche Spannung haben elektrische Anlagen bei Kraftfahrzeugen?

1. 12 V: Pkw, Lkw, KOM, Krafträder mit elektrischem Starter
2. 6 V: ältere Pkw, Krafträder mit Kickstarter
3. 24 V: schwere Lkw, KOM, NATO – Fahrzeuge

8.1 Batterie

Welche Aufgaben hat die Batterie?

1. Die vom Generator erzeugte elektrische Energie speichern
2. Den Strom für den Starter liefern
3. Bei stehendem Motor die Verbraucher wie Standlicht, Innenbeleuchtung, Warnlicht usw. mit Strom versorgen.

Welche Art von Batterien werden in Kraftfahrzeugen verwendet?
Ausschließlich Bleibatterien, auch Blei-Akkumulatoren genannt.

Weshalb werden nur Bleibatterien verwendet?

1. Günstiger Preis
2. Einfache Wartung und Pflege
3. Einfaches Nachladen

Welche Energieumwandlungen spielen sich beim Laden und Entladen der Batterie ab?

Ladevorgang: die zugeführte elektrische Energie wird in chemische Energie umgewandelt und gespeichert.

Entladevorgang: Die in der Zelle gespeicherte chemische Energie wird wieder in elektrische Energie umgewandelt.

Woraus besteht eine Kfz-Batterie?

1. Blockkasten mit Zellentrennwänden
2. Blockdeckel mit Zellenöffnungen und Verschlußstopfen
3. Plus-Platten mit Plattenverbindern
4. Minus-Platten mit Plattenverbindern
5. Separatoren zwischen den einzelnen Platten
6. Zellenverbinder
7. Endpole (positiver und negativer Anschlußpol)
8. Elektrolyt (verdünnte Schwefelsäure)

Waraus besteht der Blockkasten?
Aus säurebeständigem Isolierstoff wie Hartgummi oder Kunststoff (z. B. Polypropylen). Dieser muß außerdem bruch- und stoßsicher sein.

Wozu dient der Schlammraum der Batterie?
Zur Aufnahme der feinen Masseteilchen, die sich im Laufe der Zeit aus den Platten lösen und zu Boden sinken. Der Schlammraum ist der unterste Teil des Blockkastens.

Wie sind die Platten der Batterie aufgebaut?
Die Plusplatten und Minusplatten bestehen aus Hartbleigittern. In diese Gitter wird die aktive Masse hineingepreßt. Beim Lade- und Entladevorgang wird nur diese aktive Masse chemisch verändert.

Woraus besteht die aktive Masse einer geladenen Batterie?

Plusplatte: aus dunkelbraunem Bleidioxid PbO_2

Minusplatte: aus grauem, porösem Bleischwamm Pb

Woraus besteht die aktive Masse einer entladenen Batterie?

Plusplatte: aus weißlichem Bleisulfat $PbSO_4$

Minusplatte: aus weißlichem Bleisulfat $PbSO_4$

Weshalb sind zwischen den Platten Separatoren eingebaut?
Diese verhindern, daß sich die Plus- und Minusplatten berühren und durch Kurzschluß zerstört werden.

Welche Eigenschaften haben Separatoren?
1. Die Ionenwanderung im Elektrolyten ermöglichen
2. Säurefest sein
3. Mikroporös durchlässig für Batteriesäure sein

Womit ist die Bleibatterie gefüllt?
Mit Batteriesäure, d. h. verdünnter Schwefelsäure. Dies ist eine Mischung aus chemisch reiner Schwefelsäure H_2SO_4 und destilliertem Wasser H_2O.

Wie nennt man die Batteriesäure auch noch?
Elektrolyt.

Wie groß ist die Dichte des Elektrolyten einer Bleibatterie?

Geladene Batterie: Dichte 1,28 kg/dm^3, d. h. 37 Vol-% H_2SO_4 und 63 Vol-% H_2O

Entladene Batterie: Dichte 1,12 kg/dm^3, d. h. 17 Vol-% H_2SO_4 und 83 Vol-% H_2O

Nennen Sie die elektrochemischen Vorgänge beim Entladen!
An den Plusplatten wird das Bleidioxid PbO_2 zu Bleisulfat $PbSO_4$ umgewandelt, an den Minusplatten wird das Blei ebenfalls zu Bleisulfat $PbSO_4$ umgewandelt. Die freigewordenen Sauerstoffatome verbinden sich mit den Wasserstoffatomen des Elektrolyten zu Wasser H_2O. Die Dichte der Batteriesäure nimmt ab.

Nennen Sie die elektrochemischen Vorgänge beim Laden!
An den Plusplatten wird das Bleisulfat $PbSO_4$ in Bleidioxid PbO_2 umgewandelt, an den Minusplatten wird das Bleisulfat $PbSO_4$ in reines Blei Pb umgewandelt. Die SO_4-Gruppe geht in den Elektrolyten, wodurch Schwefelsäure $H_2S\ O_4$ gebildet wird. Die Säuredichte nimmt zu.

Welches sind die wichtigsten Nennwerte einer Bleibatterie?
1. Nennspannung in Volt
2. Nennkapazität in Ah
3. Kälteprüfstrom in Ampere

Was ist die Nennspannung einer Bleibatterie?
Die Nennspannung ist das Produkt aus der Zahl der in Reihe geschalteten Einzelzellen und der Nennspannung der Zelle. Die Nennspannung der Bleizelle beträgt 2,0 V. Eine 12 V Batterie hat also 6 Einzelzellen mit je 2,0 V Zellenspannung, eine 6 V Batterie besteht aus 3 Einzelzellen.

Wie sind die Einzelzellen elektrisch geschaltet?
Sie sind in Reihe geschaltet und werden nacheinander vom gleich großen elektrischen Strom durchflossen. Man nennt dies auch Hintereinanderschaltung.

Wie sind die positiven und negativen Platten geschaltet?
Alle Plusplatten sind elektrisch leitend miteinander verbunden und ebenso alle Minusplatten. Dadurch erhält man eine große Plattenoberfläche. Diese Schaltung nennt man Parallelschaltung.

Was versteht man unter der Kapazität einer Batterie?
Sie ist die Strommenge, die einer Batterie entnommen werden kann.

Wovon ist die Kapazität einer Batterie abhängig?
1. Von der Größe der Plattenoberfläche
2. Von der Entladestromstärke
3. Von der Dichte des Elektrolyten
4. Von der Temperatur des Elektrolyten
5. Vom zeitlichen Verlauf der Entladung
6. Vom Alter der Batterie

Was ist die Nennkapazität einer Starterbatterie?
Die Nennkapazität K_{20} ist die Kapazität, die eine vollgeladene Batterie bei 20-stündiger Entladung mit dem zugehörigen Nennstrom bei einer mittleren Säuretemperatur von +27 °C abgeben kann, ohne daß die Entladeschlußspannung von 1,75 V je Zelle unterschritten wird.

Wie groß ist der Nennstrom bei der Entladung?
Teilt man die Nennkapazität durch 2o h, erhält man den zugehörigen Nennstrom in Ampere.

Was ist der Kälteprüfstrom?
Für eine Fahrzeugbatterie ist die Startfähigkeit bei niedrigen Temperaturen noch wichtiger als die Kapazität. Bei einer Starterbatterie, die bei −18 °C mit dem Kälteprüfstrom entladen wird, muß nach 30 Sekunden Entladezeit die Spannung je Zelle mindestens 1,4 Volt und nach 180 Sekunden mindestens noch 1,0 Volt betragen.

Erklären Sie die Bezeichnung: Starterbatterie 12 V 84 Ah 280 A!
12 V: Nennspannung 12 V
84 Ah: Nennkapazität 84 Ah bei 20-stündiger Entladung
280 A: Kälteprüfstrom 280 A bei −18 °C

Welchen Einfluß hat die Temperatur des Elektrolyten?
Mit **steigender Temperatur**
nehmen ab: Viskosität des Elektrolyten, Innenwiderstand der Batterie
nehmen zu: Kapazität, Entladespannung, Selbstentladung
Mit **sinkender Temperatur**
nehmen zu: Viskosität des Elektrolyten, Innenwiderstand der Batterie
nehmen ab: Kapazität, Entladespannung, Selbstentladung

Wovon hängt die Ladespannung einer Batterie ab?
1. Vom Ladezustand der Batterie
2. Vom Ladestrom
3. Von der Temperatur des Elektrolyten

Was versteht man unter der Ladeschlußspannung?
Die Spannung am Ende der Volladung vor Abschalten des Ladestroms. Sie beträgt 2,7 Volt.

Was versteht man unter der Gasungsspannung?
Die Gasungsspannung ist die Ladespannung, oberhalb derer die Batterie deutlich zu gasen beginnt. Sie beträgt 2,4 Volt.

Wie groß ist die Ladekapazität bei Erreichen der Gasungsspannung?
Ungefähr 80 % der Nennkapazität.

Wie groß ist der Ladestrom?

Normalladung: Ladestrom ≈ 0,1 · Zahlenwert der Nennkapazität

Schnelladung: Ladestrom ≈ 0,8 · Zahlenwert der Nennkapazität

Was versteht man unter der Selbstentladung einer Batterie?
Geladene Bleibatterien verlieren im Laufe der Zeit ihre Ladung, ohne daß die Batterie durch einen äußeren Stromverbraucher belastet ist.

Wodurch kommt es zur Selbstentladung?
1. Durch chemische Vorgänge im Innern der Batterie
2. Durch Verunreinigungen der Säure wie z. B. Spuren von Eisen und anderen Schwermetallen im Nachfüllwasser
3. Durch Kriechströme an der Batterieoberfläche und zwischen den Plusplatten und Minusplatten über den Bleischlamm am Boden der Batterie

Wie groß ist die Selbstentladung?
Täglich etwa 0,1 % (bei neuen Batterien) bis 1,0 % (bei älteren Batterien) der Nennkapazität.

Was versteht man unter Erhaltungsladen?
Das ununterbrochene Laden einer nicht benutzten Batterie mit einem entsprechend kleinen Ladestrom. Dadurch gleicht man die Selbstentladung aus und erhält so immer den vollgeladenen Zustand.

Wie groß ist die Lebensdauer einer Batterie?
Erfahrungswerte sind 3 ... 5 Jahre bei entsprechender Wartung und Pflege.

Was versteht man unter der Sulfatierung der Batterie?
Läßt man eine Batterie längere Zeit in entladenem Zustand stehen, kann sich das bei der Entladung entstandene feinkristalline Bleisulfat in grobkristallines Bleisulfat umwandeln. Dieses läßt sich dann beim anschließenden Laden meist nicht mehr in Blei bzw. Bleidioxid PbO_2 umwandeln. Die Batterie ist sulfatiert. Diesen Vorgang nennt man auch Sulfatation. Die Platten von sulfatierten Batterien haben einen grauweißen Niederschlag. Sulfatierte Batterien erwärmen sich beim Laden sehr stark.

Wie hoch soll der Säurestand in der Batterie sein?

Nomale Batterien:	15 mm über Plattenoberkante
Batterien mit kleinem Säureraum:	10 mm über Plattenoberkante
Kraftradbatterien:	6 mm über Plattenoberkante

Warum gast die Batterie beim Laden?
Nach einer bestimmten Ladezeit ist das Bleisulfat in Blei bzw. Bleidioxid umgewandelt. Wird nun weitergeladen, bewirkt die zugeführte elektrische Energie eine elektrolytische Zersetzung des Wassers in gasförmigen Wasserstoff und gasförmigen Sauerstoff. Das Gasen beginnt bei einer Ladespannung von 2,4 V je Zelle, der sog. Gasungsspannung.

Was muß bei Wartungsarbeiten an der Batterie z. T. nachgefüllt werden?
Destilliertes oder entsalztes Wasser.

Warum darf nur Wasser nachgefüllt werden?
Weil beim Laden der Batterie nur das Wasser zerlegt wird und in gasförmigem Zustand entweicht. Außerdem verdunstet nur das Wasser und nicht die Säure.

Nennen Sie Unfallgefahren beim Laden der Batterie!
Gegen Ende des Ladevorgangs wird Wasser zerlegt und es entsteht an den Plusplatten Sauerstoff und an den Minusplatten Wasserstoff. Das Gasgemisch aus Sauerstoff und Wasserstoff (Knallgas) ist explosionsgefährlich. Offene Flamme, Funkenbildung oder glimmende Teile können das Knallgas entzünden. Es besteht im Laderaum Rauchverbot! Der Laderaum muß wegen dem entstehenden Knallgas immer gut belüftet werden. Wegen Verätzungsgefahr müssen Schutzkleidung und Schutzbrille getragen werden. Ferner ist auf größte Reinlichkeit wegen Gefahr einer Bleivergiftung zu achten.

Mit welchen Geräten kann eine Batterie geprüft werden?
1. Säureprüfer zur Säuredichtemessung mit der Meßspindel
2. Batteriesäuretester zur Säuredichtemessung
3. Zellenprüfer bzw. Batterieprüfer zur Belastungsprüfung der Zellen
4. Batterietester (meist mit dem Schnelladegerät kombiniert)

Bei welcher Temperatur gefriert eine Batterie?
Geladene Batterie: −68 °C Entladene Batterie: −11 °C

Was versteht man unter einer trocken geladenen Batterie?
„Trocken geladen“ oder korrekter „ungefüllt geladen“ bedeutet:
Die Batterieplatten befinden sich in geladenem Zustand. Die Batterie wird jedoch wegen der besseren Lagerfähigkeit ohne Säure geliefert. Die Plusplatten und Minusplatten werden beim Hersteller formiert, d. h. geladen und dann von der Schwefelsäure gereinigt, getrocknet und konserviert. Zur Inbetriebnahme wird lediglich Schwefelsäure mit einer Dichte von 1,28 kg/dm^3 eingefüllt. Nach einer Standzeit von etwa 20 Minuten ist die Batterie betriebsbereit.

Nennen Sie die Merkmale einer wartungsfreien Batterie!
Bei normalen Bleibatterien muß der auftretende Wasserverlust durch Nachfüllen von destilliertem Wasser ausgeglichen werden. Bei wartungsfreien Batterien ist ein Nachfüllen von destilliertem Wasser über die ganze Lebensdauer der Batterie nicht mehr nötig, da die Batterie vollständig geschlossen ist. Die Lebensdauer der wartungsfreien Batterie wird wie bei normalen Batterien durch Masse-Ausfall an den Bleiplatten und Gitterkorrosion u. a. begrenzt.

Welches Kabel ist beim Ausbau der Batterie zuerst zu lösen?
Das Minuskabel (Massekabel).

Welche Kabel ist beim Einbau zuerst zu befestigen?
Das Pluskabel.

Warum ist diese Reihenfolge einzuhalten?
Um einen Kurzschluß durch Berühren von elektrisch leitenden Fahrzeugteilen mit dem Werkzeug zu verhindern.

Welche Eigenschaften haben Bleibatterien?
1. Hohe Startleistung
2. Großes Gewicht
3. Begrenzte Lebensdauer
4. Beim Ladevorgang durch Knallgasbildung Explosionsgefahr

Bei welchen Fahrzeugen werden Batterie-Umschalter verwendet?
Bei Fahrzeugen mit einer hohen Startleistung.

Welche Aufgaben haben Batterie-Umschalter?
1. Sie schalten beim Starten zwei 12-Volt-Batterien in Reihe, so daß der Starter mit 24 Volt angesteuert wird.
2. Sie schalten im Fahrbetrieb die beiden Batterien parallel, damit beide Batterien aufgeladen werden.

Welche Betriebsspannung hat dabei die Beleuchtungsanlage?
12 Volt.

Wie ist die Wirkungsweise des Batterie-Umschalters?
In Ruhelage sind die Pluspole und die Minuspole der beiden Batterien miteinander verbunden. Die Batterien können vom Generator mit 12 Volt aufgeladen werden. Beim Starten werden die beiden Batterien in Reihe geschaltet und der Magnetschalter des Starters betätigt. Dadurch erhält der Starter eine Spannung von 24 Volt. Nach Beendigung des Startvorgangs werden die Batterien wieder parallel geschaltet.

8.2 Generator

Wie wird der Generator angetrieben?
Der Generator, auch Lichtmaschine genannt, wird vom Motor meist über Keilriemen angetrieben.

Welche Aufgaben hat der Generator?
1. Den Strom für die Verbraucher schon bei niederer Drehzahl liefern
2. Die Batterie während der Fahrt aufladen
3. Bei kleinem Eigengewicht und niederer Leistungsaufnahme eine hohe Ladeleistung erzielen

Welche Arten von Generatoren unterscheidet man?
1. Gleichstromgenerator
2. Drehstromgenerator
3. Magnetzünder-Generator
4. Magnetgenerator

Wie sind Gleichstromgeneratoren aufgebaut?
Gleichstromgeneratoren sind Nebenschlußmaschinen, die sich selbst erregen. Die Spannung wird durch den Erregerstrom geregelt. Gleichstromgeneratoren werden nur noch selten verwendet.

Wie ist die Wirkungsweise des Gleichstromgenerators?
Der Anker des Gleichstromgenerators dreht sich in dem Magnetfeld. Dadurch wird in der Ankerwicklung eine Wechselspannung induziert, die im Stromwender, auch Kommutator genannt, mechanisch gleichgerichtet wird. Die so erzeugte Spannung wird an den Kohlebürsten des Kollektors abgenommen.

Wozu dient der Kollektor?
Er verbindet den Anfang und das Ende der einzelnen Ankerwicklungen miteinander und wendet den im Generator erzeugten Strom so, daß ein Gleichstrom entsteht. Somit wirkt er auch als Stromwender (Kommutator).

Welche Eigenschaften haben Gleichstromgeneratoren?
1. Großes Gewicht im Verhältnis zur Leistung
2. Bei niederer Motordrehzahl geringe Ladeleistung
3. Im Drehzahlbereich nach oben begrenzt
4. Bei größerer Leistung besondere Kühlung erforderlich
5. Besonderer Regler als Überlastungsschutz notwendig
6. Erfordert einen Rückstromschalter
7. Empfindlich gegen Wasser und Schmutz
8. Regelmäßige Wartung erforderlich

Aus welchen Baugruppen besteht der Drehstromgenerator?
1. Feststehender Ständer mit Ständerwicklung
2. Läufer, auch Rotor genannt, mit Erregerwicklung
3. Gleichrichter mit mindestens 6 Leistungs- und 3 Erregerdioden
4. Regler, Bürstenhalter und Kohlebürsten
5. Antriebs- und Schleifringlagerschild
6. Riemenscheibe und Lüfter

Wie ist der Aufbau der Ständerwicklung?
Die Ständerwicklung besteht aus drei gleichen, voneinander unabhängigen Wicklungen, die jeweils um 120° versetzt angeordnet sind. In den Wicklungen werden bei Drehung des Läufers Wechselspannungen erzeugt.

Wie können die drei Wicklungen geschaltet sein?
1. In Sternschaltung
2. In Dreieckschaltung

Wie ist der Läufer des Drehstromgenerators gebaut?
Der Läufer, auch Rotor genannt, besteht aus der Läuferwelle mit den beiden Polradhälften und den Magnetpolen, der Erregerwicklung und den beiden Schleifringen.

Nennen Sie die Stromkreise beim Drehstromgenerator!
1. Vorerregerstromkreis (Fremderregung durch Batteriestrom)
2. Erregerstromkreis (Selbsterregung)
3. Generatorstromkreis, auch Hauptstromkreis genannt

Wie wird der Wechselstrom gleichgerichtet?
Gleichrichter mit mindestens 6 Leistungsdioden im Generatorstromkreis und 3 Erregerdioden im Erregerstromkreis formen den Drehstrom in Gleichstrom um.

Warum benötigt man den Vorerregerstromkreis?
Der vorhandene Restmagnetismus reicht nicht aus, schon bei geringer Drehzahl ein Magnetfeld durch Selbsterregung aufzubauen.

Welche Aufgabe hat die Generatorkontrollampe?
Die Generatorkontrollampe, auch Ladekontrollampe genannt, wirkt als Widerstand im Vorerregerstromkreis. Schaltet man den Zünd- bzw. Fahrtschalter ein, fließt Batteriestrom über die Generatorkontrollampe zur Erregerwicklung und von dort über den Regler zur Masse. Dadurch erzeugt der Vorerregerstrom ein so großes Magnetfeld, daß der Generator sich selbst erregt und Leistung abgibt.

Welche Folgen hat eine defekte Generatorkontrollampe?
Der Vorerregerstromkreis ist unterbrochen, der Generator wird nicht erregt.

Nennen Sie die Leistungen für Generatorkontrollampen!
12 Volt-Anlagen: 2 Watt
24 Volt-Anlagen: 3 Watt

Welche Eigenschaften haben Drehstromgeneratoren?
1. Schon bei Leerlaufdrehzahl ausreichende Ladeleistung
2. Kleines Gewicht im Verhältnis zur Ladeleistung
3. Hohe zulässige Maximaldrehzahl
4. Von der Drehrichtung unabhängig
5. Über die Schleifkohlen fließt nur der Erregerstrom
6. Kein Rückstromschalter erforderlich
7. Kein Überlastungsschutz erforderlich
8. Zur Erregung richtige Stromaufnahme der Ladekontrollampe notwendig
9. Wenig Wartung

Wovon ist die vom Generator erzeugte Spannung abhängig?
1. Vom Erregerstrom
2. Von der Generatordrehzahl
3. Von der Belastung durch die Verbraucher

Welche Aufgaben hat der Generator-Regler?
Der Regler regelt den Erregerstrom.
Dadurch ergeben sich folgende Aufgaben des Reglers:
1. Die Generatorspannung unabhängig von der Drehzahl und der Belastung gleich groß halten
2. Den Generator vor Überlastung schützen
3. Den Ladestrom dem Ladezustand der Batterie anpassen

Welche Generator-Regler werden verwendet?
Ausschließlich elektronische Regler, auch elektronische Feldregler oder Transistorregler genannt. Die früher gebräuchlichen Kontaktregler werden nicht mehr verwendet.

Welche Eigenschaften haben elektronische Regler?
1. Kürzere Schaltzeiten, dadurch geringe Regeltoleranzen
2. Kein Verschleiß, daher wartungsfrei
3. Hohe Schaltströme
4. Funkenfreies Schalten verhindert Funkstörungen
5. Unempfindlich gegen Stoß, Vibration und klimatische Einflüsse
6. Kleine Bauweise ermöglicht Anbau an Generator

Wie ist der Magnetzünder-Generator aufgebaut?
Er besteht aus einem umlaufenden, mit Dauermagneten versehenen Polrad und einem Generatoranker sowie einem Zündanker. Die Anker sind auf der Ankerplatte befestigt.

Wie ist die Wirkungsweise des Magnetzünder-Generators?
Das auf der Kurbelwelle des Motors befestigte Polrad induziert mit seinem Dauermagneten im Generatoranker eine Wechselspannung und liefert bei geschlossenem Stromkreis Wechselstrom.

Wie wird der Wechselstrom verwendet?
1. Für die Beleuchtungsanlage (Wechselstrom)
2. Für die Batterieladung mit dem Einweggleichrichter (Gleichstrom)
3. Für die Batterieladung mit dem Brückengleichrichter (Gleichstrom)

Wie erfolgt die Gleichrichtung des Wechselstroms?
Durch eine oder mehrere Dioden.

Was ist der Unterschied zwischen dem Einweggleichrichter und dem Brückengleichrichter?
Für Ströme bis 2 A wird der Einweggleichrichter verwendet. Die Diode läßt nur eine Halbwelle durch, die andere Halbwelle ist gesperrt. Der Einweggleichrichter gibt folglich nur die halbe Leistung ab. Bei höheren Strömen verwendet man Brückengleichrichter. Diese nützen beide Halbwellen aus, so daß die gesamte elektrische Energie umgewandelt wird.

Wie erfolgt die Spannungsregelung im Generator?
Bei geschlossenem Stromkreis, d. h. bei eingeschalteten Verbrauchern, wird durch die Drehung des Polrads im Generatoranker eine Wechselspannung induziert. Durch elektromagnetische Wechselwirkung zwischen Generatorwicklung und Magnetsystem wird die Lampenspannung selbsttätig geregelt. Das Magnetsystem wird dabei nur so stark aufmagnetisiert, daß eine bestimmte Spannung nicht überschritten wird.

Welche Folgen haben Glühlampen mit falscher Leistung?
Die selbsttätige Spannungsregelung ist nur wirksam, wenn die vorgeschriebene Belastung eingehalten wird. Es müssen also Glühlampen mit vorgeschriebener Spannung und Leistung verwendet werden. Werden Glühlampen mit einer kleineren Wattzahl eingebaut, verringert sich der Belastungsstrom, es entsteht eine Überspannung, und die Glühlampen können durchbrennen.

Wie ist der Magnetgenerator aufgebaut?
Er entspricht dem Magnetzünder-Generator ohne Zündanker.

8.3 Starter

Welche Aufgaben haben Starter?

1. Das erforderliche Drehmoment zum Durchdrehen des Motors erzeugen
2. Die erforderliche Mindestdrehzahl des Motors erreichen, damit dieser auch bei ungünstigen Startbedingungen noch anspringt

Welche Mindestdrehzahlen sind erforderlich?

Ottomotor: 60 ... 90 min^{-1}
Dieselmotor mit direkter Einspritzung (ohne Starthilfe): 80 ... 200 min^{-1}
Dieselmotor mit direkter Einspritzung (mit Starthilfe): 60 ... 140 min^{-1}
Dieselmotor mit Vorkammer und Wirbelkammer (ohne Starthilfe): 100 ... 200 min^{-1}
Dieselmotor mit Vorkammer und Wirbelkammer (mit Glühkerze): 60 ... 100 min^{-1}

Welche Nennspannungen haben Startanlagen?

Personenkraftwagen, Schlepper und kleine Aggregate: 12 Volt Lkw und Omnibusse: 12 Volt und 24 Volt

Wie ist der Startermotor aufgebaut?

Der Startermotor, auch vielfach Anlasser genannt, ist ein elektrischer Gleichstrom-Reihenschlußmotor. Die Erregerwicklung und die Ankerwicklung sind in Reihe geschaltet.

Wie ist die Wirkungsweise des Starters?

Die Erregerwicklung wird beim Startvorgang vom vollen Strom durchflossen. Bei Startbeginn ist die Stromstärke am größten und damit auch das Drehmoment. Während des Durchdrehens nimmt der Startwiderstand des Motors ab, die ersten schwachen unregelmäßigen Verbrennungen erfolgen und ergeben durch Erwärmung eine weitere Verminderung des Reibungswiderstandes. Der Motor wird so lange weiter durchgedreht, bis er anspringt und der Kraftschluß durch den Rollenfreilauf oder die Lamellenkupplung des Starters unterbrochen wird.

Wodurch wird ein Überdrehen des Starterankers beim Anspringen des Motors verhindert?

1. Durch sofortiges Ausspuren des Ritzels aus dem Zahnkranz
2. Durch Einbau eines Freilaufs in das Ritzel

Wie groß ist die Übersetzung vom Ritzel zum Zahnkranz?

7:1 ... 15:1

Wie groß ist der Wirkungsgrad des Starters?

45 %

Welche Arten von Startern unterscheidet man?

1. Schraubtrieb-Starter
2. Schubtrieb-Starter
3. Schub-Schraubtrieb-Starter
4. Schubanker-Starter
5. Zweistufiger Schubtrieb-Starter
6. Pendel-Starter
7. Schwunglicht-Starter

Wodurch unterscheiden sich die verschiedenen Starterarten?
Durch die Art des Einspurvorgangs vom Ritzel in den Zahnkranz.

Aus welchen Baugruppen bestehen Starter?

1. Elektrischer Startermotor, z. T. mit Untersetzungsgetriebe
2. Einrückrelais, z. T. mit zusätzlichem Steuerrelais
3. Einspurgetriebe

Nennen Sie die wichtigsten Bestandteile des Startermotors!

1. Ankerwelle
2. Ankerwicklung
3. Ankerpaket
4. Kommutator
5. Erregerwicklung
6. Kohlebürsten mit Bürstenhalter

Wie ist die Wirkungsweise des Schraubtrieb-Starters?
Beim Betätigen des Starters wird das Ritzel aufgrund seiner Massenträgheit auf dem Steilgewinde nach vorn geschoben und eingespurt. Springt der Motor an, wird die Drehzahl des Ritzels größer als die des Starters. Dadurch wird das Ritzel auf dem Steilgewinde zurückgedreht und ausgespurt. Der Schraubtrieb-Starter wird nur noch selten verwendet.

Welche Eigenschaften haben Schraubtrieb-Starter?

1. Einfache Bauweise
2. Spurt sofort bei der ersten Zündung aus

Wie erfolgt der Einspurvorgang beim Schubtrieb-Starter?
Das Ritzel wird über eine Gabel nach vorn in den Zahnkranz geschoben. Ist das Ritzel ganz eingespurt, wird mit Hilfe der Gabel der Hauptstromschalter geschlossen und der Starter dreht den Motor durch.

Welche Eigenschaften haben Schubtrieb-Starter?

1. Einfache Bauweise
2. Der Starterschalter muß sofort nach dem Anspringen des Motors losgelassen werden, damit das Ritzel ausspurt.

Wie ist der Schub-Schraubtrieb-Starter aufgebaut?
Dieser Starter hat auf der Ankerwelle ein Steilgewinde, auf dem das Ritzel geführt wird und axial verschoben werden kann. Der Einrückhebel des Ritzels wird vom Einrückrelais betätigt. Zur Erhöhung des Drehmoments kann ein Planetengetriebe im Ritzel untergebracht sein.

Wie ist der Einspurvorgang bei Schub-Schraubtrieb-Starter?
Der Einspurweg setzt sich aus Schubweg u. Schraubweg zusammen.
Schubweg: beim Betätigen des Starters schiebt das Einrückrelais das Ritzel gegen den Zahnkranz. Dabei dreht sich das Ritzel auf dem Steilgewinde, der Anker steht jedoch still, weil der Hauptstrom für die Erreger- und Hauptwicklung noch nicht eingeschaltet ist.
Schraubweg: am Ende des Relaisweges schließen die Kontakte das Einrückrelais und schalten den Starterstrom ein. Der umlaufende Starteranker schraubt das Ritzel auf dem Steilgewinde in den Zahnkranz bis zum Anschlag hinein und der Motor wird durchgedreht.

Wie ist die Wirkungsweise des Schubanker-Starters?
Der Einspurvorgang erfolgt in zwei Stufen:
1. Schaltstufe: beim Betätigen des Starterschalters fließt Strom über die Hilfswicklung und die Haltewicklung. Dadurch wird der Anker in das Spulenfeld hineingezogen und gleichzeitig langsam gedreht, bis das Ritzel in den Zahnkranz einspurt. Die Ankerverschiebung löst die Sperrklinke aus und gibt die zweite Schaltstufe frei.
2. Schaltstufe: die Hauptwicklung wird zugeschaltet, der Starter entwickelt sein volles Drehmoment. Die Haltewicklung hält den Anker bis zum Ausschalten. Eine Lamellenkupplung bewirkt den Freilauf des Ritzels nach dem Anspringen.

Wo werden Schwunglicht-Starter verwendet?
Bei Motorrädern und Motorrollern.

Wie sind Schwunglicht-Starter aufgebaut?
Die Hauptwicklung für den Starter und die Erregerwicklung für den Generator sind in einem Polgehäuse untergebracht. Der Anker ist als Starter- und Generatoranker ausgeführt.

Welche Eigenschaften haben Schwunglicht-Starter?
1. Der Anker ist auf der Kurbelwelle befestigt, dadurch ist keine eigene Lagerung und kein Starterritzel erforderlich.
2. Kleine Starterleistung

Wie ist die Wirkungsweise des Freilaufs im Starter?
Die Drehbewegung der Ankerwelle wird bei allen Starter-Ausführungen über einen Freilauf auf den Zahnkranz übertragen. Der Freilauf wirkt als Überholkupplung. Beim Startvorgang wird das Ritzel von der Ankerwelle mitgenommen. Ist die Drehzahl des laufenden Motors jedoch höher als die entsprechende Starterdrehzahl, wird die Verbindung zwischen Ritzel und Ankerwelle gelöst. Dadurch wird der Anker vor unzulässig hohen Drehzahlen geschützt.

Wie kann der Freilauf im Startermotor ausgeführt sein?

1. Rollenfreilauf
2. Lamellenfreilauf
3. Stirnzahnfreilauf

Welche Aufgabe hat die Ankerabbremsung?

Durch die Ankerabbremsung soll der Anker des Startermotors nach Beendigung des Startvorgangs möglichst rasch zum Stillstand gebracht werden, damit bei Bedarf erneut gestartet werden kann.

Wodurch kann die Ankerabbremsung erfolgen?

1. Einbau einer mechanischen Scheibenbremse
2. Einbau einer Bremswicklung
3. Verwendung einer Nebenschlußwicklung zum Abbremsen
4. Generatorische Bremswirkung bei Startern mit Permanenterregung

Welche Aufgaben hat das Startsperr-Relais?

Das Startsperr-Relais wird eingebaut, wenn der Startvorgang nicht einwandfrei überwacht werden kann wie z. B. bei Nutzfahrzeugen mit Unterflur- oder Heckmotor. Es verhindert ein nochmaliges Starten bei laufendem Motor sowie ein zu langes Einschalten des Starters. Dadurch werden Starter, Ritzel und Zahnkranz geschützt.

Wie groß ist der Strom beim Startvorgang?

Bei Personenkraftwagen bis 1 000 A
bei Nutzkraftwagen bis 2 600 A

Welche Eigenschaften sollen Starter haben?

1. Ständige Startbereitschaft
2. Ausreichende Startleistung bei unterschiedlichen Temperaturen
3. Hohe Lebensdauer, die eine große Anzahl von Startvorgängen ermöglicht
4. Robuster Aufbau
5. Geringes Gewicht
6. Kleine Außenabmessungen
7. Möglichst wartungsfreier Betrieb

Wie lange dürfen Starter betätigt werden?

Starter sollten wegen der hohen Stromaufnahme möglichst nicht länger als 10 Sekunden ununterbrochen eingeschaltet sein. Bei Startwiederholung ist eine Pause von 30 ... 60 Sekunden erforderlich, damit sich der Starter abkühlen und die Batterie erholen können.

Welche Arbeiten sollten am Anker bei Erneuerung der Kohlebürsten durchgeführt werden?

Überdrehen des Kollektors und Aussägen der Isolierung zwischen den Kollektorlamellen.

8.4 Zündanlage

Welche Aufgaben hat die Zündanlage?
1. Die erforderliche Zündspannung durch Umwandeln der Batteriespannung erzeugen
2. Die Zündung im richtigen Augenblick einleiten
3. Genügend hohe Zündspannung auch bei hohen Motordrehzahlen erzeugen
4. Bei Mehrzylindermotoren die Zündfunken auf die jeweiligen Zylinder verteilen
5. An den Zündkerzenelektroden einen Funkenüberschlag zur Entflammung des Luft-Kraftstoff-Gemischs erzeugen

Welche Arten von Zündanlagen unterscheidet man?
1. Batteriezündanlage
2. Magnetzündanlage

Welche Arten von Batteriezündanlagen unterscheidet man?
1. Konventionelle Spulenzündung
2. Transistorzündung
3. Hochspannungs-Kondensatorzündung
4. Elektronische Zündung
5. Vollelektronische Zündung

} elektronische Zyndsysteme

Welche Arten von Magnetzündanlagen unterscheidet man?
1. Kontaktgesteuerte Magnetzündung
2. Magnet-Transistorzündung
3. Magnet-Hochspannungskondensatorzündung

Wie kann die Steuerung der Zündung erfolgen?
1. Mit Kontakten
2. Kontaktlos

Nennen Sie den Stromverlauf bei der konventionellen Spulenzündung!

1. Primärstromkreis:
Batterie (Pluspol) – Klemme 30 – Zündschalter – Klemme 15 – Zündspule (Klemme 15) – Primärwicklung der Zündspule – Klemme 1 – Unterbrecher – Masse – Batterie (Minuspol).

2. Sekundärstromkreis:
Sekundärwicklung der Zündspule – Klemme 4 – Zündverteiler – Verteilerläufer – Zündkabel – Zündkerze – Masse – Batterie (Minuspol) – Zündschalter – Klemme 15 – Zündspule – Sekundärwicklung.

Aus welchen Teilen besteht die Spulenzündung?

1. Zündschalter
2. Zündspule
3. Zündverteiler
4. Unterbrecher
5. Zündkondensator
6. Fliehkraftversteller
7. Unterdruckversteller
8. Zündkerzen

Nennen Sie die Aufgaben des Zündschalters!
Der Zündschalter schaltet die Zündanlage für den Motorlauf ein. Dadurch wird eine Überlastung der Zündspule mit der Gefahr des Durchbrennens und eine Entladung der Batterie während des Stillstands des Motors verhindert.

Welche Aufgaben hat die Zündspule?
Die Zündspule transformiert die Batteriespannung auf die erforderliche Zündspannung. Sie speichert die Zündenergie und gibt sie dann im Zündzeitpunkt in Form eines Hochspannungsstoßes über die Zündleitungen an die Zündkerzen weiter.

Beschreiben Sie den Aufbau einer Zündspule!
Die Zündspule ist ein Transformator in Sparschaltung. Sie hat einen stabförmigen lamellierten Eisenkern mit Dynamoblech. Dadurch sind die Energieverluste durch Wirbelströme im Kern sehr klein. Auf dem Kern befindet sich die sekundäre Hochspannungswicklung mit 15 000 bis 30 000 Windungen aus sehr dünnem Kupferdraht (ø ca. 0,07 mm, Länge über 2 km). Darüber ist die Primärwicklung mit 200 bis 300 Windungen (ø ca. 0,7 mm) angeordnet.

Weshalb ist die Primärwicklung außen angeordnet?
Dies ergibt eine bessere Wärmeabführung der stromdurchflossenen Spule.

Wie groß ist das Verhältnis der Windungszahlen?
Das Verhältnis der Sekundärwicklung zur Primärwicklung (Windungszahl) liegt zwischen 60:1 und 150:1.

Wie groß ist die Sekundärspannung gegenüber der Primärspannung?
Sie ist 60 ... 150 mal höher als die Primärspannung.

Wie sind Primär- und Sekundärwicklung geschaltet?
Jeweils ein Drahtende von Primärwicklung und Sekundärwicklung sind miteinander verbunden und führen gemeinsam an Klemme 1. Durch diese Sparschaltung wird ein zusätzlicher Spulenanschluß eingespart. Das entgegengesetzte Ende der Primärwicklung führt an Klemme 15, das hochspannungsführende Ende der Sekundärwicklung zum Zündleitungsanschluß Klemme 4.

Was versteht man unter einer Zündspule mit Startanhebung?
Dies ist eine Zündspule mit einem Vorwiderstand, der beim Starten des Motors überbrückt wird. Dadurch steht trotz des vorübergehenden Absinkens der Batteriespannung genügend Zündenergie zur Verfügung.

Welche Aufgaben hat der Unterbrecher?
Der Unterbrecher steuert den Primärstromkreis in der Zündspule und somit gleichzeitig auch den Zündzeitpunkt. Er schließt und öffnet den Primärstromkreis der Zündspule im Takte der Motordrehzahl. Dadurch erfolgt eine Energiespeicherung und eine Spannungsumformung.

Was geschieht beim Schließen des Unterbrechers?
Der Primärstrom fließt von der Batterie über den Zündschalter zur Klemme 15, durch die Primärwicklung zur Klemme 1 und über den geschlossenen Unterbrecher zur Masse. In der Primärwicklung wird ein Magnetfeld aufgebaut. Während des Feldaufbaus entsteht eine induzierte Gegenspannung. Diese ist der Batteriespannung entgegengerichtet und verzögert den raschen Aufbau des Magnetfeldes um 10 ... 15 Millisekunden. Ist das Magnetfeld aufgebaut, so ist die induzierte Gegenspannung null geworden und im Primärstromkreis kann nun die volle Batteriespannung wirken; der Ruhestrom von etwa 3 ... 4 A ist erreicht.

Was geschieht beim Öffnen des Unterbrechers?
Der Unterbrecher öffnet im Zündzeitpunkt den Stromkreis und unterbricht den Primärstrom. Das Magnetfeld bricht zusammen und induziert sowohl in der Primärwicklung als auch in der Sekundärwicklung eine Spannung. In der Primärwicklung entsteht kurzzeitig eine Induktionsspannung von 300 ... 400 V. Da die Sekundärwicklung gegenüber der Primärwicklung etwa hundertmal mehr Windungen hat, ist die Sekundärspannung auch etwa hundertmal höher als die Primärspannung. Sie beträgt daher 30 000 ... 40 000 V.

Aus welchem Werkstoff bestehen die Kontaktflächen der Unterbrecher?
Meist aus Wolfram wegen seiner Härte und seines hohen Schmelzpunktes.

Wie groß ist der Kontaktabstand der Unterbrecherkontakte?
0,3 ... 0,4 mm.

Was bewirkt ein zu großer Kontaktabstand?
Der Zündzeitpunkt wird in Richtung früh verstellt.

Was versteht man unter dem Schließwinkel?
Er ist der Drehwinkel des Nockens, bei welchem die Unterbrecherkontakte geschlossen sind.

Welcher Zusammenhang besteht zwischen Schließwinkel und Kontaktabstand?
Großer Schließwinkel – kleiner Kontaktabstand
Kleiner Schließwinkel – großer Kontaktabstand

Wie groß ist der Schließwinkel?
Vierzylindermotor: etwa 50°
Sechszylindermotor: etwa 38°
Achtzylindermotor: etwa 33°

Wie wird der Schließwinkel angegeben?
In Grad oder in Prozent.

Wie erfolgt die Umrechnung des Schließwinkels?

$$\text{Schließwinkel in Grad} = \frac{3{,}6 \times \text{Schließwinkel in Prozent}}{\text{Zylinderzahl}}$$

$$\text{Schließwinkel in Prozent} = \frac{\text{Schließwinkel in Grad} \times \text{Zylinderzahl}}{3{,}6}$$

Wie groß ist der Primärstrom?
1. Bei konventioneller Zündspule: 3,5 A
2. Bei Hochleistungszündspule: 4,5 A
3. Maximale Schaltstromgrenze des Unterbrechers: 5,0 A
4. Transistorspulenzündung: 9 A
   Steuerstrom der Transistorspulenzündung 1 A

Welche Unterbrecherteile nützen sich ab?
1. Das Gleitstück
2. Die Unterbrecherkontaktflächen

Welche Aufgaben hat der Zündkondensator?
Der Zündkondensator verhindert eine Funkenbildung an den Unterbrecherkontakten beim Öffnen. Der Primärstromkreis wird rasch unterbrochen und das Magnetfeld schnell abgebaut. Kontaktfeuer nützt die Unterbrecherkontakte stark ab.

Wie ist der Zündkondensator geschaltet?
Er ist parallel zum Unterbrecher geschaltet.

Wie ist die Wirkungsweise des Zündkondensators?
Der Zündkondensator ist ein elektrischer Ladungsspeicher. Er nimmt beim Öffnen des Unterbrechers den durch Induktion entstandenen Stromstoß auf und speichert diese elektrische Energie. Anschließend gibt er diese Energie wieder in die Primärwicklung ab.

Welche Aufgabe hat der Zündverteiler?
Der Zündverteiler verteilt den Zündimpuls auf die einzelnen Zündkerzen in der richtigen Reihenfolge und im richtigen Zeitpunkt.

Aus welchen Teilen besteht der Zündverteiler?

1. Verteilergehäuse	6. Unterbrecherplatte
2. Verteilerwelle	7. Unterbrecherkontakte
3. Unterbrechernocken	8. Fliehkraftversteller
4. Verteilerläufer	9. Unterdruckversteller
5. Verteilerkappe	10. Zündkondensator

Wie schnell läuft die Verteilerwelle um?
Viertaktmotor: mit halber Kurbelwellendrehzahl
Zweitaktmotor: mit Kurbelwellendrehzahl

Weshalb erfolgt häufig eine Verstellung des Zündzeitpunkts?
Das angesaugte Luft-Kraftstoff-Gemisch verbrennt bei Vollast bei allen Drehzahlen nahezu gleich schnell. Deshalb muß der Zündzeitpunkt bei Vollast mit steigender Drehzahl vorverlegt werden.
Im Teillastbereich wird mit einem mageren Luft-Kraftstoff-Gemisch gefahren. Ein mageres Gemisch verbrennt langsamer. Deshalb muß im Teillastbereich die Zündung in Richtung früh verstellt werden.

Welche Arten von Zündverstellern unterscheidet man?
1. Fliehkraftversteller
2. Unterdruckversteller

Welche Aufgabe hat der Fliehkraftversteller?
Der Fliehkraftversteller verstellt den Zündzeitpunkt selbsttätig in Abhängigkeit von der Motordrehzahl.

Wie arbeitet der Fliehkraftversteller?
Fliehgewichte wandern mit zunehmender Drehzahl nach außen und verstellen den Unterbrechernocken in Drehrichtung. Dadurch werden die Unterbrecherkontakte früher geöffnet.

Welche Aufgaben hat der Unterdruckversteller?
Er verstellt den Zündzeitpunkt bei Teillastbetrieb in Richtung früh. Bei Zündverteilern mit einer zusätzlichen Spätdose verstellt diese die Zündung im Leerlauf in Richtung spät. Dies ergibt im Schiebebetrieb ein besseres Abgasverhalten.

Wie arbeitet der Unterdruckversteller?
Der Unterdruck im Ansaugrohr wirkt auf die Unterdruckdose und verdreht die Unterbrecherplatte in Richtung früh oder spät.

Wie werden elektronische Zündsysteme nach der Zündauslösung eingeteilt?
1. Kontaktgesteuerte elektronische Zündanlage
2. Kontaktlose elektronische Zündanlage

Wann verwendet man kontaktgesteuerte elektronische Zündanlagen?
Für die Nachrüstung der konventionellen Spulenzündung.

Wie ist die Wirkungsweise der kontaktgesteuerten Transistorzündung?
Der Steuerstrom von 0,8 ... 1,0 A wird durch die Unterbrecherkontakte gesteuert. Der hohe Primärstrom von ca. 9 A in der Primärwicklung der Zündspule wird dagegen von einem Transistor elektronisch gesteuert. Dadurch erhält man eine wesentlich höhere Zündspannung und energiereichere Zündfunken vor allem im oberen Drehzahlbereich. Auch das Startverhalten des Motors ist wesentlich günstiger.

Welche Zündimpulsgeber werden bei der kontaktlosen Transistorzündung verwendet?
1. Induktionsgeber
2. Hallgeber

Wie ist die Transistorzündung mit Induktionsgeber aufgebaut?
Auf der Zündverteilerwelle befindet sich das Impulsgeberrad, auch Rotor genannt. Beim Drehen des Rotors erzeugt dieser Spannungsimpulse in der Induktionsspule. Diese Steuerimpulse werden im elektronischen Schaltgerät verstärkt und bringen den Schalttransistor zum Ansprechen und lösen dadurch die Zündspannung aus.

Wie erfolgt die Zündverstellung bei der Transistorzündung?
Genauso wie bei der kontaktgesteuerten Spulenzündung mit Fliehkraft- und Unterdruckversteller.

Wie ist die Transistorzündung mit Hallgeber aufgebaut?
Hier wird als Zündimpulsgeber ein Hallgeber anstelle des Induktionsgebers verwendet. Der im Zündverteiler untergebrachte Hallgeber erzeugt Spannungsimpulse, die in dem elektronischen Schaltgerät das Ein- und Ausschalten des Primärstromes bewirken.

Was ist der Hall-Effekt?
Bewegt man einen stromdurchflossenen Leiter in einem Magnetfeld, so entsteht eine Hallspannung.

Aus welchen Teilen besteht der Hallgeber?
1. Magnetschranke (Dauermagnet mit Leitstücken)
2. Hall-IC (elektronischer Schalter)
3. Blendenrotor (Verteilerläufer)

Wie ist die Wirkungsweise der Hochspannungs-Kondensatorzündung?
Die Hochspannungs-Kondensatorzündung, auch Thyristorzündung genannt, speichert die Zündenergie im Kondensator.

Wie ist die Hochspannungs-Kondensatorzündung aufgebaut?
Der Speicherkondensator wird vom Ladeteil auf ca. 400 V aufgeladen und im Zündzeitpunkt durch Schließen des elektronischen Leistungsschalters (Thyristor) über die Primärwicklung des Zündtransformators entladen. Dadurch erhält man einen sehr raschen Spannungsanstieg.

Welche Eigenschaften hat die Hochspannungs-Kondensatorzündung?
1. Unempfindlich gegen elektrische Nebenschlüsse im Zündkreis
2. Hohe Spannungsreserve
3. Sehr kurze Funkendauer von 0,1 ... 0,3 Millisekunden
4. Für nachträglichen Einbau nicht geeignet.

Was ist eine elektronische Zündung?
Bei der elektronischen Zündung wird der Zündzeitpunkt elektronisch errechnet. Das elektronische Zündwinkelkennfeld ersetzt die Fliehkraft- und Unterdruckverstellung des Zündverteilers.

Wie ist die Wirkungsweise der elektronischen Zündung?
Die Drehzahl und die Stellung der Kurbelwelle werden am Starterzahnkranz oder einer anderen Scheibe gemessen. Die Motorbelastung wird mit einem Drucksensor im Saugrohr gemessen. Dadurch kann die Zylinderfüllung besser erfaßt werden. Mit diesen Größen errechnet der Mikrocomputer im elektronischen Steuergerät den exakten Zündwinkel im Zündkennfeld. Der Rechner kann auch weitere Eingangsgrößen wie z. B. Motortemperatur verarbeiten. Der Schließwinkel zur Aufladung der Zündspule wird vom Rechner ermittelt.

Nennen Sie die Teile des mechan. Hochspannungsverteilers!
1. Isolierdeckel
2. Verteilerläufer
3. Verteilerkappe
4. Schutzhaube

Was ist eine vollelektronische Zündung?
Wird der mechanische Hochspannungsverteiler der elektronischen Zündung durch statisch arbeitende, elektronisch angesteuerte Komponenten ersetzt, liegt eine vollelektronische Zündung vor. Hierbei besteht die Möglichkeit, z. B. zwei Zündspulen mit je zwei Hochspannungsausgängen als Zweifunkenspulen zu verwenden oder auch eine Vierfunkenspule.

Welche Arten von Magnetzündanlagen unterscheidet man?
1. Kontaktgesteuerte Magnetzündung
2. Magnet-Transistorzündung
3. Magnet-Hochspannungskondensatorzündung

Wie sind Magnetzündanlagen vorwiegend gebaut?
Als Schwungmagnetzünder, wobei das Polrad einen Teil der Motorschwungmasse darstellt.

Aus welchen Bauteilen besteht die Magnetzündanlage?
1. Stromerzeuger
2. Zündspule
3. Unterbrecher
4. Zündversteller

Wie kann die kontaktgesteuerte Magnetzündung ausgeführt sein?
1. Als Magnetzünder
2. Als Magnetzünder-Generator

Worin unterscheiden sich diese beiden Ausführungen?
Der **Magnetzünder** liefert unabhängig von einer Batterie die Zündspannung, jedoch keinen Lichtstrom.
Der **Magnetzünder-Generator** liefert unabhängig von einer Batterie die Zündspannung sowie Wechselstrom für die Fahrzeugbeleuchtung und z. T. Gleichstrom für die Batterieladung.

Wie ist der Aufbau der kontaktgesteuerten Magnetzündung?
Die Primär- und Sekundärwicklung der Zündspule ist auf einen Eisenkern gewickelt, der an seinen Enden als Polschuh ausgebildet ist. Die in das Schwungrad des Motors eingesetzten Dauermagneten laufen dicht an den Polschuhen vorbei und bilden mit dem Zündanker einen Magnetkreis.

Wie ist die Wirkungsweise der kontaktgesteuerten Magnetzündung?
Das umlaufende Polrad erzeugt in der Primärwicklung bei geschlossenen Unterbrecherkontakten einen Induktionsstrom. Hat der Primärstrom seinen Höchstwert erreicht, wird der Unterbrecher geöffnet. Der Magnetfluß im Ankerkern ändert schlagartig seine Richtung und induziert in der Sekundärwicklung eine Hochspannung. Diese wird als Zündspannung an die Zündkerze weitergeleitet. Das Öffnen des Unterbrechers findet kurz nach Ablaufen des Magnetankers von den Kanten der Polschuhe statt. Diesen Zeitpunkt bezeichnet man als Abriß. Ein dem Unterbrecher parallel geschalteter Kondensator verhindert das Kontaktfeuer. Anstelle des Zündankers, der sowohl die Primär- als auch die Sekundärwicklung trägt, kann auch ein Zündgeneratoranker mit nur einer Wicklung verwendet werden. Die Erzeugung der Hochspannung erfolgt in einem außerhalb des Schwungmagnetzünders liegenden Zündtransformator.

Wie ist der Aufbau der Magnet-Transistorzündung?
Hier werden mechanischer Unterbrecherkontakt und Steuernocken durch zwei Transistoren und eine Steuerelektronik mit oder ohne Zündimpulsgeber ersetzt.

Wie ist die Wirkungsweise der Magnet-Transistorzündung?
Sobald das umlaufende Polrad in der Primärwicklung des Zündankers eine positive Spannung erzeugt, wird der Transistor leitend und es fließt ein Strom durch die Primärwicklung. Im Zündzeitpunkt kommt ein negativer Impuls vom Zündimpulsgeber oder aus der Steuerelektronik. Der Transistor unterbricht den Primärstrom. Dadurch entsteht in der Sekundärwicklung des Zündankers eine Hochspannung, die den Zündfunken auslöst.

Wie ist der Aufbau der Magnet-Hochspannungskondensatorzündung?
Der Speicherkondensator wird vom Ladegeneratoranker aufgeladen. Im Zündzeitpunkt wird durch den Entladestrom des Speicherkondensators eine Hochspannung im Zündtransformator erzeugt.

Beschreiben Sie die Wirkungsweise der Magnet-Hochspannungskondensatorzündung!
Das umlaufende Polrad erzeugt in der Wicklung des Ladegeneratorankers eine Wechselspannung, die über eine Diode gleichgerichtet wird und den Speicherkondensator aufladet. Im Zündzeitpunkt kommt von dem Impulsgeber ein Spannungsimpuls an den Thyristor, der dadurch leitend wird. Der Speicherkondensator kann sich nun über den Thyristor und den Zündtransformator entladen. In der Sekundärwicklung des Zündtransformators entsteht die Zündspannung.

Weshalb herrscht bei elektronischen Zündanlagen erhöhte Unfallgefahr?
Die Hochspannung an Zündspule, Zündverteiler und Zündkerze beträgt ca. 25 000 V, die Niederspannung an Zündspule, am elektronischen Steuergerät und am Kabelbaum ca. 400 V.

Welche Sicherheitsmaßnahmen müssen bei Arbeiten an der Zündanlage getroffen werden?
Grundsätzlich ist bei Arbeiten an der Zündanlage die Zündung auszuschalten oder die Spannungsquelle abzuklemmen. Prüfarbeiten dürfen nur durch ausgebildetes Fachpersonal ausgeführt werden.
Bei der Hochspannungskondensatorzündung ist zusätzlich zu beachten, daß auch noch Gefahr besteht bei Betrieb des Schaltgeräts ohne Zündtransformator sowie am ausgebauten Schaltgerät, das kurz vorher eingeschaltet war (wegen der Kondensatorentladung).

8.5 Zündkerzen

Welche Aufgaben hat die Zündkerze?

1. Die Zündspannung isoliert bis zu den Elektroden führen
2. Durch entsprechende Elektrodenbauarten den Zündfunken dicht an das Luft-Kraftstoff-Gemisch heranführen und den Verbrennungsvorgang einleiten.
3. Den Verbrennungsraum gasdicht abschließen
4. Die Temperatur an der Mittelelektrode durch gute Wärmeabführung auf 400 ... 850 °C begrenzen

Aus welchen Teilen besteht die Zündkerze?

1. Anschlußbolzen
2. Isolator
3. Gehäuse
4. Elektroden

Wie ist der Anschlußbolzen in der Zündkerze befestigt?

Der Anschlußbolzen aus Stahl ist im Isolator mit einer elektrisch leitfähigen Glasschmelze gasdicht eingeschmolzen. Die Glasschmelze verbindet den Anschlußbolzen mit der Mittelelektrode.

Woraus besteht der Isolator?

Er besteht aus einer Spezialkeramik aus Aluminiumoxid mit einem geringen Anteil anderer Stoffe.

Welche Eigenschaften hat der Isolator?

1. Hohe Isolierfähigkeit
2. Gute Wärmeleitfähigkeit
3. Große mechanische Festigkeit
4. Chemische Beständigkeit

Wie werden die Elektroden beansprucht?

1. Chemisch (durch aggresive Gase und Verbrennungsrückstände)
2. Thermisch (durch hohe Temperatur)
3. Elektrisch (Abbrand durch den Zündfunken, Funkenerosion)

Wie ist die Mittelelektrode in der Zündkerze befestigt?

1. Mit einer elektrisch leitenden Glasschmelze im Isolator gasdicht eingeschmolzen (normale Zündkerzen)
2. Spaltfrei in den Isolator eingesintert (Platinzündkerzen)

Welche Werkstoffe können für Mittelelektroden verwendet werden?

1. Legierungen aus Nickel mit Zusätzen von Chrom, Mangan, Silicium
2. Legierungen aus Silber
3. Platin

Wie groß soll der Elektrodenabstand sein?
Batteriezündung: 0,7 ... 1,1 mm
Magnetzündung: 0,4 ... 0,6 mm

Welche Elektrodenformen unterscheidet man bei Zündkerzen?
1. Stirnelektrode (mit Luftfunkenstrecke)
2. Seitenelektrode (mit Luftfunkenstrecke)
3. Ringelelektrode (mit Gleitfunkenstrecke)

Welche Gastemperaturen und Drücke liegen an der Zündkerze vor?
Ansaugen: 60 ... 120 °C; 0,9 bar
Verdichten: 300 ... 600 °C; 8 ... 15 bar
Arbeiten: 2 500 ... 3 000 °C; 30 ... 50 bar
Ausstoßen: 1 000 ... 1 600 °C; 1 ... 5 bar

Was versteht man unter der Selbstreinigungstemperatur?
Die Ablagerung von Verbrennungsrückständen auf dem Isolatorfuß ist von dessen Temperatur abhängig. Bei höheren Temperaturen oberhalb 400 °C verbrennen die Rückstände auf dem Isolatorfuß, so daß kein Nebenschluß entstehen kann. Diese „Freibrenngrenze" von 400 °C nennt man auch Selbstreinigungstemperatur.

In welchem Bereich soll die Betriebstemperatur der Zündkerze liegen?
Zwischen 400 °C (Selbstreinigungstemperatur) und 850 °C (Beginn von Glühzündungen).

Was versteht man unter dem Wärmewert einer Zündkerze?
Der Wärmewert ist ein Maß für die thermische Belastbarkeit der Zündkerze. Zündkerzen mit langem Isolatorfuß nehmen viel Wärme auf und führen wenig Wärme ab. Sie sind „heiße" Zündkerzen mit einer hohen Wärmewertkennzahl. Je höher die Wärmewertkennzahl, desto kleiner der Widerstand gegen Glühzündungen und desto höher der Widerstand gegen Verschmutzung.

Welche Arten von Zündkerzengewinde unterscheidet man?
1. M 18×1,5 (Zweitaktmotoren)   3. M 12 × 1,25 (bei beeng. Raum)
2. M 14 × 1,25 (Standardausf.)   4. M 10 × 1 (bei beeng. Raum)

Welche Dichtsitze gibt es bei Zündkerzen?
1. Flachdichtsitz mit unverlierbarem Dichtring
2. Kegeldichtsitz ohne Dichtring

Wie soll das Zündkerzengesicht ausehen?
Der Isolatorfuß soll eine grauweiß-graugelbe bis rehbraune Farbe haben.

8.6 Vorglühanlage

Weshalb benötigen Dieselmotoren häufig eine Vorglühanlage?
Bei kaltem Motor reicht die Verdichtungstemperatur z. T. nicht aus, den eingespritzten Kraftstoff zu entflammen.

Welche Aufgabe hat die Vorglühanlage?
Sie soll die angesaugte kalte Luft erwärmen, so daß ein Starten des kalten Motors möglich wird.

Welche Arten von Vorglühanlagen unterscheidet man?
1. Glühstiftkerze (für Nebenbrennraumverfahren)
2. Glühdrahtkerze (für Nebenbrennraumverfahren)
3. Heizrohr oder Heizflansch (für Direkteinspritzer)
4. Flammkerze, auch Flammglühstiftkerze genannt (für Direkteinspritzer)

Worin unterscheiden sich Glühstiftkerze und Glühdrahtkerze?
Glühstiftkerzen sind einpolig ausgeführt und parallel geschaltet. Die Rückleitung erfolgt über das Kerzengehäuse zur Masse. Ist eine Glühstiftkerze defekt, glühen die übrigen Glühstiftkerzen trotzdem noch vor. Dadurch ist ein Starten des kalten Motors möglich. Sie wird heute ausschließlich verwendet.
Glühdrahtkerzen sind zweipolig ausgeführt und in Reihe geschaltet. Ist eine Glühdrahtkerze defekt, fällt die gesamte Vorglühanlage aus.

Wie ist der Aufbau der Glühstiftkerze?
Im Innern des korrosionsfesten Glührohrs ist die in Magnesiumoxid eingebettete Glühwendel. Der Rohrheizkörper sitzt gasdicht im Kerzengehäuse. Der Anschlußbolzen für den Stromanschluß ist isoliert im Kerzengehäuse befestigt.

Wie ist die Wirkungsweise der Glühstiftkerze?
Das Glührohr wird durch den elektrischen Strom auf eine Temperatur von 850 ... 1 100 °C gebracht. An der heißen Glührohroberfläche verdampft ein Teil des eingespritzten Kraftstoffs und entzündet sich. Während des weiteren Motorlaufs wird das Glührohr durch die Verbrennungswärme auf Temperaturen von 600 ... 1 100 °C gehalten. Dies bewirkt einen günstigen Verbrennungsablauf. Je nach Ausführung der Glühstiftkerze genügen oft Vorglühzeiten von 4 ... 10 Sekunden.

Wie erfolgt die Ansteuerung der Glühstiftkerze?
Die gesamte Vorglühanlage wird vom elektronischen Glühzeitsteuergerät gesteuert. Die Elektronik ermittelt mit Hilfe des Temperaturfühlers die erforderliche Vorglühzeit und schaltet nach dem Vorglühen die Anlage ab.

8.7 Beleuchtung

Welche Aufgaben hat die Beleuchtungsanlage?
1. Das Fahrzeug in seinem Umriß kenntlich machen
2. Eine gute Ausleuchtung der Fahrbahn erreichen

Welche Arten von Leuchten sind vorgeschrieben bzw. zugelassen?
1. Scheinwerfer mit Fern- und Abblendlicht
2. Begrenzungsleuchten
3. Schlußleuchten
4. Parkleuchten
5. Kennzeichenbeleuchtung
6. Zusatzscheinwerfer
7. Zusatzleuchten

Wieviel Scheinwerfer müssen Kraftfahrzeuge haben?
1. Einspurige Kraftfahrzeuge (Krafträder): 1 Scheinwerfer
2. Zweispurige Kraftfahrzeuge: 2 Scheinwerfer

Welche Aufgaben haben Scheinwerfer?
1. Eine gute Ausleuchtung der Fahrbahn erreichen
2. Bei kleiner Leistungsaufnahme große Lichtleistung erzielen
3. Blendfreies Abblendlicht haben

Welche Arten von Scheinwerfern unterscheidet man?
1. Scheinwerfer mit symmetrischem Abblendlicht
2. Scheinwerfer mit asymmetrischem Abblendlicht
3. Sealed-Beam-Scheinwerfer

Aus welchen Teilen besteht der Scheinwerfer?
1. Gehäuse mit Einstellvorrichtung
2. Scheinwerferspiegel (Reflektor)
3. Glühlampe
4. Streuscheibe

Wie ist der Aufbau des Scheinwerferspiegels?
Der paraboloidförmige Scheinwerferspiegel, auch Reflektor genannt, besteht aus Stahlblech oder Kunststoff. Das Stahlblech wird tiefgezogen, geschliffen, verzinkt und geglättet und anschließend im Hochvakuum mit einer Aluminiumschicht verspiegelt und mit einer Schutzschicht versiegelt. Kunststoffreflektoren werden gespritzt oder gepreßt, eine Behandlung gegen Korrosion ist nicht erforderlich.

Welche Aufgabe hat der Reflektor?
Der Reflektor bündelt das Licht der Glühlampe und reflektiert es. Befindet sich die Glühwendel im Brennpunkt der Parabel, entsteht ein paralleles Lichtbündel.

Wie ist die Streuscheibe aufgebaut?
Die Streuscheibe besteht aus Glas mit hohem Reinheitsgrad. Auf der Innenseite des Glases sind Zylinderlinsen, Prismen und Parallelflächen eingeprägt.

Welche Aufgaben hat die Streuscheibe?
Sie verteilt und streut das vom Reflektor kommende gebündelte Licht in die gewünschten Richtungen.

Wie ist die Zweifadenlampe aufgebaut?
Die Zweifadenlampe, auch Bilux-Lampe genannt, hat je eine Glühwendel für das Fernlicht und für das Abblendlicht. Unter der Glühwendel für das Abblendlicht befindet sich eine Abblendkappe. Diese verhindert das Austreten von Lichtstrahlen in die untere Spiegelhälfte.

Beschreiben Sie den Strahlengang beim Fernlicht!
Die Glühwendel des Fernlichts liegt im Brennpunkt des Parabolspiegels. Alle Lichtstrahlen werden parallel zur Spiegelachse reflektiert. Durch die Streuscheibe wird die Lichtverteilung gleichmäßig. Dies ergibt eine große Reichweite des Lichts bei guter Ausleuchtung der Fahrbahn.

Wie ist der Strahlengang beim Abblendlicht?
Die Glühwendel des Abblendlichts liegt vor dem Brennpunkt des Parabolspiegels. Deshalb sind die austretenden Lichtstrahlen nach unten geneigt. Die Abblendkappe läßt kein Licht auf die untere Spiegelhälfte treffen. Somit kann nur das abwärtsgerichtete Licht aus der oberen Spiegelhälfte austreten. Durch die Streuscheibe wird eine breite Ausleuchtung der Fahrbahn erreicht.

Was ist die Hell-Dunkel-Grenze beim Scheinwerfer?
Sie ist die scharfe horizontale Abgrenzung zwischen hell und dunkel. Dies wird durch den Rand der Abblendkappe in der Bilux-Lampe hervorgerufen. Sie verläuft beim symmetrischen Abblendlicht genau horizontal und beim asymmetrischen Abblendlicht mit einem Knick von 15°.

Was versteht man unter dem symmetrischen Abblendlicht?
Die Abblendkappe der Glühlampe begrenzt das Licht genau bis zur waagrechten Achse. Die Hell-Dunkel-Grenze verläuft horizontal. Dies ergibt eine symmetrische Lichtverteilung.

Was versteht man unter dem asymmetrischen Abblendlicht?
Die Abblendkappe ist auf der linken Seite um 15° nach unten angeschrägt, wodurch Licht in die untere Spiegelhälfte fällt. Dies ergibt einen Knick in der Hell-Dunkel-Grenze. Das austretende Licht reicht deshalb auf der rechten Fahrbahnseite weiter nach vorn. Die Lichtverteilung ist asymmetrisch. Nur für mehrspurige Kraftfahrzeuge zugelassen.

Welche Vorteile hat das asymmetrische Abblendlicht?
1. Größere Sichtweite auf der rechten Fahrbahnseite
2. Bessere Ausleuchtung des rechten Straßenrandes
3. Geringerer Helligkeitsunterschied beim Übergang von Fernlicht auf Abblendlicht

Wie ist der Sealed-Beam-Scheinwerfer aufgebaut?
Die Glühwendel für das Abblendlicht ist oberhalb und in Fahrtrichtung gesehen etwas links vom Brennpunkt des Reflektors angeordnet. Dadurch wird fast das gesamte Licht nach unten in Richtung Fahrbahn reflektiert. Eine Abblendkappe fehlt. Glühlampe, Parabolspiegel und Streuscheibe bilden eine Einheit und können nur komplett ausgewechselt werden.

Welche Arten von Reflektoren unterscheidet man?
1. Paraboloidreflektor
2. Stufenreflektor
3. Homofocal-Reflektor
4. Bifocal-Reflektor
5. DE-Reflektor (**D**reiachs-**E**llipsoid)

Welche Form hat der Paraboloidreflektor?
Die Form einer Parabel, er wird am meisten verwendet.

Was ist ein Stufenreflektor?
Der Stufenreflektor ist aus zwei Paraboloidteilen mit verschiedenen Brennweiten zusammengesetzt. Der eine Reflektorteil hat eine kleinere Brennweite, der andere eine größere Brennweite. Dadurch erhält man bei geringer Bautiefe die Vorteile tiefer Reflektoren. Stufenreflektoren werden aus Kunststoff (Duroplaste) hergestellt.

Wie ist der Homofocal-Reflektor aufgebaut?
Der Homofocal-Reflektor, auch Homofocular-Reflektor genannt, besteht aus einem Grundreflektor mit großer Brennweite und einem Zusatzreflektor mit kleiner Brennweite. Das Licht des Zusatzreflektors verbessert die Vorfeldausleuchtung und Seitenbeleuchtung. Der Homofocular-Reflektor ist für den Betrieb mit einer Zweifadenlampe für Abblend- und Fernlicht geeignet. Er ist ein Stufenreflektor.

Wie ist der Bifocal-Reflektor aufgebaut?
Der Bifocal-Reflektor besteht ebenfalls aus einem Grundreflektor und einem Zusatzreflektor, jedoch haben die beiden Reflektorteile unterschiedliche Brennpunkte. Er nützt zusätzlich den unteren Reflektorbereich aus, der im Normalfall abgedeckt ist. An dieser Stelle ist der Parabolsektor so angeordnet, daß auch dort das Licht in Richtung Fahrbahn nach unten reflektiert wird. Der Bifocal-Reflektor kann nur mit einer Einfadenlampe betrieben werden und ist deshalb nur in Vier-Scheinwerfer-Systemen anwendbar.

Wie ist der DE-Reflektor aufgebaut?
Der **D**reiachs-**E**llipsoid-Reflektor besteht aus dem Ellipsoid-Reflektor, der Blende, der Sammellinse und der Streuscheibe. Die im Strahlengang zwischen Reflektor und Linse stehende Blende erzeugt die Hell-Dunkel-Grenze.

Wie ist die Wirkungsweise des DE-Reflektors?
Die von der Einfadenlampe im Brennpunkt des Ellipsoid-Reflektors ausgehenden Strahlen werden vom Reflektor reflektiert. Sie treffen in dem zweiten Brennpunkt zusammen. Außen vor dem zweiten Brennpunkt befindet sich die Sammellinse. Diese sammelt das Licht und projiziert es auf die Fahrbahn.

Welche Eigenschaften hat der DE-Reflektor?
1. Gleichmäßige breite Fahrbahnausleuchtung
2. Geringere Blendung des Gegenverkehrs
3. Geringere Eigenblendung bei Regen, Nebel und Schneefall
4. Für Abblend- und Nebelscheinwerfer geeignet
5. Verwendung von Zweifadenlampen nicht möglich, daher Vier-Scheinwerfer-System erforderlich
6. Kleiner Lichtaustritt der Sammellinse, daher kleiner Scheinwerferdurchmesser
7. Größere Bautiefe des Scheinwerfers

Womit sind normale Glühlampen gefüllt?
Mit einem Edelgas, meist Argon.

Was sind Halogen-Glühlampen?
Halogen-Glühlampen sind mit einem Edelgas gefüllt, dem eine geringe Menge eines Halogens, meist Brom oder Jod, zugesetzt ist. Das komprimierte Gas steht bei normaler Raumtemperatur unter einem Überdruck von 4 ... 5 bar, bei eingeschalteter Beleuchtung unter einem Überdruck von 40 bar. Wegen der hohen Leuchtkörpertemperatur von ca. 3 000 °C und dem hohen Gasdruck ist der Glaskolben aus Quarzglas hergestellt.

Warum wird dem Edelgas ein Halogengas zugemischt?
Die von der heißen Glühwendel verdampfenden Wolfram-Atome verbinden sich mit dem Brom oder Jod. Durch thermische Strömung im Glaskolben gelangt das Wolframbromid oder Wolframjodid an die heiße Glühwendel und zerfällt wieder in Wolfram und Brom oder Jod. Die Wolfram-Atome lagern sich an der Glühwendel wieder ab, dadurch wird eine Schwärzung des Glaskolbens durch die Wolfram-Atome verhindert.

Welche Eigenschaften haben Halogen-Glühlampen?
1. Wesentlich kleinere Baugröße
2. Höhere Leuchtkörpertemperatur bis zu 3 000 °C
3. Keine Schwärzung des Glaskolbens
4. Höhere Lebensdauer
5. Um 70 % höhere Lichtausbeute als bei normalen Glühlampen
6. Größere Wattzahl gegenüber normalen Glühlampen

Welche Arten von Halogen-Glühlampen unterscheidet man?
1. Typ **H1:** Einfadenlampe mit Glühlampenwendel in Längsrichtung, Leistung 6 V und 12 V je 55 W; 24 V, 70 W
2. Typ **H2:** Einfadenlampe mit Glühlampenwendel in Längsrichtung, Leistung 12 V, 55 W
3. Typ **H3:** Einfadenlampe mit Glühlampenwendel quer zur Lampenachse, Leistung 6 V und 12 V je 55 W; 24 V, 70W
4. Typ **H4:** Zweifadenlampe für Fern- und Abblendlicht, Leistung 12 V, 60/55 W; 24 V, 75/70 W

Welche Aufgaben haben Leuchtweitenregler?
Sie sollen die Einstellung der Scheinwerfer entsprechend der Fahrzeugbelastung so regulieren, daß ein Blenden anderer Verkehrsteilnehmer verhindert wird und die Fahrbahn gut ausgeleuchtet ist.

Welche Arten von Leuchtweitenregler unterscheidet man?
1. Handregelung
2. Pneumatische Regelung
3. Hydraulische Regelung
4. Elektromotorische Regelung

Wie können Leuchtweitenregler betätigt werden?
1. Handbetätigt, vom Führersitz aus
2. Automatisch durch Niveauregler an den Fahrzeugachsen

Wie ist die Begrenzungsleuchte ausgeführt?
Die Begrenzungsleuchte, auch Standlicht genannt, ist meist im Scheinwerfer untergebracht. Sie muß so geschaltet sein, daß sie auch zusammen mit dem Fahrlicht brennt. Die Lichtfarbe muß weiß oder schwach gelb sein, der Abstand von der Fahrzeugaußenseite darf höchstens 400 mm betragen.

Welche Vorschriften bestehen für die Schlußleuchte?
Alle zweispurigen Fahrzeuge müssen zwei Schlußleuchten haben, die getrennt abgesichert sind. Die rote Streuscheibe ist zur Erzielung einer guten Leuchtwirkung gerippt. Die Leistungsaufnahme der Glühlampen beträgt je 5 Watt.

Welche Vorschriften bestehen für Parkleuchten?
Bei Personenwagen sind Parkleuchten zugelassen. Sie dürfen nur in geschlossenen Ortschaften benützt werden und müssen nach vorn weißes und nach hinten rotes Licht abstrahlen.

Welche Aufgabe haben Nebelscheinwerfer?
Sie sollen die Fahrbahnbeleuchtung bei Nebel, Schneefall, starkem Regen oder Staubwolken verbessern.

Wie ist der Aufbau der Nebelscheinwerfer?
Der parabolische Reflektor mit der Glühwendel im Brennpunkt reflektiert paralleles Licht wie das Fernlicht. Eine Strahlenblende begrenzt die Lichtabstrahlung nach oben. Nebelscheinwerfer können als Anbauscheinwerfer, als Einbaueinheit oder mit dem Hauptscheinwerfer kombiniert als Leuchteinheit ausgeführt sein. Es sind zwei Nebelscheinwerfer mit weißem oder gelbem Licht zulässig.

Wie muß die elektrische Schaltung der Nebelscheinwerfer ausgeführt sein?
Die Schaltung der Nebelscheinwerfer muß unabhängig von Fernlicht und Abblendlicht möglich sein. Sind Nebelscheinwerfer mehr als 400 mm von der breitesten Stelle des Fahrzeugumrisses entfernt angebaut, dürfen diese nur zusammen mit dem Abblendlicht brennen können. Die Leistungsaufnahme der Glühlampe beträgt 55 Watt.

Wozu dienen Zusatzfernlichtscheinwerfer?
Diese auch Weitstrahler genannten Fernlichtscheinwerfer erzeugen ein stark gebündeltes, weitreichendes Licht. Die Größe und Form von Zusatzfernscheinwerfer und Nebelscheinwerfer sind meist gleich, jedoch ist die Streuscheibe auf das Fernlicht abgestimmt und nur wenig gerippt. Die Leistungsaufnahme der Glühlampe beträgt 55 Watt.

Welche Vorschriften bestehen für Nebelschlußleuchten?
Bei starkem Nebel oder Schneefall dürfen 1 oder 2 Nebelschlußleuchten eingeschaltet werden. Es sind Leuchten mit einer roten Streuscheibe, die vorgeschriebene Kontrolleuchte am Armaturenbrett muß gelb sein. Nebelschlußleuchten dürfen nur zusammen mit Abblendlicht, Fernlicht oder dem Nebelscheinwerfer eingeschaltet werden können.

8.8 Signalanlage

Welche Aufgaben haben Signalanlagen?
Der Fahrer eines Kraftfahrzeugs muß anderen Verkehrsteilnehmern sein Fahrverhalten anzeigen und sie bei akuter Gefahr warnen können.

Welche Arten von Signalanlagen unterscheidet man?

1. Bremsleuchte	4. Signalhorn
2. Fahrtrichtungsanzeiger	5. Lichthupe
3. Warnblinkanlage	

Welche Aufgabe hat die Bremsleuchte?
Sie soll bei Betätigung der Bremse dem nachfolgenden Verkehrsteilnehmer den Bremsvorgang anzeigen.

Wie ist die Bremsleuchte ausgeführt?
Die Glühlampen der Bremsleuchte haben eine Leistung von mindestens 18 Watt, damit durch die größere Helligkeit ein deutlicher Unterschied zur Schlußleuchte besteht. Die Bremsleuchte wird automatisch beim Betätigen der Bremse eingeschaltet. Man verwendet hierzu mechanische Schalter, die mit dem Bremspedal gekuppelt sind. Bei hydraulischen Bremsen können auch hydraulische Bremslichtschalter verwendet werden. Zweispurige Fahrzeuge müssen zwei Bremsleuchten in rot haben. Bei Personenwagen sind zwei zusätzliche hochgesetzte Bremsleuchten im oberen Heckscheibenbereich ebenfalls in rot zugelassen.

Welche Fahrtrichtungsanzeiger werden nur noch verwendet?
Blinkanlagen.

Aus welchen Teilen besteht die Blinkanlage?

1. Blinkgeber	3. Blinkleuchten
2. Blinkerschalter	4. Kontrollampe

Welche Vorschriften bestehen für die Blinkanlage?
Die Blinkleuchten müssen orangefarbenes Licht abstrahlen und sollen mit 60 ... 120 Impulsen pro Minute blinken. Eine Kontrollampe am Armaturenbrett muß die Funktion der Anlage anzeigen.

Welche Blinkgeber werden verwendet?
Es werden nur noch elektronisch gesteuerte Blinkgeber verwendet. Der thermomagnetisch gesteuerte Hitzdrahtblinkgeber findet sich nur noch in älteren Anlagen.

Wie arbeitet der elektronisch gesteuerte Blinkgeber?
Als Taktgeber für die Blinkerfrequenz wird ein elektronischer Schalter, der Multivibrator, verwendet. Dieser steuert das Blinkrelais an, das den Strom für die Blinkleuchte in der gleichen Frequenz ein- und ausschaltet. Die Schaltung besteht aus verschiedenen Transistoren, Dioden und Kondensatoren.

Was geschieht, wenn eine Blinkleuchte ausfällt?
Die Blinkfrequenz verdoppelt sich.

Welche Eigenschaften haben elektronisch gesteuerte Blinkgeber?
1. Hohe Betriebssicherheit
2. Große Lebensdauer
3. Unempfindlich gegenüber Umgebungstemperatur
4. Stoßfest und kurzschlußsicher
5. Impulsfrequenz nahezu unabhängig von Batteriespannung

Wie ist die Warnblinkanlage aufgebaut?
Die Blinkleuchten der Fahrtrichtungsanzeiger werden als Warnblinkleuchten verwendet. Über einen zusätzlichen Schalter werden alle Blinkleuchten parallel geschaltet und an das Blinkrelais angeschlossen. Alle Leuchten blinken somit gleichzeitig. Eine rote Kontrollleuchte zeigt die Funktion der Warnblinkanlage an. Die Fahrtrichtungsanzeiger sind dabei außer Funktion.

Welche Aufgabe hat das Signalhorn?
Das Signalhorn ist die akustische Warneinrichtung bei Kraftfahrzeugen. Es darf nur bei akuter Gefahr betätigt werden und in einer Entfernung von 7 Metern keine größere Lautstärke als 104 dB haben. Der Ton muß gleichbleibend sein.

Nennen Sie die Arten von Signalhörnern!
1. Aufschlaghorn
2. Fanfare
3. Sondersignale

Wie ist die Wirkungsweise der Signalhörner?
Mit Hilfe eines Elektromagneten und eines Unterbrechers wird eine Membran in Schwingung gebracht. Die Stärke der Membran bestimmt die Frequenz und somit die Tonhöhe.

Erklären Sie die Wirkungsweise des Aufschlaghorns!
Beim Aufschlaghorn schlägt die Ankerplatte des Elektromagneten gegen den Magnetkern. Dadurch ergeben sich sehr starke Obertöne, die sich gut vom Verkehrslärm unterscheiden.

Was ist ein Starktonhorn?
Dies ist ein Aufschlaghorn mit besonders starken Obertönen. Es besitzt einen größeren Durchmesser und einen stärkeren elektrischen Antrieb.

Wie ist die Wirkungsweise von Fanfaren?
Die Fanfare besitzt das gleiche Antriebssystem wie das Horn, jedoch schwingt der Anker ohne Aufschlag frei vor dem Magnetsystem. Die schwingende Membran bringt in einem Rohr eine Luftsäule zum Schwingen. Die Frequenz der Membran und der Luftsäule sind aufeinander abgestimmt. Sie bestimmt die Tonhöhe des Signals. Das Luftrohr wird aus Platzgründen meist schneckenförmig aufgewickelt.

Wo werden Sondersignale eingesetzt?
Bei Fahrzeugen von Polizei, Feuerwehr, Rotem Kreuz usw., die zur Erfüllung hoheitlicher Aufgaben eingesetzt sind.

Welche Arten von Sondersignalen unterscheidet man?
1. Rundumkennscheinwerfer mit Blaulicht
2. Schallzeichen, die ihre Tonfrequenz periodisch wechseln
3. Blaulichtscheinwerfer.

Wie ist der Rundumkennscheinwerfer mit Blaulicht aufgebaut?
Dieser Scheinwerfer ist auf dem Fahrzeugdach montiert. Die Leistungsaufnahme der Glühlampe beträgt maximal 55 Watt. Ein Elektromotor treibt den senkrecht stehenden Reflektor so an, daß er sich um seine Hochachse dreht. Dadurch wird ein umlaufendes Lichtbündel durch die blaue Glashaube abgestrahlt.

Beschreiben Sie die Schallzeichen der Sondersignale!
Schallzeichen von Sondersignalen müssen eine periodisch wechselnde Tonfolge haben. Sie dürfen nur zusammen mit dem eingeschalteten Rundumkennscheinwerfer benützt werden.

Wie ist die Rundum-Ton-Kombination aufgebaut?
Sie ist eine Sondersignaleinheit, bei der Rundumkennscheinwerfer und akustisches Warnsignal zu einer Einheit zusammengefaßt sind. Das akustische Signal wird über mehrere Lautsprecher mit hoher Leistung abgestrahlt.

Wozu wird die Lichthupe verwendet?
Sie wird als optische Warnanlage eingesetzt.

Wie ist die Wirkungsweise der Lichthupe?
Das Fernlicht kann über einen besonderen Schalter eingeschaltet werden. Ein vereinzelt eingebautes Blinkrelais ermöglicht automatisches Blinken.

Welche Vorschriften bestehen für Scheibenwischer?
Alle Kraftfahrzeuge mit Windschutzscheiben müssen mit einem selbsttätig wirkenden Scheibenwischer ausgerüstet sein, damit stets eine ausreichende Rundumsicht gewährleistet ist. Es werden ein, zwei und bei Lkw und Omnibussen auch drei Wischhebel eingebaut.

Wie ist der Panoramawischer aufgebaut?
Der Panoramawischer ist einarmig. Durch einen zusätzlichen Kurbeltrieb wird neben der Drehbewegung eine Hubbewegung ausgeführt. Dadurch werden die Ecken der Windschutzscheibe besser ausgewischt.

Welche Arten von Wischern unterscheidet man?
1. Umlaufwischer
2. Pendelwischer

Wie arbeitet der Umlaufwischer?
Beim Umlaufwischer läuft die Antriebswelle für die Scheibenwischer um. Die hin- und hergehende Bewegung der Wischerblätter wird durch das mit der Welle umlaufende Kugelgelenk erreicht.

Wie arbeitet der Pendelwischer?
Der Pendelwischer hat ein Getriebe, das die drehende Motorbewegung in eine hin- und hergehende Bewegung der Wischerwelle umwandelt. Dies erfolgt durch eine Zahnstange, die auf einem Zahnrad exzentrisch gelagert ist.

Wodurch erfolgt die automatische Rückstellung der Wischerblätter?
In die Elektromotoren sind Endabschalter eingebaut. Diese Schalter werden über das Getriebe gesteuert. Eine Ankerbremse bremst den Anker nach dem Abstellen sofort ab. So wird eine exakte Endstellung erreicht.

Welche Aufgaben hat die Heckscheibenheizung?
1. Das Beschlagen der Heckscheibe verhindern
2. Das Zufrieren der Heckscheibe verhindern.

Wie ist die Wirkungsweise der Heckscheibenheizung?
Dünne Heizdrähte sind an die elektrische Anlage angeschlossen und werden bei Bedarf eingeschaltet.
Die Leistungsaufnahme der Heizdrähte beträgt ca. 80 Watt.

Wie sind die Heizdrähte an der Scheibe angebracht?
Einscheiben-Sicherheitsglas: im Siebdruckverfahren aufgedruckt
Verbund-Sicherheitsglas: in die Klebefolie eingelegt.

8.9 Funkentstörung

Was sind die Ursachen von Funkstörungen?
Elektromagnetische Störwellen im gesamten Frequenzbereich.

Wodurch gelangen elektromagnetische Störwellen zum Empfänger?
1. Über elektrische Leitungen zwischen Störquelle und Empfänger
2. Drahtlos durch Strahlung
3. Drahtlos durch kapazitive Kopplung
4. Drahtlos durch induktive Kopplung

Welche Teile am Kraftfahrzeug können elektromagnetische Störwellen erzeugen?
1. Elektrische Ausrüstungsteile, bei denen im Bereich Funken auftreten
2. Stromkreise, die unterbrochen und geschlossen werden
3. Wackelkontakte im gesamten Bordnetz
4. Wechselnder metallischer Kontakt größerer Metallteile
5. Bereifung und Keilriemen durch elektrostatische Aufladung

Nennen Sie die Hauptgruppen von Störquellen!
1. Zündanlage
2. Generatoranlage
3. Kleinmotoren
4. Schalter
5. Elektrostatische Aufladungen

Welche Aufgaben hat die Funkentstörung?
1. Sie soll ein Stören des Rundfunk- und Fernsehempfangs im näheren Umkreis vermeiden
2. Sie soll im Fahrzeug einen störungsfreien Funk- und Fernsehempfang ermöglichen

Wie muß die Funkentstörung durchgeführt werden?
Die elektromagnetischen Störwellen müssen möglichst an ihrem Entstehungsort (Störquelle) beseitigt, d. h. gedämpft oder abgeleitet werden.

Welche Entstörmittel können verwendet werden?
1. Entstörwiderstand
2. Entstörkondensator
3. Drosselspule
4. Entstörfilter
5. Abschirmteile
6. Masseverbindung

Wie ist die Wirkungsweise von Widerständen als Entstörmittel?
Widerstände dämpfen die Störwellen durch Umwandlung der Schwingungsenergie in Wärmeenergie.

Wie wirken Entstörkondensatoren?
Sie bilden für Gleichstrom und niederfrequenten Wechselstrom einen großen Widerstand, für hochfrequenten Wechselstrom jedoch einen sehr geringen Widerstand. Die hochfrequenten Störströme können dadurch zur Masse abfließen.

Wie wirken Drosselspulen als Entstörmittel?
Drosselspulen haben einen geringen ohmschen und einen hohen induktiven Widerstand. Sie dämpfen daher die hochfrequenten Störströme.

Was sind Entstörfilter?
Entstörfilter, auch Siebglieder genannt, sind Kombinationen aus Kondensatoren und Drosselspulen, die zu einer Baueinheit zusammengefaßt sind.

Wie ist die Wirkungsweise der Abschirmung?
Zur Abschirmung wird die störende elektrische Anlage vollständig mit einem metallischem Mantel umgeben. Die abgestrahlten Störwellen werden von der Abschirmung aufgefangen und abgeleitet.

Welche Arten der Funkentstörung gibt es?
1. Fernentstörung
2. Nahentstörung
3. Vollentstörung

Wie ist die Fernentstörung aufgebaut?
Diese Entstörung ist vom Gesetzgeber vorgeschrieben. Sie verhindert ein Stören fremder Funkanlagen. In den meisten Fällen genügt eine einfache Entstörung der Zündanlage. Dies wird durch einen 5 kΩ-Widerstand im Verteilerläufer und in den Zündkerzensteckern erreicht.

Wie arbeitet die Nahentstörung?
Fahrzeuge, die eine eingebaute Funkempfangsanlage haben, müssen nahentstört sein. An allen Störquellen wie Generator, Scheibenwischer, Gebläsemotor, Blinkkrelais usw. werden zusätzlich noch Entstörkondensatoren oder Siebglieder angebracht.

Bei welchen Fahrzeugen ist eine Vollentstörung erforderlich?
Bei Fahrzeugen mit hochempfindlichen Sende- und Empfangsanlagen.

Wie erfolgt die Vollentstörung?
Bei einer Vollentstörung werden alle elektrischen Geräte durch Metallgehäuse abgeschirmt. Die Kabelleitungen müssen in Metallschläuche gelegt werden und an die Fahrzeugmasse angeschlossen werden.

8.10 Relais

Was ist ein Relais?
Ein Relais ist ein elektromagnetischer Schalter, bei dem die Schaltkontakte durch eine Elektromagnetspule betätigt werden.

Wie ist die Wirkungsweise eines Relais?
Ein geringer Steuerstrom von 0,1 ... 1,0 A betätigt den Elektromagneten. Über die Schaltkontakte fließt dann der hohe Arbeitsstrom zum Verbraucher. Beim Starter für schwere Nutzfahrzeuge fließen Arbeitsströme bis 2 600 A über das Einrückrelais.

Wie groß ist der Leistungsbedarf elektrischer Verbraucher?

Abblendlicht	je 55 W
Autoradio	10 ... 15 W
Begrenzungsleuchten	je 4 W
Blinkleuchten	je 21 W
Bremsleuchten	je 18 ... 21 W
Deckenleuchte	5 W
Elektrische Fensterheber	150 W
Elektrische Kraftstoffpumpe	50 ... 70 W
Elektrisches Kühlergebläse	200 W
Elektronische Benzineinspritzung	70 ... 100 W
Fernlicht	je 60 W
Gebläsemotor für Heizung	80 W
Glühstiftkerzen	je 100 W
Heckscheibenheizung	80 W
Heckscheibenwischer	30 ... 65 W
Instrumentenbeleuchtung	je 2 W
Kennzeichenleuchten	je 10 W
Motorantenne	60 W
Nebelscheinwerfer	je 35 .. 55 W
Parkleuchte	3 ... 5 W
Rückfahrscheinwerfer	je 21 ... 25 W
Scheibenwischer	60 ... 90 W
Schlußleuchten	je 5 W
Signalhörner	je 25 ... 40 W
Starter Pkw	800 ... 3 000 W
Starter Lkw	2 000 ... 12 000 W
Zigarrenanzünder	100 W
Zündanlage	20 ... 70 W
Zusatzbremsleuchten	je 21 W
Zusatzfernlichtscheinwerfer	je 55 W

Nennen Sie die Klemmenbezeichnungen im Kraftfahrzeug!

1	Zündspule, Zündverteiler (Niederspannung)
4	Zündspule, Zündverteiler (Hochspannung)
15	Batterie Plus über Schalter (Ausgang Fahrtschalter)
17	Glühstartschalter Stufe II Starten
19	Glühstartschalter Stufe I Vorglühen
30	Eingang von Batterie Plus, direkt
31	Rückleitung an Batterie Minus oder Masse, direkt
49	Blinkgeber Eingang
49 a	Blinkgeber Ausgang
49 b	Blinkgeber Ausgang 2. Blinkkreis
49 c	Blinkgeber Ausgang 3. Blinkkreis
50	Startersteuerung, direkt
54	Bremslicht
54 g	Druckluftventil für Dauerbremse im Anhänger
55	Nebelscheinwerfer
56	Scheinwerfer
56 a	Fernlicht und Fernlichtkontrolle
56 b	Abblendlicht
56 d	Lichthupenkontakt
57	Standlicht für Krafträder
57 a	Parklicht
57 L	Parklicht, links
57 R	Parklicht, rechts
58	Begrenzungs-, Schluß – und Kennzeichenleuchten, Instumentenbeleuchtung
58 L	Schluß- und Begrenzungsleuchte, links
58 R	Schluß- und Begrenzungsleuchte, rechts
61	Ladekontrollampe
75	Radio, Zigarrenanzünder
76	Lautsprecher
85	Relais Ausgang, Wicklungsende Minus
86	Relais Eingang, Wicklungsanfang
86 a	Relais Eingang, Anfang erste Wicklung
86 b	Relais Eingang, Wicklungsanzapfung oder zweite Wicklung
B +	Batterie Plus
B –	Batterie Minus
D +	Dynamo Plus
D –	Dynamo Minus
DF	Dynamo Feld

9 Prüfgeräte, Testgeräte, Instandsetzungsgeräte

9.1 Elektrische Meßgeräte

Wie können Meßinstrumente ausgeführt sein?

1. **Analoge Meßinstrumente:** Der Zeiger schlägt entsprechend (= analog) aus
2. **Digitale Meßinstrumente:** der Meßwert wird direkt in Ziffern angezeigt.
3. **Registrierende Meßinstrumente:** die Meßwerte werden aufgezeichnet

Welche Arten von elektrischen Meßgeräten unterscheidet man?

1. Voltmeter	3. Ohmmeter
2. Amperemeter	4. Wattmeter

Wie ist das Voltmeter aufgebaut?
Als Voltmeter wird meist ein Drehspulinstrument verwendet. Dieses besteht aus einem Dauermagneten und einer Drehspule. Die Stromzufuhr erfolgt über zwei Spiralfedern, die die Rückstellung der Drehspule bewirken. Wird eine Spannung angelegt, dreht sich die Drehspule so weit, bis das durch den Elektromagneten erzeugte Drehmoment dem Drehmoment der gespannten Spiralfedern das Gleichgewicht hält. Das Drehspulmeßgerät ist nur für Gleichstrom geeignet.

Wodurch verhindert man eine Überlastung der Drehspulwicklung?
Die Spannung wird nicht direkt dem Meßinstument zugeführt, sondern man paßt das Voltmeter durch Vorwiderstände und Nebenwiderstände der vorliegenden Spannung an.

Weshalb hat das Voltmeter einen hohen Innenwiderstand?
Dadurch ist der Eigenverbrauch des Voltmeters sehr gering. Das Meßergebnis wird nur minimal verfälscht.

Wie ist das Amperemeter aufgebaut?
Als Amperemeter wird meist ein Drehspulinstrument verwendet. Strommesser müssen mit dem Verbraucher in Reihe geschaltet sein, deshalb fließt der gesamte Strom, der von dem Verbraucher aufgenommen wird, durch das Meßinstrument.

Wie verhindert man eine Überlastung des Amperemeters?
Der größte Teil des Stroms fließt durch einen Nebenwiderstand.

Was kann mit dem Ohmmeter gemessen werden?
Mit dem Ohmmeter werden Widerstände der elektrischen Anlage gemessen.

Welche Widerstände sind dies?
1. Leitungswiderstände
2. Übergangswiderstände
3. Entstörwiderstände

Welche Schwierigkeiten ergeben sich beim Messen von Leitungs- und Übergangswiderständen?
Leitungs- und Übergangswiderstände sind meist so klein, daß sie mit dem Ohmmeter nicht gemessen werden können. Der Leitungsstrang muß zur Messung abgeklemmt werden. Ohmmeter werden als Leitungsprüfer nur dann eingesetzt, wenn große Abweichungen vom Normalwert vorliegen oder wenn bei der Fehlersuche Leitungsunterbrechungen gefunden werden müssen.

Wozu verwendet man Wattmeter?
Zur Leistungsmessung. Der Zeigerausschlag des Wattmeters ist proportional dem Produkt $P = U \times J$. Die Leistung P kann bei entsprechender Skaleneinteilung direkt abgelesen werden.

9.2 Batterie-Prüf- und Testgeräte

Welche Geräte werden zur Prüfung der Kfz-Batterie verwendet?
1. Säureprüfer
2. Zellenprüfer bzw. Batterieprüfer
3. Batteriesäuretester
4. Batterietester

Erklären Sie den Säureprüfer!
Die Überprüfung des Batterieladezustandes erfolgt durch Säuredichtemessung mit dem Säureprüfer. Im Glaskolben des Säureprüfers befindet sich die Meßspindel, die in der angesaugten Batteriesäure schwimmt. Je nach Säuredichte taucht die Meßspindel, auch Aräometer genannt, mehr oder weniger tief in die Säure ein. Auf der Spindel ist eine Skala angebracht, auf der die Säuredichte und der Ladezustand der Batterie angegeben sind. Der jeweilige Wert wird am Flüssigkeitsspiegel abgelesen.

Auf welchem physikalischem Gesetz beruht die Wirkungsweise des Säureprüfers?
Auf dem Gesetz vom Auftrieb: Die Auftriebskraft ist gleich der Gewichtskraft der verdrängten Flüssigkeit.

Welche Prüfung kann mit dem Zellenprüfer durchgeführt werden?
Mit dem Zellenprüfer können die einzelnen Zellen der Batterie unter kurzzeitiger Belastung geprüft werden.

Wie erfolgt die Batterieprüfung mit dem Zellenprüfer?
Die Prüfspitzen des Zellenprüfers werden auf die beiden Pole der Zelle gedrückt, wobei ein hoher Strom über den Belastungswiderstand des Zellenprüfers fließt. Zwischen den Prüfspitzen ist ein Voltmeter angeschlossen, mit dem die Zellenspannung gemessen wird. Bei der 5 ... 10 Sekunden lang dauernden Belastung darf die Zellenspannung bei intakter Batterie nicht in den roten Bereich absinken. Liegt die Spannung aller Zellen im roten Bereich, ist die Batterie entladen, trifft diese jedoch nur für eine Zelle zu, so ist diese Zelle defekt. Mit zu- und abschaltbaren Parallelwiderständen können Belastungsströme von 20 ... 300 A eingestellt werden.

Wie arbeitet der Batterieprüfer?
Bei Batterien mit vergossenen Polbrücken kann nur die gesamte Batterie unter Belastung mit dem Batterieprüfer überprüft werden. Das Prüfen der einzelnen Zellen ist hierbei nicht möglich.

Wozu dient der Batteriesäuretester?
Der Batteriesäuretester erlaubt eine rasche und exakte Prüfung der Batteriesäuredichte. Zur Prüfung wird mit einem Stäbchen ein Tropfen Batteriesäure auf das Meßfenster gebracht. Zum Ablesen richtet man den Tester gegen eine Lichtquelle und kann nun durch das Okular die Säuredichte an der Trennlinie zwischen hell und dunkel sofort ablesen.

Beschreiben Sie die Wirkungsweise des Batterietesters!
Batterietester sind halb- oder vollautomatisch arbeitende Testgeräte. Meist sind sie mit dem Schnelladegerät kombiniert. Die Automatik steuert beim Testablauf die einzelnen Prüfvorgänge, Meßinstrumente und Anzeigeleuchten zeigen dann den Zustand der Batterie an.

Welche Arbeiten kann man mit dem kombinierten Schnelladegerät durchführen?
1. Batterietest nach Testprogramm
2. Schnelladung der Batterie
3. Normalladung der Batterie
4. Starthilfe während des Startvorgangs

Was ist beim Anschluß des Batterietesters zu beachten?
Zum Schutz elektronischer Einrichtungen im Kraftfahrzeug muß die Batterie vom Bordnetz abgeklemmt werden.

9.3 Zündungstest

Nennen Sie Prüf- und Einstellarbeiten an der Zündanlage!

1. Schließwinkel
2. Zündzeitpunkt
3. Fliehkraftverstellung
4. Unterdruckverstellung
5. Drehzahl

Womit erfolgt die Prüfung des Schließwinkels?
Mit dem Schließwinkeltester. Dieser wird an die Klemmen 1 und 15 der Zündspule angeschlossen. Die Angabe des Schließwinkels erfolgt in Grad oder in Prozent.

Wie erfolgt die Prüfung mit dem Schließwinkeltester?
Die Prüfung erfolgt bei laufendem Motor. Der Schließwinkeltester zeigt den Schließwinkel je nach Ausführung des Testers in Grad oder in Prozent an. Erfolgt die Anzeige in Grad, ist am Testgerät ein Zylinderwahlschalter für die Anzahl der Zylinder eingebaut. Wird der Schließwinkel in Prozent angegeben, spielt die Zylinderzahl keine Rolle. Die Messung des Schließwinkels soll bei 1 000 ... 1 200 min^{-1} erfolgen. Eine weitere Messung sollte bei erhöhter Drehzahl von ca. 4 500 min^{-1} vorgenommen werden. Hierbei darf sich der Schließwinkel um höchstens 2 ... 3° verändern.

Wie erfolgt die Einstellung des Schließwinkels?
Zur Einstellung des Schließwinkels werden Verteilerkappe und Verteilerläufer ausgebaut. Bei kontaktgesteuerten elektronischen Zündsystemen wie z. B. bei der Transistor-Spulenzündung muß wegen Unfallgefahr das Hochspannungskabel 4 fest mit Masse verbunden werden. Der Kontaktabstand wird bei Starterdrehzahl so lange verstellt, bis der Schließwinkel den vorgeschriebenen Wert besitzt.

Welche Folge hat eine Veränderung des Schließwinkels?
Eine Veränderung des Schließwinkels bewirkt eine Verstellung des Zündzeitpunkts. Aus diesem Grund muß nach jeder Verstellung des Schließwinkels der Zündzeitpunkt neu eingestellt werden.

Welcher Zusammenhang besteht zwischen Schließwinkel und Kontaktabstand?
Ein großer Schließwinkel ergibt einen kleinen Kontaktabstand,
ein kleiner Schließwinkel ergibt einen großen Kontaktabstand.

Wie groß ist der Schließwinkel?
Vierzylindermotor 50°; Sechszylindermotor 38°,
Achtzylindermotor 33°.

Welche Folgen hat ein falscher Zündzeitpunkt?

1. Geringere Motorleistung
2. Erhöhter Kraftstoffverbrauch
3. Überhitzung des Motors

Wann muß der Zündzeitpunkt kontrolliert werden?

1. Nach dem Einbau der Zündanlage
2. Nach jedem Auswechseln der Unterbrecherkontakte.

Wie kann das Prüfen des Zündzeitpunkts erfolgen?

1. Prüfen mit Meßuhr oder Tiefenmaß
2. Prüfen mit Prüflampe
3. Prüfen mit Schließwinkeltester
4. Prüfen mit Zündlichtpistole

Wo verwendet man Meßuhr oder Tiefenmaß zur Zündungseinstellung?

Meist bei kleinen Einzylinder-Zweitaktmotoren, bei denen der Zündzeitpunkt in mm vor OT angegeben ist. Bei zusammengebautem Motor mit schräger Zündkerzenbohrung liefert ein auf diesen Zündkerzenwinkel einstellbares Spezialmeßwerkzeug genaue Werte.

Wie erfolgt das Prüfen des Zündzeitpunkts mit der Prüflampe?

Die Prüflampe wird parallel zum Unterbrecher zwischen Klemme 1 der Zündspule oder des Zündverteilers und Masse 31 geschaltet. Sie leuchtet in dem Augenblick auf, in dem bei eingeschalteter Zündung die Unterbrecherkontakte öffnen. Zur Prüfung wird der Kolben des ersten Zylinders auf Zündstellung gebracht. Nun wird die Kurbelwelle etwas zurückgedreht und dann von Hand langsam in Drehrichtung des Motors so lange weitergedreht, bis die Prüflampe aufleuchtet. Dies ist der Öffnungszeitpunkt der Unterbrecher und damit der Zündzeitpunkt. Bei richtigem Zündzeitpunkt müssen die Markierungen am Motorblock und an der Schwungscheibe oder Riemenscheibe übereinstimmen. Stimmt die Einstellung nicht, werden die beiden Zündzeitpunktmarkierungen deckungsgleich gestellt und die Klemmschraube am Zündverteiler gelöst. Nun wird der Zündverteiler entgegen der Drehrichtung der Verteilerwelle gedreht, bis die Kontakte öffnen und die Prüflampe aufleuchtet.

Wie erfolgt das Prüfen des Zündzeitpunkts mit dem Schließwinkeltester?

Der Schließwinkeltester wird an die Klemmen 1 und 15 der Zündspule angeschlossen. Sind die Unterbrecherkontakte geschlossen, erfolgt ein maximaler Zeigerausschlag, werden die Kontakte geöffnet, geht der Zeiger sofort auf Null zurück. So kann das Öffnen der Kontakte und damit der Zündzeitpunkt genau ermittelt werden.

Warum ist die Einstellung des Zündzeitpunkts mit der Prüflampe oder dem Schließwinkeltester nur eine Grobeinstellung?
Weil diese Einstellung bei stillstehendem Motor erfolgt. Man nennt sie daher auch statische Zündzeitpunkteinstellung.

Erklären Sie das Einstellen des Zündzeitpunkts mit der Zündlichtpistole!
Die Zündlichtpistole (Stroboskoplampe) ermöglicht das Prüfen und Einstellen des Zündzeitpunkts bei laufendem Motor, (dynamische Zündzeitpunkteinstellung). Die Blitzlichtlampe der Zündlichtpistole blitzt immer im Augenblick der Zündung auf. Richtet man die Zündlichtpistole auf die Schwungscheibe oder Riemenscheibe, entsteht der Eindruck, daß die rotierenden Teile bei laufendem Motor stillstehen. Bei richtigem Zündzeitpunkt stimmen die beiden Zündzeitpunktmarkierungen am Motor überein. Die Grundeinstellung des Zündzeitpunkts erfolgt meist bei Starterdrehzahl und abgezogenem Unterdruckschlauch.

Wie erfolgt die Prüfung der Fliehkraftverstellung?
Mit steigender Motordrehzahl muß der Zündzeitpunkt vorverlegt werden. Dies geschieht durch den Fliehkraftversteller. Eine genaue Überprüfung der Zündverstellung ist nur dann möglich, wenn die Grundeinstellung des Zündzeitpunkts stimmt. Zur Prüfung der Fliehkraftverstellung müssen nacheinander die vorgeschriebenen Drehzahlen einreguliert werden. Dabei sind die vorgeschriebenen Verstellwinkel zu prüfen. Sind die abgelesenen und die vorgeschriebenen Verstellwinkel nicht gleich, liegt ein Defekt am Zündverteiler vor, er muß dann instandgesetzt oder erneuert werden. Bei Zündverteilern mit Unterdruckverstellung muß vor Beginn der Prüfung der Unterdruckschlauch abgezogen werden.

Mit welchen Geräten kann die Fliehkraftverstellung geprüft werden?
1. Mit Zündlichtpistole und Gradskala
2. Mit Zündlichtpistole und Verstellwinkelmesser
3. Mit OT-Geber und Verstellwinkelmesser

Wo verwendet man Zündlichtpistole und Gradskala?
Bei Motoren, die eine umlaufende Gradskala auf der Keilriemenscheibe oder der Schwungscheibe haben.

Wo verwendet man Zündlichtpistole und Verstellwinkelmesser?
Bei Motoren, die keine Gradskala haben. Der Verstellwinkelmesser ist meist in die Zündlichtpistole eingebaut.

Wo verwendet man OT-Geber und Verstellwinkelmesser?
Bei Motoren, die mit einem OT-Geber ausgerüstet sind.

Wie wird die Unterdruckverstellung geprüft?
Im Teillastbereich muß der Zündzeitpunkt infolge des mageren Luft-Kraftstoff-Gemischs durch die Unterdruckverstellung zusätzlich in Richtung früh verstellt werden. Bei der Prüfung werden der Unterdruck bei Verstellbeginn und Verstellende sowie der Verstellwinkel gemessen. Hierzu wird zwischen der Unterdruckdose des Zündverteilers und dem Vergaser ein Unterdrucktester angeschlossen. Mit diesem kann der Unterdruck verändert und gleichzeitig gemessen werden, wobei der Motor auf die jeweils vorgegebene Drehzahl einreguliert werden muß.

Welche Arten von Drehzahlmessern unterscheidet man?
1. Mechanische Drehzahlmesser
2. Elektrische Drehzahlmesser
3. Elektronische Drehzahlmesser

Wie arbeitet der mechanische Hand-Drehzahlmesser?
Er wird von Hand gegen das umlaufende freie Wellenende gedrückt und zeigt die jeweilige Drehzahl direkt an. Die Meßgenauigkeit beträgt $\pm$ 0,25 %.

Wie können elektrische Drehzahlmesser ausgeführt sein?
1. Wirbelstrom-Drehzahlmesser
2. Drehzahlmeßgenerator

Wie ist der Wirbelstrom-Drehzahlmesser aufgebaut?
Er ist der bekannteste elektrische Drehzahlmesser. Er wird mechanisch angetrieben. Ein umlaufender Magnet erzeugt Wirbelströme, die einen proportional zur Drehzahl zunehmenden Drehwinkelausschlag ergeben.

Wo werden elektronische Drehzahlmesser verwendet?
Elektronische Drehzahlmesser werden vorwiegend für Prüf- und Einstellarbeiten am Kraftfahrzeug verwendet, da sie trägheitslos arbeiten und exakt anzeigen.

Wie ist die Wirkungsweise der elektronischen Drehzahlmesser?
Die Drehzahlmesser verwenden die Steuerimpulse der Zündanlage zur analogen oder digitalen Messung der Motordrehzahl. Der Steuerimpuls zur Drehzahlmessung kann vom Primärstromkreis oder vom Sekundärstromkreis erzeugt werden.

Wie kann die Drehzahl von Dieselmotoren gemessen werden?
Es können fotoelektrische Drehzahlmesser, Lichtblitz-Stroboskope, Geräte mit Druckaufnehmern an Einspritzleitungen und Geräte mit Vibrationsaufnehmern oder Schallaufnehmern verwendet werden.

9.4 Prüfung mit dem Oszilloskop

Welche Aufgaben hat das Oszilloskop?
Es macht elektrische Spannungen auf dem Bildschirm sichtbar.

Wie ist die Wirkungsweise des Oszilloskops?
Das Oszilloskop ist ein Voltmeter, das die verschiedenen Spannungen in der Zündanlage, bei den Generatoren, bei den elektronischen Benzineinspritzanlagen und sonstigen elektronischen Geräten auf den Bildschirm einer Elektronenstrahlröhre projiziert.

Weshalb ist ein normales Voltmeter hierfür nicht geeignet?
Ein normales Voltmeter arbeitet viel zu träge, es zeigt bei rasch verlaufenden Vorgängen lediglich einen Mittelwert an.

Welche Vorteile hat das Oszilloskop?
Es macht rasch verlaufende periodische elektrische Vorgänge trägheitslos ohne zeitliche Verzögerung sichtbar. Es ermöglicht, alle elektrischen Vorgänge mit nur einem Instrument zu erfassen.

Wie können die elektrischen Vorgänge sichtbar gemacht werden?
In der luftleeren Elektronenstrahlröhre treffen die aus der Glühkathode austretenden Elektronen auf einen besonders präparierten Leuchtschirm. Durch die Energie der auftreffenden Elektronen wird die jeweilige Stelle des Leuchtschirms zum Aufleuchten gebracht. Die Elektronen sind fast masselos und können durch elektrische Felder trägheitslos abgelenkt werden.

Welche Teile können mit dem Oszilloskop auf Fehler untersucht werden?

1. Zündspannung
2. Hochspannungsisolation
3. Widerstände im Zündstromkreis
4. Windungsschluß der Primärwicklung
5. Windungsschluß der Sekundärwicklung
6. Unterbrechung der Sekundärwicklung
7. Zündkondensator
8. Unterbrecherkontakte
9. Nockenversetzung
10. Schließwinkel
11. Polarität der Zündspannung
12. Zündkerze
13. Vergasereinstellung
14. Zustand des Motors

Was zeigt die senkrechte Entfernung von der Nullinie auf dem Oszillogramm an?
Die am jeweiligen Punkt vorhandene Spannung.

Was zeigt die waagrechte Entfernung vom Nullpunkt auf dem Oszillogramm an?
Den zeitlichen Ablauf des Schwingungsvorgangs.

Was benötigt man zur Auswertung eines Zündoszillogramms?
Das Normaloszillogramm des Primär- und Sekundärbildes einer völlig intakten Zündanlage.

Aus welchen Abschnitten besteht das Normaloszillogramm?
1. Funkendauer
2. Ausschwingungsvorgang
3. Schließzeit

Erklären Sie die Oszillogramme beim Öffnen der Unterbrecherkontakte!
Das Magnetfeld der Zündspule bricht zusammen, der Schwingungsvorgang in der Primärwicklung klingt rasch ab. Gleichzeitig wird in der Sekundärwicklung ein Hochspannungsimpuls induziert, nämlich die Zündspannungsnadel. Nun springt an den Elektroden der Zündkerze der Zündfunke über und es fließt Strom auf der Sekundärseite. Die Sekundärspannung geht infolge dieser Strombelastung auf die Brennspannung zurück. Der Zündfunke erscheint im Sekundärbild nach der Zündspannungsnadel als nahezu waagrechte Linie, der sog. Brennspannungslinie. Ihre Länge gibt die Gesamtzeit des Zündfunkens an, etwa 0,001 Sekunden.
Dies ist die Funkendauer.

Welche Vorgänge spielen sich im Ausschwingungsvorgang ab?
Reicht die Energie der Zündspule nicht mehr aus, um den Zündfunken aufrechtzuerhalten, reißt dieser ab und der Ausschwingungsvorgang beginnt. In der Sekundärwicklung fällt die Spannung rasch auf Null ab. In der Primärwicklung pendelt die restliche magnetische Energie bei geöffneten Unterbrecherkontakten zwischen Spule und Kondensator hin und her, bis sie in Wärme umgewandelt und abgebaut ist.

Welche Vorgänge spielen sich im Schließabschnitt ab?
Im Schließabschnitt sind die Unterbrecherkontakte geschlossen. Nach dem Schließen der Kontakte wird in der Primärwicklung ein Magnetfeld aufgebaut. Dieses induziert in der Sekundärwicklung eine Spannung, die zusätzlich von kleinen Schwinungen überlagert ist. Ist das Magnetfeld aufgebaut, wird die induzierte Spannung null.

Welche Möglichkeiten bietet der Bildwahlschalter?
Mit ihm lassen sich vier verschiedene Bilder für den Primär- und Sekundärkreis einstellen:
1. Zündspannungsverlauf eines einzelnen Zylinders
2. Zündspannungsverlauf aller Zylinder nebeneinander
3. Zündspannungsverlauf aller Zylinder übereinander
4. Zündspannungsverlauf aller Zylinder überlagert

Wie läßt sich bei der Bildauswertung der Fehler lokalisieren?
1. Zeigt sich bei der Bildauswertung der Fehler an allen Zylindern, liegt er im Primärkreis oder im Sekundärkreis bis zum Verteilerläufer
2. Zeigt sich der Fehler nur an einem Zylinder, liegt er im Sekundärkreis nach dem Verteilerläufer.

Wie groß darf der Zündspannungsunterschied bei den Zylindern sein?
Unterschiede bis 2 kV sind zulässig.

Nennen Sie die Ursachen für unterschiedliche Zündspannungen!
1. Unterschiedliche Elektrodenabstände
2. Ungeeignete Zündkerzen
3. Unterschiedliche Kompression
4. Ungleichmäßige Gemischbildung
5. Falscher Zündzeitpunkt
6. Unterbrechung im Zündkabel

Welche Fehler können bei einer kleineren Zündspannungsnadel eines Zylinders vorliegen?
Es liegt ein Schaden an der Hochspannungsisolation der Zündkerze, des Zündverteilers, des Zündkabels oder der Zündspule vor.

Woran erkennt man verbleite Zündkerzen im Oszillogramm?
Bleiniederschläge am Kerzenfuß werden bei höheren Temperaturen elektrisch leitend. Bei warmem Motor fließt der Zündstrom über den elektrisch leitend gewordenen Bleibelag zur Masse. Die Zündspannungsnadel fällt fast ganz weg und die Brennspannungslinie verläuft schräg fallend.

Welche Prüfungen an Drehstromgeneratoren lassen sich mit dem Oszilloskop durchführen?
1. Prüfen der Welligkeit der Spannung
2. Prüfen der Dioden auf Unterbrechung
3. Prüfen der Dioden auf Kurzschluß
4. Prüfen der Phasen auf Unterbrechung
5. Prüfen der Phasen auf Phasenschluß

9.5 Generator-, Starter-, Zündverteilerprüfstand

Was kann mit dem Generatorprüfstand geprüft werden?
Mit dem Generatorprüfstand können Gleichstromgeneratoren, Drehstromgeneratoren und deren Regler bei allen Drehzahlen und Belastungen in betriebsähnlichem Zustand überprüft werden.

Wie werden die Generatoren bei der Prüfung angetrieben?
Gleichstromgeneratoren werden über eine Kupplung direkt angetrieben.
Drehstromgeneratoren werden über einen Keilriemen angetrieben. Dadurch kann je nach Übersetzung eine Drehzahl bis 10 000 min^{-1} erreicht werden.

Wie erfolgt die Prüfung von Drehstromgeneratoren?
Drehstromgeneratoren werden über einen Stauwiderstand an die Batterie angeschlossen, dann wird der Belastungswiderstand eingeschaltet, die Drehzahl auf den vorgeschriebenen Wert eingestellt und gleichzeitig die Belastung so lange gesteigert, bis mindestens der im Prüfblatt angegebene Wert erreicht wird. Drehstromgeneratoren dürfen auf keinen Fall ohne zugeschaltete Batterie betrieben werden, weil sonst die eingebauten Dioden zerstört werden.

Welche Prüfungen können mit dem Starterprüfstand vorgenommen werden?
1. Leerlaufprüfung des Starters
2. Kurzschlußprüfung des Starters
3. Belastungsprüfung des Starters

Wie erfolgt die Leerlaufprüfung des Starters?
Sie erfolgt in der Regel im Leerlauf ohne Einspuren des Ritzels.

Wie erfolgt die Kurzschlußprüfung des Starters?
Bei der Kurzschlußprüfung wird der Starter mit der Bremsvorrichtung in etwa 1 ... 2 Sekunden bis zum Stillstand abgebremst und dabei Strom und Spannung abgelesen. Die gemessenen Werte werden mit den vorgegebenen Prüfwerten verglichen.

Wie erfolgt die Belastungsprüfung des Starters?
Sie wird als reine Funktionsprüfung ohne Prüfwerte durchgeführt.

Wie erfolgt die Zündverteilerprüfung?
Der ausgebaute Zündverteiler wird im Zündverteilerprüfstand befestigt. Folgende Prüfungen sind möglich: Schließwinkelprüfung, Fliehkraftverstellung, Unterdruckverstellung.

9.6 Prüfung des Verbrennungsraums

Nennen Sie Testverfahren zur Überprüfung des Verbrennungsraums!

1. Kompressionsdrucktest
2. Druckverlusttest
3. Ansaugunterdrucktest
4. Zylindervergleich durch Auspendeln des Motors

Womit wird der Kompressionsdrucktest durchgeführt?

Mit einem Kompressionsdruckprüfer. Dieser besitzt meist eine Schreibeinrichtung, die den Kompressionsdruck jedes einzelnen Zylinders in ein Diagramm einträgt.

Weshalb entspricht der Kompressionsdruck nicht dem Verdichtungsverhältnis?

Die angesaugte Luft wird beim Verdichten erwärmt. Dadurch erhöht sich der Druck. Auch die Ventilöffnungszeit und der jeweilige Barometerstand beeinflussen den Kompressionsdruck.

Welche Art von Prüfung ist also der Kompressionsdrucktest?

Er ist eine Vergleichsmessung, wobei man den Kompressionsdruck der einzelnen Verbrennungsräume miteinander vergleicht.

Welche Bedingungen müssen bei der Durchführung des Kompressionsdrucktests erfüllt sein?

1. Betriebswarmer Motor
2. Sauberer Luftfilter
3. Geladene Batterie
4. Herausgeschraubte Zündkerzen
5. Voll geöffnete Drosselkappe
6. Richtig angesetzter Kompressionsdruckprüfer

Wie erfolgt die Durchführung des Kompresionsdrucktests?

Der Starter des Motors ist so lange zu betätigen, bis der Meßwert nicht mehr ansteigt. Dies wird im allgemeinen nach 10 Kurbelwellenumdrehungen erreicht.

Wie groß dürfen die Abweichungen der Kompressionsdrücke sein?

Ottomotor: maximal 1 ... 2 bar
Dieselmotor: maximal 2 ... 4 bar

Wie kann ein Fehler genauer lokalisiert werden?

Durch Einspritzen von Motoröl in den Verbrennungsraum des schadhaften Zylinders. Dann wird der Motor kurz durchgedreht, dadurch verteilt sich das Öl und dichtet zwischen Zylinder und Kolben ab.

Was bewirkt das Einspritzen von Motoröl?

1. Der Kompressionsdruck erhöht sich bei der 2. Messung: Es liegt ein Schaden an der Zylinderwand, an den Kolbenringen oder am Kolben selbst vor.
2. Der Kompressionsdruck bleibt bei der 2. Messung gleich: Es liegt ein Schaden an den Ventilsitzen, Ventilführungen bzw. an der Zylinderkopfdichtung oder am Zylinderkopf vor.

Was besagt ein gleichmäßig niederer Kompressionsdruck aller Zylinder?

Es liegt ein gleichmäßiger Verschleiß des gesamten Motors vor.

Wie erfolgt der Anschluß des Kompressionsdruckprüfers an den Verbrennungsraum?

1. **Ottomotor:** mit Gummikonus. Der Kompressionsdruckprüfer wird gegen die Zündkerzenbohrung gedrückt und dichtet dabei nach außen ab.
2. **Dieselmotor:** Mit Adapter. Der Kompressionsdruckprüfer wird in die offene Glühkerzenbohrung oder die Einspritzdüsenbohrung eingeschraubt, da hier wesentlich höhere Drücke vorhanden sind.
3. **Kreiskolbenmotor:** Hier erfolgen bei jeder Läuferumdrehung drei Kompressionshübe. Ein Steuerventil überträgt die drei Kompressionsvorgänge auf drei voneinander unabhängige Schreibsysteme.

Welche Aufgabe hat der Druckverlusttest?

Mit dem Druckverlusttest werden Undichtheiten im Verbrennungsraum untersucht.

Wie wird der Druckverlusttest durchgeführt?

Der Kolben des betreffenden Zylinders muß genau in OT im Verdichtungstakt stehen, d. h. bei geschlossenen Einlaß- und Auslaßventilen. Dann wird der Verbrennungsraum mit Druckluft von 5 ... 15 bar gefüllt. Als Maß für die Dichtheit des Verbrennungsraums wird der Druckabfall innerhalb eines festgelegten Zeitraums gemessen und auf dem Manometer in Prozentwerten des Ausgangsdrucks angegeben. Der Druckverlust darf max. 25 % betragen, der Unterschied zwischen den einzelnen Zylindern max. 10 %.

Wie kann die Fehlerquelle bei größeren Undichtheiten festgestellt werden?

Am Geräusch der ausströmenden Luft.

Welche Ursache haben Blasgeräusche im Luftfilter?

Das Einlaßventil ist undicht.

Welche Ursache haben Blasgeräusche im Auspuff?

Das Auslaßventil ist undicht.

Welche Ursache haben Blasgeräusche im Öleinfüllstutzen?
Der Kolben oder die Kolbenringe sind defekt oder abgenützt.

Welche Ursache haben aufsteigende Luftblasen im Kühlwasser?
Die Zylinderkopfdichtung ist durchgebrannt, der Zylinderkopf oder der Motorblock ist gerissen.

Welche Ursache haben Blasgeräusche aus der nebenliegenden Zündkerzenbohrung?
Die Zylinderkopfichtung ist zwischen den beiden Zylindern durchgebrannt.

Worauf beruht der Ansaugunterdrucktest?
Der Unterdruck im Ansaugrohr des Ottomotors ist von der Stellung der Drosselklappe im Vergaser und von der Motordrehzahl abhängig. Sind Motor, Zündung, Vergaser und Auspuffanlage in Ordnung, ergibt die Drosselklappenstellung in Verbindung mit der Motordrehzahl einen bestimmten, vom Hersteller angegebenen Unterdruck. Ist zum Erreichen der gleichen Drehzahl eine größere Öffnung der Drosselklappe erforderlich, wird der Unterdruck geringer. Der Zusammenhang zwischen dem Unterdruck im Ansaugrohr und der Motordrehzahl bildet die Grundlage dieses Testverfahrens zur Ermittlung der Dichtheit und des Verschleißgrades des Verbrennungsraumes.

Welche Ursachen können bei Abweichungen vom vorgeschriebenen Unterdruck vorliegen?
1. Schlechter mechanischer Zustand des Motors
2. Fehler in der Zündanlage
3. Fehler im Vergaser

Wo wird das Testgerät angeschlossen?
Das Testgerät wird an die Saugleitung des Motors unterhalb der Drosselklappe angeschlossen, da in diesem Bereich die Luftströmung wieder gleichmäßig ist. Der Unterdruckanschluß des Zündverteilers kann hierfür nicht verwendet werden, da die Anschlußstelle nicht entsprechend weit unterhalb der Drosselklappe liegt.

Worauf beruht der Zylindervergleich durch Auspendeln des Motors?
Die Zündung wird bei laufendem Motor an einzelnen Zylindern kurzgeschlossen. Der kurzgeschlossene Zylinder bremst durch seine Kompression die arbeitenden Zylinder ab. Motordrehzahl und Unterdruck sinken. Diese Werte werden gemessen.

Was bedeutet ein hoher Drehzahlabfall beim Test?
Der Leistungsanteil dieses kurzgeschlossenen Zylinders ist sehr groß, da ein dichter Verbrennungsraum beim Abschalten eine hohe Belastung für die arbeitenden Zylinder ergibt.

9.7 Prüfung des Kühlsystems

Mit welchen Geräten kann das Kühlsystem auf Dichtheit überprüft werden?
1. Druckprüfgerät
2. CO_2–Prüfgerät

Wie wird das Druckprüfgerät angewendet?
Das Druckprüfgerät wird anstelle des Verschlußdeckels auf den Kühler oder den Ausgleichsbehälter aufgesetzt. Mit der Handpumpe erzeugt man im Kühlsystem einen Überdruck von 1,0 ... 1,5 bar und kontrolliert alle Kühlwasserschläuche, Heizungsschläuche, Schlauchverbindungen und Anschlußstutzen. Ebenso werden Wasserpumpe, Kühler und Wärmeaustauscher überprüft. Geht der Zeiger des Druckmanometers während der Prüfung nicht zurück, ist das Kühl- und Heizungssystem dicht.

Worauf ist vor Beginn der Druckprüfung zu achten?
1. Der Motor muß betriebswarm sein
2. Die Heizung muß auf warm gestellt sein

Wie kann der Kühlerverschlußdeckel überprüft werden?
Ebenfalls mit diesem Gerät. Der auf dem Kühlerverschlußdeckel angegebene Öffnungsdruck wird mit der Handpumpe des Druckprüfgeräts erzeugt und geprüft, ob das Übverdruckventil sich öffnet.

Welche Schäden können mit dem CO_2-Prüfgerät ermittelt werden?
1. Schadhafte Zylinderkopfdichtung
2. Schadhafte Dichtflächen
3. Risse im Zylinderkopf
4. Risse im Motorblock

Wie erfolgt die Prüfung mit dem CO_2-Prüfgerät?
Zur Überprüfung muß der Motor warmgefahren werden, dann wird die Kühlerverschraubung vorsichtig geöffnet, das Prüfgerät sofort auf den Einfüllstutzen aufgesetzt und die Luft über dem Kühlwasserspiegel durch mehrmaliges Betätigen des Gummiballs angesaugt. Sind in der angesaugten Luft kleinste Mengen von Verbrennungsgasen, d. h. CO_2 enthalten, färbt sich die im Tester eingefüllte blaue Reaktionsflüssigkeit in wenigen Sekunden gelb.

Weshalb können im Kühlsystem CO_2-Gase vorhanden sein?
Bei geringsten Undichtigkeiten werden CO_2-Gase vom Verbrennungsraum infolge des dort herrschenden Überdrucks in das Kühlsystem gedrückt und sammeln sich im Luftpolster über dem Kühlwasserspiegel an.

9.8 Prüfung der Kraftstoff- und Vergaseranlage

Welche Prüfungen können bei der Gemischaufbereitung durchgeführt werden?
1. Prüfung der Kraftstoff-Förderpumpe
2. Prüfung des Vergasers

Worauf wird die Kraftstoff-Förderpumpe geprüft?
1. Auf Leistung 2. Auf Druck 3. Auf Unterdruck

Wie wird der Förderdruck der Pumpe gemessen?
Mit einem Druckmanometer. Das Manometer wird über einen Dreiwegehahn an die Leitung zwischen Förderpumpe und Vergaser angeschlossen. Der Förderdruck soll 0,1 ... 0,3 bar betragen. Mit dem Manometer kann auch geprüft werden, ob die Kraftstoffpumpe oder das Schwimmernadelventil undicht ist.

Welchen Unterdruck soll die Förderpumpe erzeugen?
Der Unterdruck soll 0,2 ... 0,35 bar betragen.

Welche Prüfungen können am Vergaser durchgeführt werden?
1. Prüfung des Schwimmernadelventils auf Dichtheit
2. Prüfung des Kraftstoffniveaus
3. Prüfung der Einspritzmenge der Beschleunigungspumpe
4. Prüfung der Drosselklappenjustierung
5. Prüfung der Leerlaufgrundeinstellung
6. Prüfung der Synchronisation von Mehrvergaseranlagen

Wie wird das Schwimmernadelventil auf Dichtheit geprüft?
Mit dem Druckmanometer. Hierbei zeigt das Manometer bei laufendem Motor den Kraftstoffdruck an. Nun wird der Dreiwegehahn umgestellt, daß das Manometer mit dem Vergaser verbunden ist und der Motor abgestellt. Fällt der Druck rasch ab, ist das Schwimmernadelventil undicht.

Wie wird das Kraftstoffniveau im Schwimmergehäuse geprüft?
Das Kraftstoffniveau im Schwimmergehäuse, auch Kraftstoffspiegel oder Schwimmerstand genannt, ist vom Hersteller genau festgelegt. Es kann bei abgenommenem Vergaserdeckel mit einem Tiefenmaß, einer Schwimmereinstell-Lehre oder einem Prüfgerät gemessen werden.

Wie erfolgt die Korrektur des Schwimmerstandes?
1. Durch Biegen des Schwimmerarmes an der vorgeschriebenen Biegestelle
2. Durch Verändern der Dicke des Dichtringes am Schwimmernadelventil

Wie kann die Einspritzmenge der Beschleunigungspumpe geprüft werden?
Bei gefüllter Schwimmerkammer werden in 15 ... 25 Sekunden 10 Pumpenhübe durchgeführt und die eingespritzte Menge gemessen.

Wie kann die Einspritzmenge korrigiert werden?
1. Nachstellen der Mutter auf der Pumpenverbindungsstange
2. Biegen des Pumpenhebels mit Spezialbiegewerkzeug
3. Beilegen oder Wegnehmen von Unterlagscheiben
4. Verstellen der Einstellschraube für die Hubbegrenzung

Welche Aufgaben hat die Drosselklappenjustierung?
Sie dient bei den Vergasern mit Umluft- und Umgemisch-System der Einhaltung der vorgeschriebenen Abgaswerte. Durch die Grundeinstellung der Drosselklappe wird ein exaktes Ansprechen der Übergangsbohrungen und der Zündverstellung gewährleistet.

Wie wird die Drosselklappenjustierung durchgeführt?
Mit einem Spezialwerkzeug und einer Meßuhr wird die Drosselklappe exakt auf den vorgeschriebenen Wert eingestellt.

Wie erfolgt die Leerlaufgrundeinstellung des Vergasers?
Sie muß mit Drehzahlmesser und Abgastestgerät vorgenommen werden. Mit der Leerlaufgemisch-Regulierschraube wird der vorgeschriebene CO-Wert einreguliert und mit der Leerlaufeinstellschraube die Leerlaufdrehzahl. Bei Umluft- und Umgemischvergasern darf die Leerlaufdrehzahl nur noch an der Umluft- bzw. Umgemisch-Regulierschraube eingestellt werden. Es ist nicht zulässig, zur Erhöhung der Leerlaufdrehzahl die Drosselklappe etwas mehr zu öffnen.

Weshalb werden Mehrvergaseranlagen synchronisiert?
Damit in jedem Vergaser der Gemischdurchsatz über den gesamten Öffnungsbereich der Drosselklappen gleich ist. Dies bedeutet, daß die Drosselklappen aller Vergaser in jeder Stellung jeweils den gleichen Querschnitt im Lufttrichter freigeben.

Welche Geräte benötigt man zur Synchronisation von Mehrvergaseranlagen?
1. Synchrontester
2. Abgastester
3. Drehzahlmesser

Welche Arten von Synchrontestern unterscheidet man?
1. Strömungsmesser mit Vergleichsskala
2. Tester mit Luftdurchsatzmessung in kg/h
3. Unterdrucktester

9.9 Einspritzpumpen- und Einspritzdüsenprüfstand

Welche Aggregate können auf dem Einspritzpumpenprüfstand geprüft werden?

1. Reiheneinspritzpumpen
2. Verteilereinspritzpumpen
3. Kraftstoff-Förderpumpen
4. Einspritzpumpenregler
5. Spritzversteller

Welche Prüfarbeiten können auf dem Einspritzpumpenprüfstand durchgeführt werden?

1. Förderbeginnprüfung
2. Förderendeprüfung
3. Hochdruckprüfung
4. Fördermengenprüfung
5. Gleichföderungsprüfung (Pumpensynchronisation)
6. Startmengenmessung

Womit können Einspritzdüsen geprüft werden?
Mit dem Einspritzdüsenprüfstand.

Wie ist der Einspritzdüsenprüfstand aufgebaut?
Er besteht aus einer speziellen Einspritzpumpe für Handbetrieb und ist mit einem Manometer, einem Absperrventil und einem Prüfölbehälter mit Filter und Anschlußleitung zum Düsenhalter ausgerüstet.

Was kann mit dem Einspritzdüsenprüfstand geprüft werden?

1. Öffnungsdruck der Einspritzdüse
2. Strahlform des eingespritzten Kraftstoffs
3. Zerstäubung des eingespritzten Kraftstoffs
4. Dichtheit der Einspritzdüse
5. Schnarreigenschaft der Einspritzdüse

Wie erfolgt die Prüfung der Einspritzdüse?
Die eingebaute Einspritzdüse wird an die Druckleitung des Einspritzdüsenprüfstandes angeschlossen. Dann drückt man den Handpumpenhebel bei zugeschaltetem Manometer langsam nach unten und liest den Öffnungsdruck bei Spritzbeginn der Düse ab. Zur Dichtheitsprüfung wird mit dem Handpumpenhebel ein Druck hergestellt, der etwa 20 bar unterhalb des Düsenöffnungsdrucks liegt. Die Einspritzdüse ist dicht, wenn die Düse innerhalb von 10 Sekunden nicht tropft. Zur Schnarrprüfung wird der Handpumpenhebel langsam betätigt. Während des Einspritzvorganges muß ein deutlich hörbares Schnarrgeräusch auftreten.

9.10 Abgastestgeräte

Womit kann die Abgaszusammensetzung ermittelt werden?

1. CO-Abgastest	3. NO_x-Abgastest
2. HC-Abgastest	4. Abgastrübung durch Ruß beim Dieselmotor

Wie groß ist der zulässige CO-Gehalt der Abgase?
Maximal 4,5 Volumen % im Leerlauf.

Nennen Sie die Verfahren zur Messung des CO-Gehalt der Abgase!
1. Wärmeleitverfahren
2. Wärmetönungsverfahren
3. Infrarotverfahren

Wie ist die Wirkungsweise des CO-Abgastests nach dem Wärmeleitverfahren?
Die Abgase durchströmen eine Meßkammer, in der sich ein elektrisch beheizter Platindraht befindet. Das Abgas entzieht je nach seiner Wärmeleitfähigkeit dem beheizten Platindraht Wärme. Die Wärmeleitfähigkeit ist bei niederer CO-Konzentration gering und steigt mit zunehmendem CO-Gehalt. In einer von Luft durchströmten Vergleichskammer befindet sich ebenfalls ein beheizter Platindraht. Die durch den Temperaturunterschied der beiden Platindrähte bedingte Widerstandsänderung wird vom Meßgerät in CO-Volumen % angezeigt.

Wie ist die Wirkungsweise des Wärmetönungsverfahrens?
Bei diesem Verfahren werden alle unverbrannten, jedoch noch brennbaren Abgasbestandteile zusammen mit Luft an einem beheizten Platindraht katalytisch nachverbrannt. Die Verbrennungswärme erhöht die Temperatur und dadurch auch den elektrischen Widerstand des Platindrahtes. Diese Erhöhung des elektrischen Widerstandes ist ein Maß für die Konzentration der verbrannten Abgase.

Wie ist die Wirkungsweise des Infrarotverfahrens?
Das Meßprinzip dieses Verfahrens beruht auf der Eigenschaft von Gasen, Infrarotstrahlen zu absorbieren. Die von zwei Infrarot-Strahlern ausgesandte Strahlung gelangt durch verschiedene Kammern zum Empfänger. Die Abgase strömen durch eine Analysenkammer und absorbieren hierbei Infrarotstrahlung. Die Vergleichskammer ist mit einem neutralen Gas gefüllt, das keine Infrarotstrahlen absorbiert. Der Unterschied der Infrarotabsorption in den beiden Meßkammern wird im Empfänger elektronisch gemessen und auf dem Anzeigegerät in CO-Volumen % angezeigt. Infrarottester arbeiten sehr genau.

Wie kann die Konzentration der Kohlenwasserstoffe im Abgas ermittelt werden?
1. Infrarot-Absorptionsanalyse
2. Flammenionisations-Verfahren

Welche Stickstoffverbindungen sind im Abgas enthalten?
1. Stickstoffmonoxid NO
2. Stickstoffdioxid NO_2

Da in den Motorabgasen beide Stickoxide enthalten sind, nennt man sie zusammen auch NO_x.

Nach welchen Verfahren kann der NO_x-Gehalt im Abgas bestimmt werden?
1. Infrarot-Absorptionsanalyse
2. Chemilumineszenz-Gasanalyse

Welcher Abgasbestandteil ist bei Dieselmotoren unerwünscht?
Ruß. Diese Rußemission kann das Motorabgas derart schwarz färben, daß eine Sichtbehinderung im Straßenverkehr eintreten kann.

Bei welcher Rußmenge ist eine Abgastrübung bereits mit dem Auge erkennbar?
Bei mehr als 0,15 g/m^3 Ruß im Abgas.

Wie wird die Höhe der Abgastrübung festgestellt?
Durch Lichtabsorption.

Nennen Sie die beiden Arten der Lichtabsorption!
1. Durchleuchtmethode
2. Filtermethode

Wie ist die Wirkungsweise der Durchleuchtmethode?
Bei der Durchleuchtmethode werden die Abgase durch ein Meßrohr geleitet, welches mit sichtbarem Licht durchleuchtet wird. Am anderen Ende des Meßrohrs ist eine Fotozelle eingebaut. Die auf die Fotozelle auftreffenden Lichtstrahlen erzeugen einen elektrischen Strom. Dieser ist ein Maß für die Abgastrübung.

Wie arbeitet die Filtermethode?
Bei der Filtermethode wird eine bestimmte Abgasmenge mit einer Pumpe durch ein Filterpapier gesaugt. Das geschwärzte Filterpapier wird anschließend in einem Gerät von einer Lampe angestrahlt, wobei ein Teil des Lichtes reflektiert wird und auf eine Fotozelle auftrifft. Dort entsteht ein elektrischer Strom, der gemessen wird. Auf der Skala dieses Meßgerätes sind die Schwärzungszahlen aufgetragen. Mit der Filtermethode können nur stichprobenartige Messungen durchgeführt werden.

9.11 Abgastest

Wozu dient der Abgastest?
Zur Ermittlung der Schadstoffemission von Kraftfahrzeugen.

Wie wird der Abgastest durchgeführt?
Der Abgastest wird auf einem Leistungsprüfstand nach einem vorgegebenen Fahrprogramm mit dem jeweiligen Kraftfahrzeug durchgeführt.

Wie werden die Abgasbestandteile ermittelt?
Die während des Testablaufs emittierten Schadstoffmengen werden gesammelt und genau bestimmt.

Wie ist der Leistungsprüfstand ausgelegt?
Die Bremsleistung des Leistungsprüfstandes entspricht den beim Fahrbetrieb auftretenden Fahrwiderständen.

Welche Abgastests unterscheidet man?

1. Europa-Test
2. Us-Federal-Test
3. 50 000-Meilen-Dauertest
4. Diesel-Abgastest

Worin unterscheiden sich die verschiedenen Verfahren?

1. Im Fahrzyklus
2. In der Abgassammelanlage
3. In der Analysenanlage
4. In den zulässigen Grenzwerten

Wie ist der Europa-Test aufgebaut?
Der Europa-Test, auch ECE-Test (**E**conomic **C**ommission for **E**urope = Europäische Wirtschaftskommission) genannt, wird in allen EG-Staaten verwendet. Ihm liegt eine durchschnittliche Stadtfahrt in einer europäischen Großstadt zugrunde. Er dauert 195 Sekunden und muß zur Abgasprüfung viermal durchfahren werden. Die mittlere Geschwindigkeit beträgt 18,7 km/h, die maximale Geschwindigkeit 50,0 km/h.
Die gesamten Abgase des Tests werden in einem Sammelbehälter aufgefangen und nach Testende untersucht. Die Abgase dürfen die vorgeschriebenen Gewichtsmengen von CO, HC und NO_x jeweils in Gramm pro Test nicht überschreiten. Die Grenzwerte steigen mit größer werdendem Fahrzeuggewicht an.

Wo wird der US-Federal-Test verwendet?

1. USA
2. Kanada
3. Australien
4. Schweden

Wie wird der US-Federal-Test auch noch genannt?
CVS-Test (**C**onstant **V**olume **S**ampling)

Wie ist das Testprogramm des US-Federal-Tests?
Der Test dauert zuerst 1 372 Sekunden, dann wird der Motor 10 Minuten abgeschaltet und anschließend 505 Sekunden wieder gefahren. Die Teststrecke beträgt 11,09 Meilen, die mittlere Geschwindigkeit 34,1 km/h, die maximale Geschwindigkeit 91,2 km/h. Die Abgase werden mit gefilterter Umgebungsluft verdünnt. Die Abgase dürfen die vorgeschriebenen Gewichtsmengen von CO, CO_2, HC und NO_x jeweils in Gramm pro Meile nicht überschreiten. Auch die vor, während und nach dem Test auftretenden Verdampfungsverluste aus Ansaugrohr, Vergaser und Kraftstoffbehälter sind als Grenzwerte vorgeschrieben.

Für welche Fahrzeuge ist der 50 000-Meilen-Dauertest vorgeschrieben?
Alle in die USA importierten Kraftfahrzeuge müssen diesen Dauertest zur Typzulassung bestehen.

Wie kann der 50 000-Meilen-Dauertest durchgeführt werden?
1. Auf einem 3,7 Meilen langen Rundkurs
2. Auf einem Leistungsprüfstand.

Welche Vorschriften bestehen für diesen Dauertest?
1. Die Zusammensetzung der Abgase am Testende darf sich gegenüber der am Testbeginn nur innerhalb genau festgelegter Grenzen verändert haben
2. Außer den normalen Wartungsarbeiten dürfen während des gesamten Dauertests keine Veränderungen oder Einstellarbeiten am Motor vorgenommen werden

Wie lange dauert der 50 000-Meilen-Dauertest?
Die Gesamtdauer beträgt 2 ... 3 Monate.

Wie wird der Diesel-Abgastest in Europa durchgeführt?
Er besteht aus einer Rauchgasprüfung. Für die Rußemission sind Grenzwerte festgelegt. Für die CO-, HC- und NO_x-Werte sollen noch Grenzwerte in Abhängigkeit vom Fahrzeuggewicht festgelegt werden. Für die Schweiz und für Schweden gelten Sonderregelungen.

Wie erfolgt der Diesel-Abgastest in USA?
In USA findet ebenfalls eine Rauchgasprüfung für Dieselmotoren statt. Zusätzlich erfolgt noch ein besonderes Prüfstandsverfahren zur Ermittlung des HC-, CO- und NO_x-Gehaltes der Abgase. Hierfür sind jeweils unterschiedliche Grenzwerte für Diesel-Pkw und Diesel-Lkw festgelegt.

9.12 Verbrauchstest

Wie wird der Kraftstoffnormverbrauch ermittelt?
Der Kraftstoffnormverbrauch nach DIN 70 030-1 wird nach der ECE-Meßmethode ermittelt. Hierzu wird das Fahrzeug auf einem Leistungsprüfstand entsprechend den Fahranweisungen gefahren und abgebremst. Die Gesamtfahrwiderstände werden durch Schwungmassen und entsprechendes Abbremsen der Rollen ersetzt.

Bei welchen Betriebszuständen werden die Verbrauchswerte gemessen?
1. Fahrzyklus im Stadtverkehr (Stadtzyklus)
2. Fahrt bei konstant 90 km/h
3. Fahrt bei konstant 120 km/h

Aus welchen Abschnitten setzt sich der Stadtzyklus zusammen?
1. Leerlauf
2. Beschleunigung
3. Schalten
4. Konstantfahrt
5. Verzögerung

Welche Geschwindigkeiten werden beim Stadtzyklus gefahren?
Nach dem Fahrprogramm werden Geschwindigkeiten von 10, 15, 32, 35 und 50 km/h gefahren.

Wie groß ist die mittlere und die maximale Geschwindigkeit?
Die mittlere Geschwindigkeit beträgt 18,7 km/h,
die maximale Geschwindigkeit 50 km/h.

Wie groß ist der zeitliche Anteil der Leerlauf-Phasen?
Die Leerlauf-Phasen betragen zusammen 31 %.

Welche Vorschriften bestehen für die Schaltpunkte der einzelnen Gänge?
Die Schaltpunkte, d. h. die Geschwindigkeiten, bei denen vom ersten in den zweiten Gang und vom zweiten in den dritten Gang geschaltet wird, sind für das Schaltgetriebe genau vorgeschrieben, unabhängig von der Zahl der Getriebegänge. Weitere Gänge dürfen nicht benützt werden.

In welcher Fahrstufe werden Fahrzeuge mit Automatik-Getriebe gefahren?
In der Stufe „D“.

Wie erfolgt die Messung des Verbrauchs bei konstanter Geschwindigkeit?
Die Messung des Verbrauchs bei konstanter Geschwindigkeit von 90 km/h bzw. 120 km/h erfolgt ebenfalls auf dem Leisungsprüfstand, wobei im direkten Gang bzw. in Fahrstufe „D“ gefahren wird.

9.15 Bremseninstandsetzungsmaschinen

Welche Maschinen werden für die Instandsetzung der Bremsanlage verwendet?
1. Bremstrommel- und Bremsscheiben-Drehmaschine
2. Bremsbelag-Runddrehmaschine
3. Bremsbelag-Radius-Schleifmaschine

Weshalb müssen Bremstrommeln und Bremsscheiben überdreht werden?
An Bremstrommeln und Bremsscheiben treten Verschleißerscheinungen und Schäden wie Korrosion, Riefen, Risse, Höhen- und Seitenschlag auf.

Weshalb werden Bremstrommeln unrund?
Bremstrommeln werden meist durch Überhitzung der Bremsanlage und Verziehen der Trommel unrund. Dies ist bei langsamer gebremster Fahrt am Bremspedal deutlich spürbar.

Was muß beim Ausdrehen der Bremstrommel beachtet werden?
Bremstrommeln können je nach Höhe des Verschleißes bzw. der Beschädigung bis zum zulässigen Ausdrehmaß ausgedreht werden.

Was geschieht, wenn dieses zulässige Ausdrehmaß überschritten wird?
Es können unzulässige Verformungen der Bremstrommel, Risse und Brüche auftreten. Infolge Schwächung der Bremstrommelwandung kann sich die Trommel noch stärker ausdehnen. Dies bewirkt ein größeres Bremsfading mit eventuellem Totalausfall der Bremsanlage. Außerdem sind keine Bremsbelag-Übergrößen für diesen Durchmesser lieferbar.

Wie werden Bremsscheiben überdreht?
Auf der Bremsscheiben-Drehmaschine können je nach Ausführung beide Bremsscheibenseiten mit zwei Drehmeißeln gleichzeitig bearbeitet werden.

Wieviel mm können an der Bremsscheibe abgedreht werden?
Je nach Bremsscheibe 0,5 ... 1,0 mm. Es darf jedoch keinesfalls die vom Hersteller vorgeschriebene Mindestscheibendicke unterschritten werden.

Weshalb werden neue Bremsbeläge überdreht oder überschliffen?
Werden Bremstrommeln ausgedreht, sind für den neuen Bremstrommeldurchmesser häufig Bremsbelag-Übergrößen erforderlich. Das Anpassen dieser Übergrößen an den Trommeldurchmesser erfolgt durch Überdrehen oder Überschleifen der Bremsbeläge.

9.16 Achsmeßgeräte

Wann sollte eine Achsvermessung durchgeführt werden?
1. Nach Unfallreparaturen
2. Nach Instandsetzungsarbeiten an der Vorderachse und an der Hinterachsaufhängung
3. Bei abnormalem Reifenverschleiß
4. Bei Inspektionen

Was ergibt die Vorderachsvermessung?
1. Spur der Vorderräder
2. Spur des linken und rechten Rades zur Mittelstellung der Lenkung
3. Sturz der Vorderräder
4. Nachlauf der Vorderräder
5. Spurdifferenzwinkel bei einem Radeinschlag von 20 °

Was ergibt die Hinterachsvermessung?
1. Spur der Hinterräder zueinander
2. Spur des linken und rechten Rades zur Fahrzeuglängsachse
3. Sturz der Hinterräder
4. Messung der Achsparallelität

Welche Achsmeßgeräte unterscheidet man?
1. Mechanische Achsmeßgeräte
2. Optisch-mechanische Achsmeßgeräte
3. Optische Achsmeßgeräte
4. Elektronisch-mechanische Achsmeßgeräte
5. Laserstrahl-Achsmeßgeräte

Was kann mit den mechanischen Achsmeßgeräten gemessen werden?
1. Spur
2. Sturz
3. Nachlauf
4. Spurdifferenzwinkel

Welche mechanischen Spurmeßgeräte unterscheidet man?
1. Spurmeßstange als Innenmeßgerät
2. Spurmeßstange als Außenmeßgerät
3. Achsmeßbrücke, auch Prüfbrücke genannt

Welche mechanischen Sturzmeßgeräte unterscheidet man?
1. Winkelmeßgeräte
2. Wasserwaagen-Meßgeräte

Wie wird die mechanische Nachlauf-Vermessung durchgeführt?
Die Nachlauf-Vermessung erfolgt im Anschluß an die Sturzvermessung. Jedes Rad wird zunächst 20° nach innen und dann 20° nach außen eingeschlagen und jeweils der Meßwert abgelesen. Die Differenz der beiden Werte ist der Nachlauf.

Womit erfolgt die mechanische Spurdifferenzwinkel-Messung?
1. Winkelmeßgeräte
2. Meßgeräte mit Drehplatten

Wie ist die Wirkungsweise des Winkelmeßgeräts?
Der Meßschenkel des Meßgeräts wird wie bei der Spurmessung an die Felge angelegt. Nun wird ein Rad um 20° nach innen eingeschlagen und der Winkel des anderen kurvenäußeren Rades abgelesen. Der Spurdifferenzwinkel ergibt sich aus der Differenz des gemessenen äußeren Spurwinkels und des inneren Spurwinkels von 20°. In gleicher Weise wird das andere Rad vermessen.

Wie arbeitet man mit dem Meßgerät mit Drehplatten?
Die beiden Vorderräder stehen auf drehbaren Platten mit Winkelskalen. Der Spurdifferenzwinkel kann beim Einschlag des einen Rades um 20° an der Drehplatte des anderen Rades abgelesen werden.

Wie sind optisch-mechanische Achsmeßgeräte aufgebaut?
Diese Achsmeßgeräte werden wegen der nachfolgenden Einstellarbeiten meist mit einer Hebebühne oder Montagegrube zusammen verwendet. Die Projektoren des Meßgeräts werden an den Vorderrädern befestigt und rechtwinklig zur Radachse zentriert. An der Hinterachse sind Reflektoren angebracht.

Wie erfolgt die Spurmessung der Vorderachse?
Soll die Gesamtspur des Fahrzeugs ermittelt werden, liest man bei geradeaus gestellten Rädern die einzelnen Spurwerte an der jeweiligen Projektorskala ab und addiert diese Werte.

Wie wird der Spurdifferenzwinkel gemessen?
Dieser wird meist mechanisch mit Drehplatten ermittelt, auf denen die Vorderräder während der gesamten Achsvermessung stehen.

Wie erfolgt die Sturzmessung?
Der Sturz wird meist mechanisch mit einem Wasserwaagen-Meßgerät ermittelt. Das Meßgerät ist häufig in den Projektor eingebaut. Mit einem Drehknopf wird die Wasserwaage ausgerichtet. Die Abweichung von der Nullmarkierung ist der Sturz.

Wie wird der Nachlauf ermittelt?
Meist mechanisch mit einem Wasserwaagen-Meßgerät. Das Meßgerät ist in dem Projektor eingebaut. Zur Ermittlung des Nachlaufs wird jedes Rad zunächst 20° nach innen und dann 20° nach außen eingeschlagen und jeweils die Sturzwerte abgelesen. Die Differenz der beiden Sturzwerte ist der Nachlauf.

Wie wird die Spreizung gemessen?
Mit einem Spreizungsprüfer. Dieser wird am Vorderrad anstelle des Projektors befestigt.

Wie erfolgt die Spurmessung der Hinterachse?
Zuerst muß das Vorderrad so geschwenkt werden, daß der Lichtstrahl parallel zur Fahrzeuglängsachse steht. Dann richtet man den Lichtstrahl des Projektors so auf den Spiegel des Hinterachsreflektors, daß der Lichtstrahl auf die Skala am Projektor zurückgespiegelt wird. Der reflektierte Strahl zeigt auf der Projektorskala den Wert der Spur des betreffenden Hinterrades an. Zur Ermittlung der Spurwerte in Winkelminuten ist noch der Radstand des Fahrzeugs zu berücksichtigen. Diese Werte können einer Tabelle entnommen werden.

Welche Vorteile haben optische Achsmeßgeräte?
1. Alle Meßwerte können direkt abgelesen werden
2. Während der Einstellarbeiten können die geänderten Meßwerte abgelesen werden
3. Hohe Meßgenauigkeit (± 5 Winkelminuten)

Wie sind optische Achsmeßgeräte aufgebaut?
Das optische System besteht aus dem Meßprojektor mit Bildwand und dem Radspiegel. Die Vorderräder des Fahrzeugs stehen während des gesamten Meßvorgangs auf zwei Drehplatten, die Hinterräder auf verschiebbaren Rollenplatten. Dadurch läßt sich das Fahrzeug rechtwinklig zur optischen Mittelachse ausrichten.

Wie erfolgt die optische Achsvermessung?
An den Vorderrädern werden dreiteilige Radspiegel befestigt, an den Hinterrädern einteilige Radspiegel. Beim dreiteiligen Radspiegel sind die beiden äußeren Spiegel zum Mittelspiegel um 20° abgewinkelt. Alle Radspiegel werden auf ihren Felgen genau zentriert.

Wie sind die Meßprojektoren aufgebaut?
Alle Meßprojektoren haben an ihrer Vorderseite eine Bildwand mit eingraviertem Fadenkreuz, in dessen Mitte das Objektiv befestigt ist. Der Projektor projiziert durch dieses Objektiv ein Skalendia auf den Radspiegel.

Wie können die einzelnen Meßwerte abgelesen werden?
Die vom Objektiv ausgestrahlte Meßskala wird vom Radspiegel auf die Bildwand des Projektors zurückgeworfen. Das eingravierte Fadenkreuz auf der Bildwand zeigt zusammen mit der projizierten Meßskala die augenblickliche Radstellung an.

Wo wird die Spur beim optischen Achsmeßgerät abgelesen?
Die Spur wird auf der projizierten waagrechten Spurskala dort abgelesen, wo die senkrechte Fadenkreuzlinie der Bildwand die Spurskala schneidet. Zur Ermittlung der Gesamtspur der Vorderräder wird ein Rad auf Null gestellt und an der Meßskala des anderen Rades die Gesamtspur abgelesen. Zur Ermittlung der Einzelspur der Vorderräder wird die Lenkung auf Mittelstellung gebracht und auf der jeweiligen Spurskala die Einzelspur links und rechts abgelesen. Die Einzelspur der Hinterräder wird genauso auf den Spurskalen der hinteren Meßprojektoren abgelesen.

Wo wird der Sturz beim optischen Achsmeßgerät abgelesen?
Der Sturz wird auf der projizierten senkrechten Sturzskala dort abgelesen, wo die waagerechte Fadenkreuzlinie der Bildwand die Sturzskala schneidet. Zuerst wird das linke Vorderrad auf Spur null gestellt und in dieser Stellung der Sturz in der senkrechten Sturzskala abgelesen. In gleicher Weise erfolgt das Vermessen des rechten Vorderrades. Der Sturz der beiden Hinterräder kann direkt auf den Sturzskalen der hinteren Meßprojektoren abgelesen werden.

Wo wird der Nachlauf beim optischen Achsmeßgerät abgelesen?
Der Nachlauf wird bei 20° Lenkeinschlag auf der senkrechten Nachlaufskala dort abgelesen, wo sie den eingestellten Zeiger schneidet.

Wo wird der Spurdifferenzwinkel beim optischen Achsmeßgerät abgelesen?
Der Spurdifferenzwinkel wird bei 20° Lenkeinschlag wie die Spur abgelesen. Das linke Vorderrad wird um 20° nach links eingeschlagen, bis sich die Senkrechte des Fadenkreuzes der linken Bildwand mit der Spur null deckt. Dann wird auf der Spurskala der rechten Bildwand der Spurdifferenzwinkel des rechten Vorderrades abgelesen.

Welche Folgen hat Gelenkspiel beim Vermessen?
Gelenkspiel verfälscht das Meßergebnis.

Wie läßt sich das Gelenkspiel während des Meßvorgangs beseitigen?
Durch Verwendung eines Räderspanners, auch Räderdrücker genannt. Dieser drückt die Vorderräder auseinander und beseitigt so ein vorhandenes Gelenkspiel.

Wo werden elektronisch-mechanische Achsmeßgeräte eingebaut?
Diese sind meist mit einer Hebebühne kombiniert, damit nach der Vermessung sofort die erforderlichen Einstellarbeiten am Fahrzeug durchgeführt werden können.

Welche Vorteile haben elektronisch-mechanische Achsmeßgeräte?
Folgende Werte werden automatisch ermittelt:

1. Spur der Einzelräder in mm und Winkelgraden
2. Sturz
3. Nachlauf
4. Spurdifferenzwinkel
5. Nullstellung der Lenkung
6. Längssymmetrieachse des Fahrzeugs

Wie arbeiten elektronisch-mechanische Achsmeßgeräte?
An den Rädern werden einstellbare Meßscheiben befestigt, die mit Meßuhren rechtwinklig zur Radachse ausgerichtet werden. Zur Messung der Radstellung von Spur, Sturz und Nachlauf werden die Meßscheiben durch Meßköpfe mit einem Dreipunkt-Tastsystem abgetastet. Die Meßköpfe teilen die horizontale und vertikale Neigung aller Räder der dazugehörenden Elektronik mit. Diese wertet die Signale aus und zeigt die gewünschten Meßwerte direkt an.

Wie werden Nachlauf und Spurdifferenzwinkel gemessen?
Nachlauf und Spurdifferenzwinkel der Vorderräder werden durch entsprechenden Einschlag der Vorderräder nach beiden Seiten gemessen. Die Meßwerte können direkt abgelesen werden.

Für welche Fahrzeuge eignen sich Laserstrahl-Achsmeßgeräte?
Für die Achsvermessung von Schwerlastfahrzeugen, Spezialfahrzeugen, Sattelkraftfahrzeugen, Gelenkbussen, Tiefladern und kompletten Lastzügen. Diese Fahrzeuge können mit den üblichen Achsmeßgeräten nicht vermessen werden.

Wie erfolgt die Vermessung mit dem Laserstrahl-Achsmeßgerät?
Bei Fahrzeugen mit Rahmen werden zwei selbstzentrierende Meßlineale als Rahmenlehre in den Rahmen vorn und hinten eingehängt. Bei Fahrzeugen mit geschlossenem Kastenprofil verwendet man Magnete. Die beiden Rahmenlehren zeigen die Mitte des Rahmens an, ihre Verbindungslinie ist die Fahrzeuglängsachse. Der Laser-Projektor wird an den Rädern des Fahrzeugs so montiert, daß der Lichtstrahl parallel zur Laufrichtung des Rades verläuft. Stimmen die Skalenwerte des Laserstrahls auf der vorderen und hinteren Meßskala überein, läuft das Rad parallel zur Fahrzeuglängsachse.

9.17 Rahmenprüfgeräte und Karosserierichtanlagen

Wann muß der Rahmen oder die Bodengruppe überprüft werden?
1. Bei Durchführung schwerer Unfallreparaturen
2. Bei Verdacht auf Rahmenverzug

Welche Rahmenprüfgeräte können verwendet werden?
1. Karosseriemeßschieber
2. Selbstzentrierende Meßlehre
3. Rahmenlehre

Wie arbeitet man mit dem Karosseriemeßschieber?
Mit dem Karosseriemeßschieber, auch Meßlineal oder Meßschiene genannt, kontrolliert man die Maße am Fahrzeug mit den Angaben des Herstellers. Die Meßarbeit ist einfach durchzuführen, jedoch läßt sich eine Verdrehung der Bodengruppe nicht feststellen. Auch ein Höhenversatz der Meßpunkte läßt sich nur schwer ermitteln.

Wie läßt sich ein Fahrzeug mit selbstzentrierenden Meßlehren vermessen?
Diese Meßlehren können in der Länge verstellt werden. Der Visierstift bleibt beim Verstellen immer in der Mitte der Lehre. Zur Vermessung verwendet man drei Lehren, die in serienmäßig vorhandenen Bohrlöchern oder sonstigen Bezugspunkten vorn, in der Mitte und hinten am Fahrzeug eingehängt werden. Ist die Bodengruppe verzogen, läßt sich dies beim Durchvisieren leicht feststellen. Abweichungen vom Originalzustand können jedoch nicht in Millimeter gemessen werden. Die Lehren müssen während den Richtarbeiten ausgebaut sein, um Beschädigungen zu vermeiden.

Wie ist die Rahmenlehre aufgebaut?
Die Rahmenlehre, auch Prüf- oder Schweißlehre genannt, ist eine Prüfvorrichtung, die jeweils nur für einen bestimmten Fahrzeugtyp verwendet werden kann. Sie besteht aus einer stabilen Stahlrohrkonstruktion mit entsprechenden Bezugspunkten. Teilweise müssen vor Einbau der Lehre verschiedene Aggregate ausgebaut werden. Dann kann sie an den Bezugspunkten festgeschraubt und die Bodengruppe auf Verzug kontrolliert werden. Müssen Richtarbeiten durchgeführt werden, ist die Lehre vorher auszubauen.

Wozu verwendet man die Motorrad-Rahmenlehre?
Die Motorrad-Rahmenlehre ermöglicht das Überprüfen von Motorradrahmen auf Verzug. Hierzu ist es nicht erforderlich, den Rahmen freizulegen. Die Meßwerte für den jeweiligen Fahrzeugtyp können einem Datenblatt entnommen werden.

Wann verwendet man Karosserierichtanlagen?
1. Für die Rahmeninstandsetzung unfallbeschädigter Fahrzeuge
2. Für schwierige Karosserierichtarbeiten

Welche Karosserierichtanlagen unterscheidet man?
1. Richtstand
2. Richtbank
3. Richthebebühne

Wie ist der Richtstand gebaut?
Beim Richtstand werden Stahlrahmen in den Werkstattboden ebenerdig einbetoniert oder auf dem Boden aufgesetzt. Das beschädigte Fahrzeug wird mit besonderen Halterungen und Ketten auf dem Stahlrahmen festgespannt. Die hydraulischen Richtwerkzeuge werden ebenfalls am Stahlrahmen befestigt. Mit ihnen können Zug- und Druckkräfte auf die Karosserie ausgeübt werden. Für die Instandsetzung von Lkw- und Anhängerrahmen verwendet man stark dimensionierte einbetonierte Stahlrahmen. Ein Fahrerhausrichtsatz ermöglicht das Instandsetzen von Lkw-Fahrerhäusern.

Wie ist die Richtbank aufgebaut?
Die Richtbank ist aus einem starken, geschweißten Stahlprofilrahmen hergestellt und auf Rädern montiert oder stationär angeordnet.

Welche Arten von Richtbänken unterscheidet man?
1. Richtbank mit Richtwinkelsatz
2. Richtbank ohne Richtwinkelsatz
3. Richtbank für Motorradrahmen.

Wie ist die Richtbank mit Richtwinkelsatz gebaut?
Sie ist auf der Oberseite des Profilrahmens plangeschliffen und mit exakt gebohrten Löchern versehen. Dort werden die nach Fabrikat und Typ unterschiedlichen Richtwinkelsätze montiert. Grundrahmen und Richtwinkelsatz sind so stabil ausgeführt, daß das Fahrzeug während der gesamten Richt- und Schweißarbeiten aufgebaut bleiben kann.

Wie arbeitet man mit der Richtbank ohne Richtwinkelsatz?
Hier wird das Fahrzeug auf besonderen Verankerungen mit dem Rahmen der Richtbank verschraubt und mit hydraulischen Richtgeräten instandgesetzt. Zur Kontrolle dient eine Meßbrücke mit Meßspitzen.

Wie ist die Richthebebühne aufgebaut?
Sie entspricht in ihrem Aufbau der Richtbank mit Richtwinkelsatz. Durch die Hebebühne können die Instandsetzungsarbeiten in der jeweils günstigsten Arbeitshöhe durchgeführt werden.

9.18 Auswuchtmaschinen

Welche Aufgaben hat das Auswuchten von Bauteilen?
Die Massenverteilung des rotierenden Körpers soll so verbessert werden, daß die freien Fliehkräfte des umlaufenden Körpers die zulässige Toleranz nicht übersteigen.

Welche Folgen hat zu große Unwucht in Bauteilen?
1. Hohe dynamische Lagerdrücke mit entsprechendem Verschleiß der Lager
2. Ermüdungsbrüche an Aufhängungen und Gehäusen
3. Gewaltbrüche an umlaufenden Wellenteilen
4. Lösen von Schraubenverbindungen durch Erschütterungen
5. Fahrzeugschwingungen
6. Geräuschvoller Motorlauf

Welche Kraftfahrzeugteile werden ausgewuchtet?
1. Räder und Reifen
2. Kurbelwellen
3. Schwungräder
4. Kupplungen
5. Drehmomentwandler
6. Getriebeteile
7. Gelenkwellen
8. Generatoren
9. Starter

Was versteht man unter Unwucht?
Eine Unwucht entsteht durch ungleiche Massenverteilung bei drehenden Teilen.

Welche Arten von Unwucht unterscheidet man?
1. Statische Unwucht
2. Dynamische Unwucht

Erklären Sie die statische Unwucht!
Statische Unwucht tritt auf, wenn an der Stelle des Körpers ein Übergewicht vorhanden ist.
Zum Ausgleich einer statischen Unwucht muß lediglich der Unwuchtmasse gegenüberliegend eine entsprechend große Ausgleichsmasse am Körper angebracht werden. Zur Feststellung einer statischen Unwucht muß der Körper nicht in Drehung versetzt werden.

Was ist eine dynamische Unwucht?
Die dynamische Unwucht entsteht durch eine ungleiche Massenverteilung bezogen auf die senkrecht zur Drehachse stehende Mittelebene. Der Körper befindet sich im statischen Gleichgewicht, hat jedoch zwei um 180° versetzte Unwuchtmassen in verschiedenen Ebenen. Wird der Körper in Drehung versetzt, treten während des Umlaufs radiale Fliehkräfte auf.

Wodurch kann die vorhandene Unwucht beseitigt werden?
1. Durch Wuchtzentrieren
2. Durch Korrektur der Massenverteilung

Wie erfolgt das Wuchtzentrieren?
Hier wird die Bearbeitungsachse des Rohlings in die Hauptträgheitsachse (= Massenachse) gelegt und durch Anbringen von Zentrierbohrungen fixiert. Das Wuchtzentrieren wird vor allem bei Kurbelwellen in der Massenfertigung verwendet. Nach dem Wuchtzentrieren und dem Fertigbearbeiten erfolgt das Endauswuchten.

Wie kann man eine Korrektur der Massenverteilung erreichen?
1. Durch Entfernen von Unwuchtmasse (z. B. Bohren, Fräsen, Schleifen)
2. Durch Anbringen von Ausgleichsmasse (z. B. Gegengewichte)
3. Durch Massenverlagerung (z. B. Exzenterscheiben)

Weshalb müssen Räder ausgewuchtet werden?
Felgen und Reifen haben einen mehr oder weniger großen Höhen- und Seitenschlag, auch können unterschiedliche Materialdicken vorhanden sein. Dies erzeugt Unwucht.

Was bedeutet der rote Punkt bei Neureifen?
Neureifen werden an der der Schwerstelle des Reifens gegenüberliegenden Seite mit einem roten Punkt versehen. Dieser muß nach der Montage am Ventil sein. Dies soll einen gewissen Ausgleich für die Masse des Ventils ergeben.

Welche Radauswuchtmaschinen unterscheidet man?
1. Stationäre Radauswuchtmaschinen
2. Transportable Radauswuchtmaschinen

Wie erfolgt das Auswuchten auf der stationären Radauswuchtmaschine?
Sie ist in der Werkstatt fest montiert. Mit ihr werden die fertig montierten Räder ausgewuchtet.

Welche Arten von stationären Radauswuchtmaschinen unterscheidet man?
1. Wegmessende Radauswuchtmaschine
2. Kraftmessende Radauswuchtmaschine

Wie arbeitet die wegmessende Radauswuchtmaschine?
Federn halten die Antriebswelle im Gleichgewicht und ermöglichen ein Schwingen um das Pendellager. Die Größe des Anzeigeausschlages ist ein Maß für die Größe des erforderlichen Auswuchtgewichtes.

9.19 Stoßdämpferprüfung

Wie können Stoßdämpfer geprüft werden?
1. Kontrolle des Reifenprofils auf Auswaschungen
2. Probefahrt
3. Wippen des Fahrzeugaufbaus
4. Sichtkontrolle des Stoßdämpfers
5. Prüfen des ausgebauten Stoßdämpfers von Hand
6. Stoßdämpfertestgerät für eingebaute Stoßdämpfer
7. Stoßdämpferprüfmaschine für ausgebaute Stoßdämpfer

Wie erfolgt die Wippmethode?
Das Fahrzeug wird über einem Rad von Hand kräftig nach unten gedrückt und rasch losgelassen. Schwingt das Fahrzeug noch einige Male nach, ist der betreffende Stoßdämpfer defekt. Kommt das Fahrzeug nach dem Durchfedern sofort zur Ruhe, ist der Stoßdämpfer wahrscheinlich in Ordnung.

Was bewirkt die Sichtkontrolle?
Deutliche Ölspuren am Stoßdämpfer weisen auf eine defekte Dichtung und somit auf einen unbrauchbaren Stoßdämpfer hin. Ein leichter Ölfilm an der Kolbenstange ist jedoch für dessen Schmierung erforderlich.

Wie erfolgt das Prüfen des ausgebauten Stoßdämpfers von Hand?
Der Stoßdämpfer wird von Hand rasch auseinandergezogen und zusammengedrückt. Mit dieser Methode können jedoch nur wirkungslose Stoßdämpfer ermittelt werden.

Wie arbeitet das Stoßdämpfertestgerät?
Auf dem Testgerät wird jede Achsmasse einzeln durch einen von einem Elektromotor angetriebenen Exzenter in Schwingungen versetzt. Dann wird das Antriebsaggregat abgeschaltet und das Rad schwingt frei aus. Eine Schreibeinrichtung zeichnet die Schwingungsausschläge auf ein umlaufendes Diagrammblatt auf. Die Größe der Schwingungsausschläge gibt Aufschluß über die noch vorhandene Dämpfungskraft. Aus den Schwingungsausschlägen kann daher auf den Zustand des Stoßdämpfers geschlossen werden.

Beschreiben Sie die Stoßdämpferprüfmaschine!
Die exakteste Prüfung von Stoßdämpfern kann nur auf einer Spezialmaschine erfolgen, wobei die Stoßdämpfer vorher ausgebaut sein müssen. Bei dieser Prüfmaschine wird die Höhe der Dämpfungskraft in Abhängigkeit von Hub und Geschwindigkeit gemessen.

Sachwortverzeichnis